けい さん りょく
計算力がぐんぐんのびる！

このふろくは
すべての教科書に対応した
全教科書版です。

ねん　　くみ	なまえ

「計算れんしゅうノート」はとりはずして使用できます。

1 たしざん(1)

とくてん　　/100てん

たしざんを　しましょう。　1つ6〔90てん〕

❶ 3+2　❷ 4+3　❸ 1+2

❹ 5+4　❺ 7+3　❻ 8+1

❼ 6+4　❽ 9+1　❾ 4+4

❿ 7+2　⓫ 5+5　⓬ 6+2

⓭ 1+9　⓮ 3+6　⓯ 2+8

あかい　ふうせんが　5こ、あおい　ふうせんが　2こ　あります。ふうせんは、あわせて　なんこ　ありますか。　1つ5〔10てん〕

しき

こたえ（　　　　）

2 たしざん(2)

とくてん

/100てん

たしざんを　しましょう。　1つ6〔90てん〕

① 3+4　② 2+2　③ 3+7

④ 5+3　⑤ 8+2　⑥ 1+8

⑦ 2+4　⑧ 3+1　⑨ 4+5

⑩ 1+7　⑪ 6+3　⑫ 5+1

⑬ 4+2　⑭ 9+1　⑮ 2+5

こどもが　6にん　います。4にん　きました。
みんなで　なんにんに　なりましたか。　1つ5〔10てん〕

しき

こたえ（　　　）

3 たしざん (3)

とくてん
/100てん

たしざんを　しましょう。 1つ6〔90てん〕

① 2+3　② 1+5　③ 7+1

④ 4+1　⑤ 3+3　⑥ 6+3

⑦ 2+6　⑧ 1+6　⑨ 8+2

⑩ 1+3　⑪ 5+2　⑫ 4+6

⑬ 6+1　⑭ 2+7　⑮ 3+5

いちごの　けえきが　4こ　あります。めろんの　けえきが　5こ　あります。けえきは、ぜんぶで　なんこ　ありますか。 1つ5〔10てん〕

しき

こたえ（　　　）

たしざん (4)

とくてん

/100てん

たしざんを　しましょう。　1つ6〔90てん〕

❶ 3＋1　❷ 3＋7　❸ 4＋4

❹ 6＋2　❺ 1＋9　❻ 3＋2

❼ 2＋2　❽ 1＋7　❾ 5＋1

❿ 7＋2　⓫ 4＋2　⓬ 5＋5

⓭ 8＋1　⓮ 6＋4　⓯ 5＋3

とんぼが　4ひき　います。6ぴき　とんで　くると、ぜんぶで　なんびきに　なりますか。　1つ5〔10てん〕

しき

こたえ（　　　　）

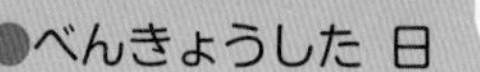
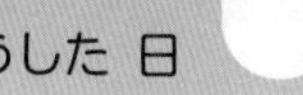

5 ひきざん(1)

とくてん　/100てん

ひきざんを　しましょう。　1つ6〔90てん〕

① 5−1　② 7−3　③ 9−2

④ 10−4　⑤ 6−4　⑥ 4−3

⑦ 9−1　⑧ 8−3　⑨ 10−5

⑩ 2−1　⑪ 9−6　⑫ 8−7

⑬ 7−4　⑭ 10−9　⑮ 3−2

くるまが　6だい　とまって　います。3だい　でて いきました。のこりは　なんだいですか。　1つ5〔10てん〕

しき

こたえ（　　　）

6 ひきざん(2)

じかん 20ぷん

とくてん　/100てん

ひきざんを　しましょう。　1つ6〔90てん〕

① 3−1　② 9−8　③ 8−1

④ 9−5　⑤ 7−6　⑥ 10−2

⑦ 10−6　⑧ 4−2　⑨ 5−4

⑩ 6−3　⑪ 7−1　⑫ 8−5

⑬ 8−2　⑭ 9−4　⑮ 10−8

あめが　7こ　あります。4こ　たべました。
のこりは　なんこですか。　1つ5〔10てん〕

しき

こたえ（　　　）

7 ひきざん (3)

とくてん

/100てん

ひきざんを　しましょう。 1つ6〔90てん〕

❶ 4－1　❷ 9－7　❸ 10－1

❹ 7－5　❺ 6－2　❻ 8－4

❼ 10－3　❽ 5－2　❾ 6－5

❿ 7－2　⓫ 6－1　⓬ 5－3

⓭ 8－2　⓮ 10－7　⓯ 2－1

しろい　うさぎが　9ひき、くろい　うさぎが　6ぴき　います。しろい　うさぎは　なんびき　おおいですか。 1つ5〔10てん〕

しき

こたえ（　　　）

8 ひきざん(4)

とくてん
/100てん

ひきざんを　しましょう。　1つ6〔90てん〕

❶ 7−1　❷ 5−4　❸ 9−6

❹ 10−2　❺ 8−7　❻ 7−4

❼ 10−4　❽ 8−2　❾ 9−8

❿ 10−5　⓫ 7−5　⓬ 3−2

⓭ 8−5　⓮ 10−8　⓯ 9−2

わたあめが　7こ、ちょこばななが　3こ　あります。ちがいは　なんこですか。　1つ5〔10てん〕

しき

こたえ（　　　　）

9 おおきい　かずの　けいさん(1)

とくてん

/100てん

けいさんを　しましょう。　1つ6〔90てん〕

❶ 10+4　❷ 10+2　❸ 10+8

❹ 10+1　❺ 10+7　❻ 10+9

❼ 10+6　❽ 13−3　❾ 15−5

❿ 19−9　⓫ 17−7　⓬ 14−4

⓭ 11−1　⓮ 18−8　⓯ 16−6

えんぴつが　12ほん　あります。2ほん
けずりました。けずって　いない　えんぴつは、
なんぼんですか。　1つ5〔10てん〕

しき

こたえ（　　　）

10 おおきい　かずの　けいさん(2)

とくてん
/100てん

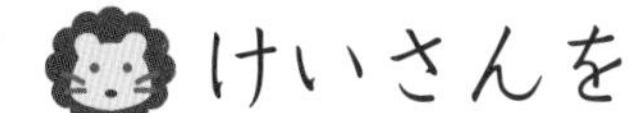

けいさんを　しましょう。 1つ6〔90てん〕

❶ 13＋2　❷ 14＋3　❸ 15＋2

❹ 13＋6　❺ 15＋1　❻ 11＋6

❼ 12＋5　❽ 18－2　❾ 19－5

❿ 17－3　⓫ 15－4　⓬ 16－3

⓭ 14－1　⓮ 13－2　⓯ 19－7

ちょこれえとが　はこに　12こ、ばらで　3こ　あります。あわせて　なんこ　ありますか。 1つ5〔10てん〕

しき

こたえ（　　　　）

11 3つの　かずの　けいさん(1)

じかん 20ぷん

とくてん　/100てん

けいさんを　しましょう。　1つ10〔90てん〕

❶ 3＋4＋1

❷ 1＋2＋5

❸ 2＋3＋4

❹ 9＋1＋2

❺ 6＋4＋5

❻ 9－3－2

❼ 7－2－1

❽ 13－3－2

❾ 16－6－5

あめが　12こ　あります。2こ　たべました。いもうとに　2こ　あげました。あめは、なんこ　のこって　いますか。　1つ5〔10てん〕

しき

こたえ（　　　）

●べんきょうした日　　月　　日

12 3つの　かずの　けいさん(2)

とくてん
/100てん

けいさんを　しましょう。　1つ10〔90てん〕

❶ 7−2+3　　❷ 5−1+4

❸ 8−4+5　　❹ 10−8+4

❺ 10−6+3　　❻ 5+3−2

❼ 2+3−1　　❽ 5+5−3

❾ 1+9−5

りんごが　4こ　あります。6こ　もらいました。3こ　たべました。りんごは、なんこ　のこって　いますか。　1つ5〔10てん〕

しき

こたえ（　　　　）

13 たしざん (5)

とくてん

/100てん

たしざんを　しましょう。　1つ6〔90てん〕

❶ 9+3　❷ 5+6　❸ 7+4

❹ 6+5　❺ 8+5　❻ 3+9

❼ 7+7　❽ 9+6　❾ 5+8

❿ 2+9　⓫ 8+3　⓬ 6+7

⓭ 8+7　⓮ 4+8　⓯ 9+9

おすの　らいおんが　8とう、めすの　らいおんが　4とう　います。らいおんは　みんなで　なんとう　いますか。　1つ5〔10てん〕

しき

こたえ（　　　　）

14 たしざん (6)

とくてん

/100てん

たしざんを　しましょう。

1つ6〔90てん〕

❶ 4+8	❷ 7+5	❸ 6+8
❹ 4+9	❺ 3+8	❻ 9+8
❼ 9+2	❽ 6+7	❾ 6+9
❿ 5+7	⓫ 9+5	⓬ 6+6
⓭ 8+6	⓮ 7+8	⓯ 7+9

はとが　7わ　います。あとから　6わ　とんで きました。はとは　あわせて　なんわに　なりましたか。

しき

1つ5〔10てん〕

こたえ（　　　　　）

15 たしざん (7)

とくてん

/100てん

たしざんを　しましょう。　1つ6〔90てん〕

❶ 6+9　❷ 5+6　❸ 3+8

❹ 9+4　❺ 7+5　❻ 4+7

❼ 8+8　❽ 5+9　❾ 7+8

❿ 9+7　⓫ 7+7　⓬ 7+6

⓭ 2+9　⓮ 6+7　⓯ 8+9

きんぎょを　5ひき　かって　います。7ひき
もらいました。きんぎょは、ぜんぶで　なんびきに
なりましたか。　1つ5〔10てん〕

しき

こたえ (　　　　)

16 たしざん(8)

とくてん
/100てん

たしざんを　しましょう。　1つ6〔90てん〕

❶ 5＋8　❷ 8＋7　❸ 9＋9

❹ 6＋6　❺ 3＋9　❻ 8＋4

❼ 7＋9　❽ 4＋8　❾ 4＋9

❿ 9＋3　⓫ 6＋8　⓬ 6＋5

⓭ 8＋9　⓮ 5＋7　⓯ 9＋6

みかんが　おおきい　かごに　9こ、ちいさい　かごに　5こ　あります。あわせて　なんこですか。

1つ5〔10てん〕

しき

こたえ（　　　　）

17 たしざん(9)

とくてん
/100てん

たしざんを　しましょう。　1つ6〔90てん〕

❶ 9+5　❷ 6+8　❸ 8+8

❹ 5+7　❺ 9+2　❻ 4+8

❼ 3+9　❽ 9+8　❾ 7+9

❿ 9+4　⓫ 8+3　⓬ 6+9

⓭ 7+4　⓮ 9+7　⓯ 7+6

にわとりが　きのう　たまごを　5こ　うみました。きょうは　8こ　うみました。あわせて　なんこ　うみましたか。　1つ5〔10てん〕

しき

こたえ（　　　）

18 ひきざん (5)

とくてん　/100てん

ひきざんを　しましょう。　1つ6〔90てん〕

❶ 11−4　❷ 17−8　❸ 13−5

❹ 16−7　❺ 14−6　❻ 11−2

❼ 18−9　❽ 11−7　❾ 15−6

❿ 14−5　⓫ 13−9　⓬ 12−6

⓭ 15−9　⓮ 12−8　⓯ 13−4

たまごが　12こ　あります。けえきを　つくるのに　7こ　つかいました。たまごは、なんこ　のこって　いますか。　1つ5〔10てん〕

しき

こたえ（　　　　）

●べんきょうした日　月　日

19 ひきざん（6）

とくてん
/100てん

ひきざんを　しましょう。 1つ6〔90てん〕

❶ 17−9　❷ 12−3　❸ 14−7

❹ 11−6　❺ 16−8　❻ 12−4

❼ 15−8　❽ 13−8　❾ 13−7

❿ 14−9　⓫ 14−8　⓬ 12−5

⓭ 15−7　⓮ 11−9　⓯ 13−6

おかしが　13こ　あります。4こ　たべると、
のこりは　なんこですか。 1つ5〔10てん〕

しき

こたえ（　　　　）

ひきざん(7)

とくてん　/100てん

ひきざんを　しましょう。　1つ6〔90てん〕

❶ 17−8　❷ 14−6　❸ 13−9

❹ 12−7　❺ 11−3　❻ 16−9

❼ 18−9　❽ 14−5　❾ 15−6

❿ 11−5　⓫ 12−9　⓬ 13−4

⓭ 15−9　⓮ 11−8　⓯ 16−7

おやの　しまうまが　14とう、こどもの　しまうまが　9とう　います。おやの　しまうまは　なんとう　おおいですか。　1つ5〔10てん〕

しき

こたえ（　　　）

21 ひきざん (8)

とくてん
/100てん

ひきざんを　しましょう。 1つ6〔90てん〕

❶ 13−7　❷ 11−8　❸ 12−5

❹ 11−2　❺ 15−6　❻ 16−7

❼ 12−8　❽ 13−6　❾ 11−4

❿ 12−9　⓫ 16−8　⓬ 14−7

⓭ 11−5　⓮ 14−9　⓯ 12−4

はがきが　15まい、ふうとうが　7まい　あります。はがきは　ふうとうより　なんまい　おおいですか。

しき　1つ5〔10てん〕

こたえ（　　　）

22 ひきざん (9)

とくてん　　/100てん

ひきざんを　しましょう。　1つ6〔90てん〕

❶ 11−7　❷ 16−9　❸ 12−3

❹ 14−5　❺ 12−7　❻ 11−9

❼ 17−8　❽ 15−8　❾ 13−9

❿ 12−6　⓫ 17−9　⓬ 11−6

⓭ 11−3　⓮ 12−4　⓯ 14−8

さつきさんは　えんぴつを　13ぼん　もって　います。おとうとに　5ほん　あげると、なんぼん　のこりますか。　1つ5〔10てん〕

しき

こたえ（　　　　）

23 おおきい　かずの　けいさん(3)

じかん 20ぷん

とくてん　/100てん

けいさんを　しましょう。　1つ6〔90てん〕

❶ 10＋50　❷ 20＋30　❸ 50＋40

❹ 10＋90　❺ 30＋60　❻ 40＋60

❼ 20＋80　❽ 40－10　❾ 60－20

❿ 90－50　⓫ 90－30　⓬ 70－40

⓭ 100－30　⓮ 100－50　⓯ 100－80

いろがみが　80まい　あります。20まい　つかいました。のこりは　なんまいですか。　1つ5〔10てん〕

しき

こたえ（　　）

24 おおきい　かずの　けいさん(4)

とくてん　/100てん

けいさんを　しましょう。　1つ6〔90てん〕

❶ 30＋7　❷ 60＋3　❸ 40＋8

❹ 54－4　❺ 83－3　❻ 76－6

❼ 37－7　❽ 94＋4　❾ 55＋3

❿ 43＋4　⓫ 32＋5　⓬ 98－3

⓭ 56－1　⓮ 47－4　⓯ 39－6

あかい　いろがみが　30まい、あおい　いろがみが　8まい　あります。いろがみは　あわせて　なんまい　ありますか。　1つ5〔10てん〕

しき

こたえ（　　　　）

●べんきょうした 日　月　日

25 とけい(1)

とくてん　/100てん

とけいを　よみましょう。　1つ10〔100てん〕

②

③

④

⑤

⑥

⑦

⑧

⑨

⑩

26 とけい(2)

とくてん
/100てん

 とけいを　よみましょう。　1つ10〔100てん〕

①

②

③

④

⑤

⑥

⑦

⑧

⑨

⑩

27 たしざんと　ひきざんの　ふくしゅう(1)

とくてん

/100てん

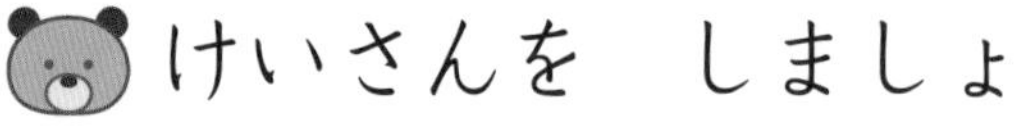

けいさんを　しましょう。　1つ6〔90てん〕

❶ 8+6　❷ 5+4　❸ 9+3

❹ 7+5　❺ 4+8　❻ 6+6

❼ 11−3　❽ 15−7　❾ 10−5

❿ 9−6　⓫ 13−8　⓬ 14−6

⓭ 3+7−5　⓮ 4−2+6　⓯ 13−3−1

こどもが　7にん　います。おとなが　6にん　います。あわせて　なんにん　いますか。　1つ5〔10てん〕

しき

こたえ（　　　）

28 たしざんと ひきざんの ふくしゅう(2)

とくてん
/100てん

けいさんを しましょう。 1つ6〔90てん〕

❶ 80＋2　❷ 70＋9　❸ 40＋3

❹ 86−6　❺ 63−3　❻ 52−2

❼ 100−30　❽ 100−50　❾ 100−90

❿ 26＋1　⓫ 53＋5　⓬ 23＋4

⓭ 57−3　⓮ 68−5　⓯ 77−4

みかんを 12こ かいました。りんごは みかんより 3こ すくなく かいました。りんごは なんこ かいましたか。 1つ5〔10てん〕

しき

こたえ（　　　　）

こたえ

1
❶ 5　❷ 7　❸ 3
❹ 9　❺ 10　❻ 9
❼ 10　❽ 10　❾ 8
❿ 9　⓫ 10　⓬ 8
⓭ 10　⓮ 9　⓯ 10
しき 5＋2＝7　こたえ 7 こ

2
❶ 7　❷ 4　❸ 10
❹ 8　❺ 10　❻ 9
❼ 6　❽ 4　❾ 9
❿ 8　⓫ 9　⓬ 6
⓭ 6　⓮ 10　⓯ 7
しき 6＋4＝10　こたえ 10 にん

3
❶ 5　❷ 6　❸ 8
❹ 5　❺ 6　❻ 9
❼ 8　❽ 7　❾ 10
❿ 4　⓫ 7　⓬ 10
⓭ 7　⓮ 9　⓯ 8
しき 4＋5＝9　こたえ 9 こ

4
❶ 4　❷ 10　❸ 8
❹ 8　❺ 10　❻ 5
❼ 4　❽ 8　❾ 6
❿ 9　⓫ 6　⓬ 10
⓭ 9　⓮ 10　⓯ 8
しき 4＋6＝10　こたえ 10 ぴき

5
❶ 4　❷ 4　❸ 7
❹ 6　❺ 2　❻ 1
❼ 8　❽ 5　❾ 5
❿ 1　⓫ 3　⓬ 1
⓭ 3　⓮ 1　⓯ 1
しき 6−3＝3　こたえ 3 だい

6
❶ 2　❷ 1　❸ 7
❹ 4　❺ 1　❻ 8
❼ 4　❽ 2　❾ 1
❿ 3　⓫ 6　⓬ 3
⓭ 6　⓮ 5　⓯ 2
しき 7−4＝3　こたえ 3 こ

7
❶ 3　❷ 2　❸ 9
❹ 2　❺ 4　❻ 4
❼ 7　❽ 3　❾ 1
❿ 5　⓫ 5　⓬ 2
⓭ 6　⓮ 3　⓯ 1
しき 9−6＝3　こたえ 3 びき

8
❶ 6　❷ 1　❸ 3
❹ 8　❺ 1　❻ 3
❼ 6　❽ 6　❾ 1
❿ 5　⓫ 2　⓬ 1
⓭ 3　⓮ 2　⓯ 7
しき 7−3＝4　こたえ 4 こ

9
❶ 14　❷ 12　❸ 18
❹ 11　❺ 17　❻ 19
❼ 16　❽ 10　❾ 10
❿ 10　⓫ 10　⓬ 10
⓭ 10　⓮ 10　⓯ 10
しき 12−2＝10　こたえ 10 ぽん

10
❶ 15　❷ 17　❸ 17
❹ 19　❺ 16　❻ 17
❼ 17　❽ 16　❾ 14
❿ 14　⓫ 11　⓬ 13
⓭ 13　⓮ 11　⓯ 12
しき 12＋3＝15　こたえ 15 こ

11 ① 8　② 8
③ 9　④ 12
⑤ 15　⑥ 4
⑦ 4　⑧ 8
⑨ 5
しき 12−2−2=8　こたえ 8 こ

12 ① 8　② 8
③ 9　④ 6
⑤ 7　⑥ 6
⑦ 4　⑧ 7
⑨ 5
しき 4+6−3=7　こたえ 7 こ

13 ① 12　② 11　③ 11
④ 11　⑤ 13　⑥ 12
⑦ 14　⑧ 15　⑨ 13
⑩ 11　⑪ 11　⑫ 13
⑬ 15　⑭ 12　⑮ 18
しき 8+4=12　こたえ 12 とう

14 ① 12　② 12　③ 14
④ 13　⑤ 11　⑥ 17
⑦ 11　⑧ 13　⑨ 15
⑩ 12　⑪ 14　⑫ 12
⑬ 14　⑭ 15　⑮ 16
しき 7+6=13　こたえ 13 わ

15 ① 15　② 11　③ 11
④ 13　⑤ 12　⑥ 11
⑦ 16　⑧ 14　⑨ 15
⑩ 16　⑪ 14　⑫ 13
⑬ 11　⑭ 13　⑮ 17
しき 5+7=12　こたえ 12 ひき

16 ① 13　② 15　③ 18
④ 12　⑤ 12　⑥ 12
⑦ 16　⑧ 12　⑨ 13
⑩ 12　⑪ 14　⑫ 11
⑬ 17　⑭ 12　⑮ 15
しき 9+5=14　こたえ 14 こ

17 ① 14　② 14　③ 16
④ 12　⑤ 11　⑥ 12
⑦ 12　⑧ 17　⑨ 16
⑩ 13　⑪ 11　⑫ 15
⑬ 11　⑭ 16　⑮ 13
しき 5+8=13　こたえ 13 こ

18 ① 7　② 9　③ 8
④ 9　⑤ 8　⑥ 9
⑦ 9　⑧ 4　⑨ 9
⑩ 9　⑪ 4　⑫ 6
⑬ 6　⑭ 4　⑮ 9
しき 12−7=5　こたえ 5 こ

19 ① 8　② 9　③ 7
④ 5　⑤ 8　⑥ 8
⑦ 7　⑧ 5　⑨ 6
⑩ 5　⑪ 6　⑫ 7
⑬ 8　⑭ 2　⑮ 7
しき 13−4=9　こたえ 9 こ

20 ① 9　② 8　③ 4
④ 5　⑤ 8　⑥ 7
⑦ 9　⑧ 9　⑨ 9
⑩ 6　⑪ 3　⑫ 9
⑬ 6　⑭ 3　⑮ 9
しき 14−9=5　こたえ 5 とう

21 ❶ 6 ❷ 3 ❸ 7
❹ 9 ❺ 9 ❻ 9
❼ 4 ❽ 7 ❾ 7
❿ 3 ⓫ 8 ⓬ 7
⓭ 6 ⓮ 5 ⓯ 8
しき 15−7=8 こたえ 8まい

22 ❶ 4 ❷ 7 ❸ 9
❹ 9 ❺ 5 ❻ 2
❼ 9 ❽ 7 ❾ 4
❿ 6 ⓫ 8 ⓬ 5
⓭ 8 ⓮ 8 ⓯ 6
しき 13−5=8 こたえ 8ほん

23 ❶ 60 ❷ 50 ❸ 90
❹ 100 ❺ 90 ❻ 100
❼ 100 ❽ 30 ❾ 40
❿ 40 ⓫ 60 ⓬ 30
⓭ 70 ⓮ 50 ⓯ 20
しき 80−20=60 こたえ 60まい

24 ❶ 37 ❷ 63 ❸ 48
❹ 50 ❺ 80 ❻ 70
❼ 30 ❽ 98 ❾ 58
❿ 47 ⓫ 37 ⓬ 95
⓭ 55 ⓮ 43 ⓯ 33
しき 30+8=38 こたえ 38まい

25 ❶ 3じ ❷ 4じ
❸ 2じはん(2じ30ぷん) ❹ 1じ
❺ 11じはん(11じ30ぷん) ❻ 10じ
❼ 6じ ❽ 9じはん(9じ30ぷん)
❾ 8じ ❿ 5じはん(5じ30ぷん)

26 ❶ 6じ10ぷん ❷ 4じ45ふん
❸ 1じ12ふん ❹ 8じ55ふん
❺ 10じ20ぷん ❻ 2じ35ふん
❼ 11じ32ふん ❽ 7じ50ぷん
❾ 3じ3ぷん ❿ 9じ24ぷん

27 ❶ 14 ❷ 9 ❸ 12
❹ 12 ❺ 12 ❻ 12
❼ 8 ❽ 8 ❾ 5
❿ 3 ⓫ 5 ⓬ 8
⓭ 5 ⓮ 8 ⓯ 9
しき 7+6=13 こたえ 13にん

28 ❶ 82 ❷ 79 ❸ 43
❹ 80 ❺ 60 ❻ 50
❼ 70 ❽ 50 ❾ 10
❿ 27 ⓫ 58 ⓬ 27
⓭ 54 ⓮ 63 ⓯ 73
しき 12−3=9 こたえ 9こ

「小学教科書ワーク・
数と計算」で、
さらに れんしゅうしよう!

わくわくシール

★1日の学習がおわったら、チャレンジシールをはろう。
★実力はんていテストがおわったら、まんてんシールをはろう。

まんてんシール

チャレンジシール

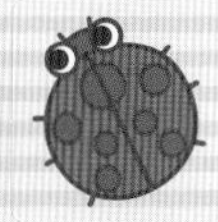

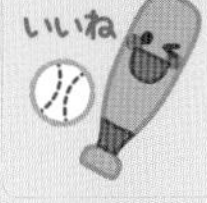

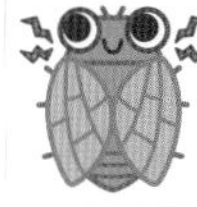

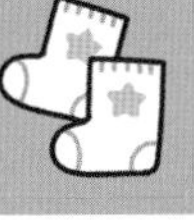

さんすう 1ねん

ひきざん

教科書ワーク

こたえ													こたえ
10	10−0	11−1	12−2	13−3	14−4	15−5	16−6	17−7	18−8	19−9		9−0	9
9	10−1	11−2	12−3	13−4	14−5	15−6	16−7	17−8	18−9		8−0	9−1	8
8	10−2	11−3	12−4	13−5	14−6	15−7	16−8	17−9		7−0	8−1	9−2	7
7	10−3	11−4	12−5	13−6	14−7	15−8	16−9		6−0	7−1	8−2	9−3	6
6	10−4	11−5	12−6	13−7	14−8	15−9		5−0	6−1	7−2	8−3	9−4	5
5	10−5	11−6	12−7	13−8	14−9		4−0	5−1	6−2	7−3	8−4	9−5	4
4	10−6	11−7	12−8	13−9		3−0	4−1	5−2	6−3	7−4	8−5	9−6	3
3	10−7	11−8	12−9		2−0	3−1	4−2	5−3	6−4	7−5	8−6	9−7	2
2	10−8	11−9		1−0	2−1	3−2	4−3	5−4	6−5	7−6	8−7	9−8	1
1	10−9		0−0	1−1	2−2	3−3	4−4	5−5	6−6	7−7	8−8	9−9	0

さんすう 1ねん

たしざん

教科書ワーク

こたえが　1から　20の　かずに　なる　たしざん

こたえ													こたえ
1	1+0		1+10	2+9	3+8	4+7	5+6	6+5	7+4	8+3	9+2	10+1	11
2	1+1	2+0		2+10	3+9	4+8	5+7	6+6	7+5	8+4	9+3	10+2	12
3	1+2	2+1	3+0		3+10	4+9	5+8	6+7	7+6	8+5	9+4	10+3	13
4	1+3	2+2	3+1	4+0		4+10	5+9	6+8	7+7	8+6	9+5	10+4	14
5	1+4	2+3	3+2	4+1	5+0		5+10	6+9	7+8	8+7	9+6	10+5	15
6	1+5	2+4	3+3	4+2	5+1	6+0		6+10	7+9	8+8	9+7	10+6	16
7	1+6	2+5	3+4	4+3	5+2	6+1	7+0		7+10	8+9	9+8	10+7	17
8	1+7	2+6	3+5	4+4	5+3	6+2	7+1	8+0		8+10	9+9	10+8	18
9	1+8	2+7	3+6	4+5	5+4	6+3	7+2	8+1	9+0		9+10	10+9	19
10	1+9	2+8	3+7	4+6	5+5	6+4	7+3	8+2	9+1	10+0		10+10	20

啓林館版

さんすう1ねん

動画 コードを読みとって、下の番号の動画を見てみよう。

＊がついている動画は、一部他の単元の内容を含みます。

5までの　かず

きほんのワーク

もくひょう

5までの　かずの
かぞえかた、よみかた、
かきかたを　しろう。

おわったら
シールを
はろう

きょうかしょ　す10〜13ページ　こたえ　1ページ

きほん 1　1から　5までの　かずが　わかりますか。

☆かずだけ　○に　いろを　ぬり、
□に　すうじを　かきましょう。

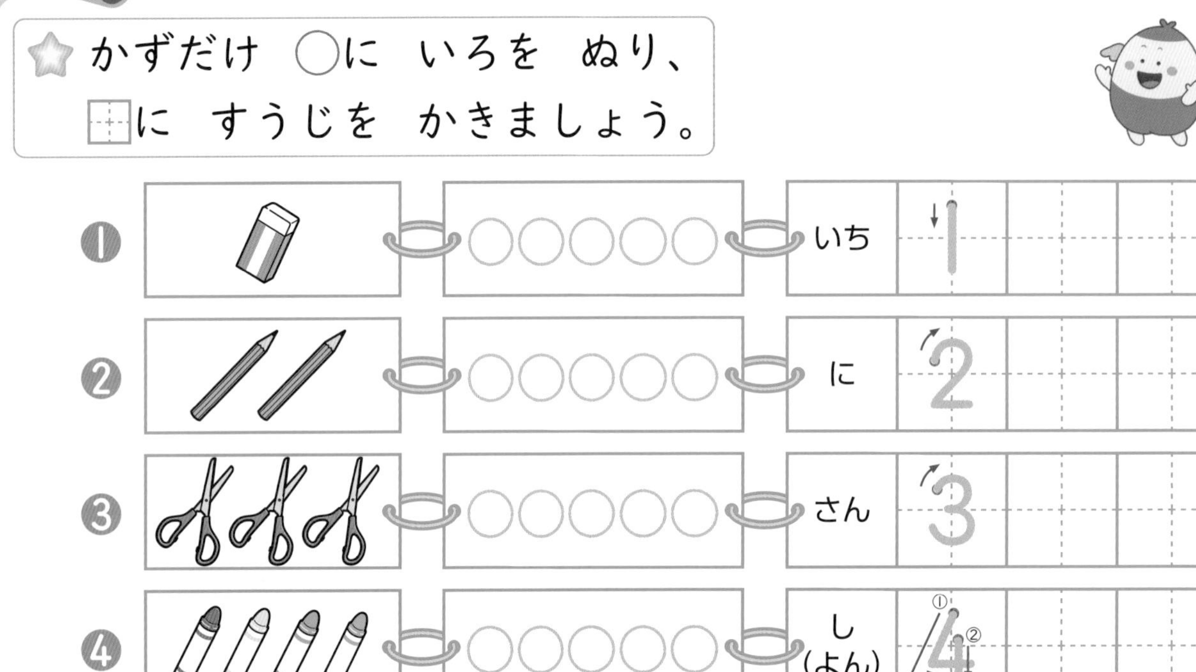

1　かずが　おなじ　ものを　●—●で　むすびましょう。

きょうかしょ　10〜13ページ

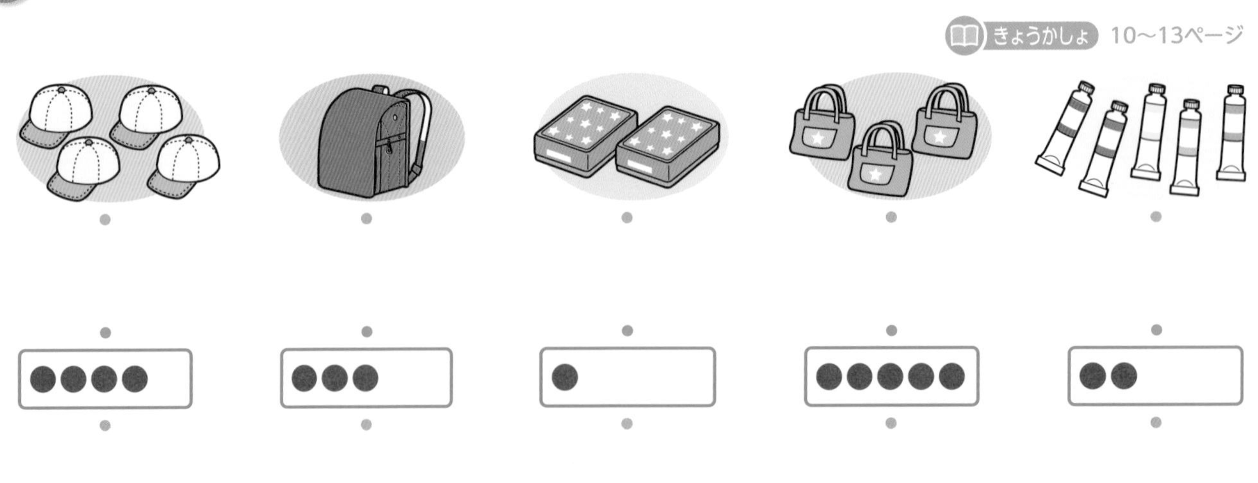

1	3	4	2	5

さんすうはかせ　ものを　かぞえる　ときは　しるしを　つけて　おこう。そうすると、おなじ　ものを　なんかいも　かぞえたり、かぞえわすれたり　する　ことが　なくなるよ。

きほん 2　1から　5までの　かずが　かけますか。

☆ かずだけ □に　いろを　ぬり、
□に　すうじを　かきましょう。

❶

❷

❸

❹

❺

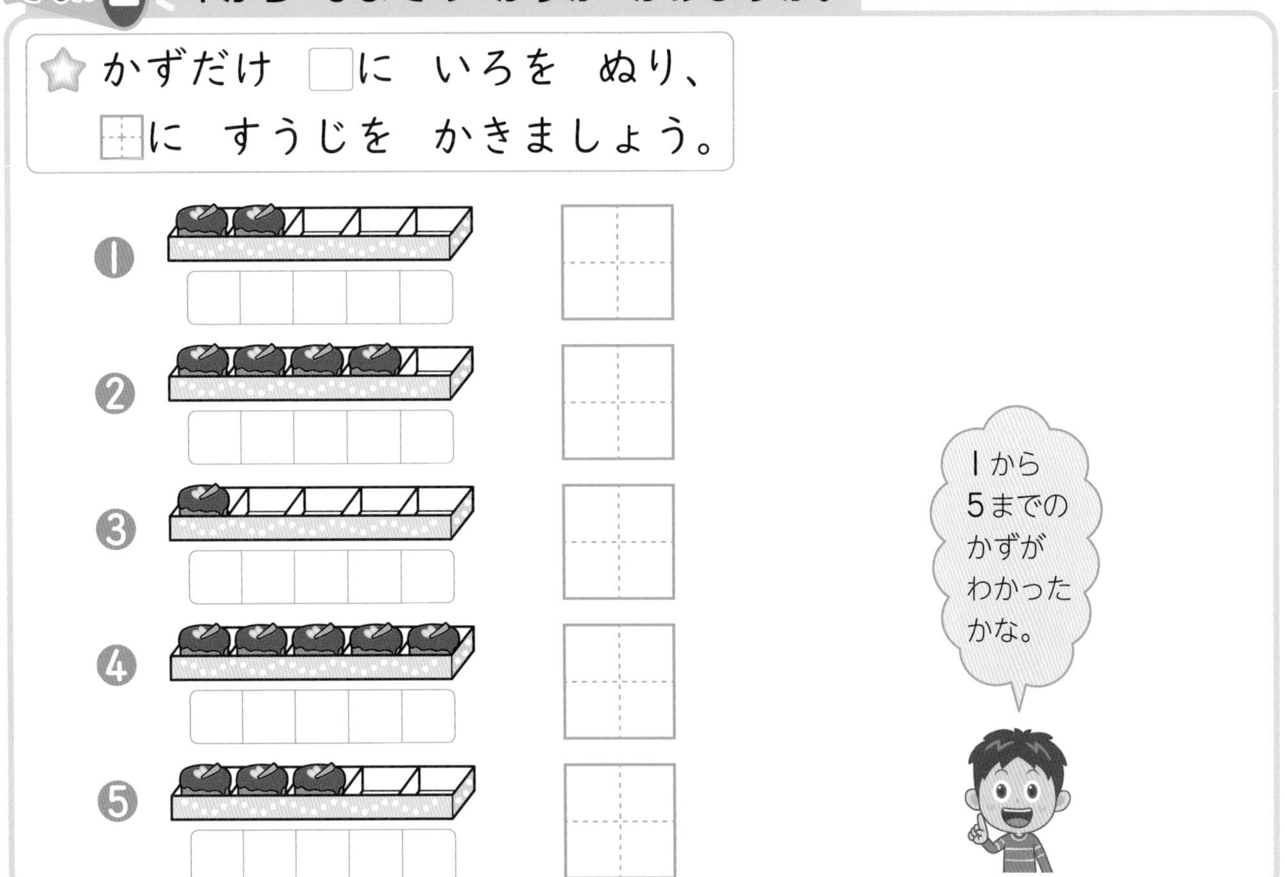

2　どうぶつの　かずを　かきましょう。

きょうかしょ　10〜13ページ

❶

❷

❸

❹

❺

❻

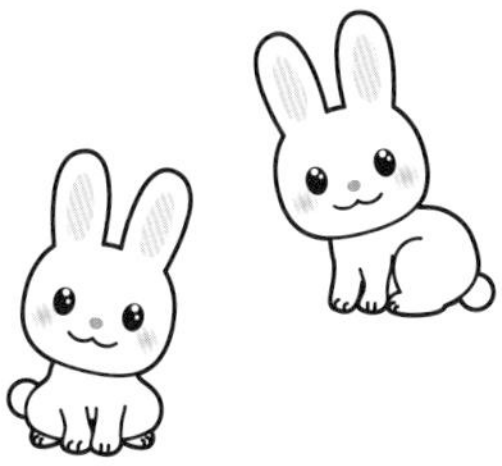

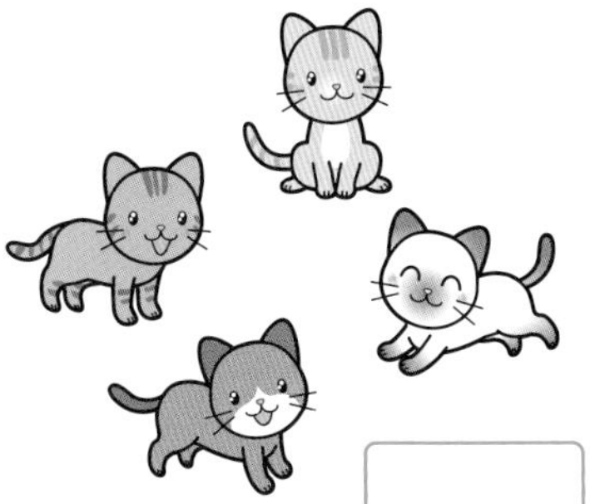

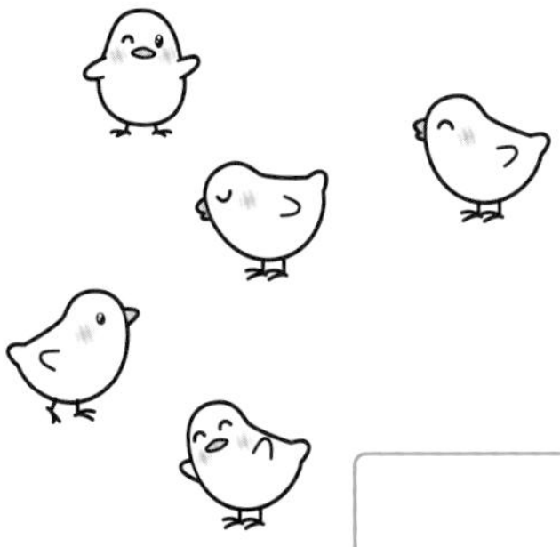

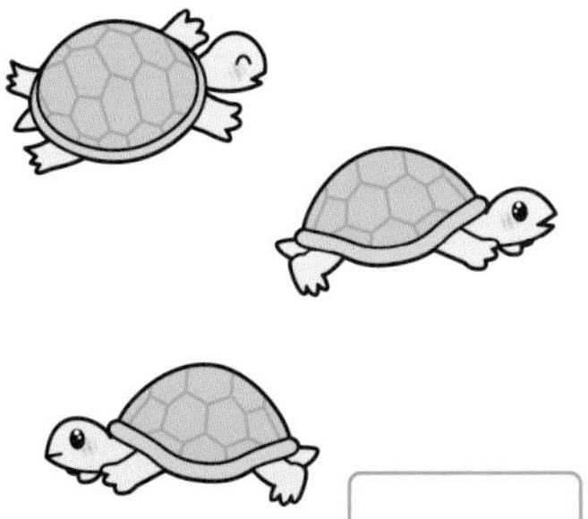

おうちのかたへ　5までの数の数え方、読み方、書き方を練習します。また数字と物の数を対応させる練習を行います。色ぬりで筆圧を高めるねらいもあります。

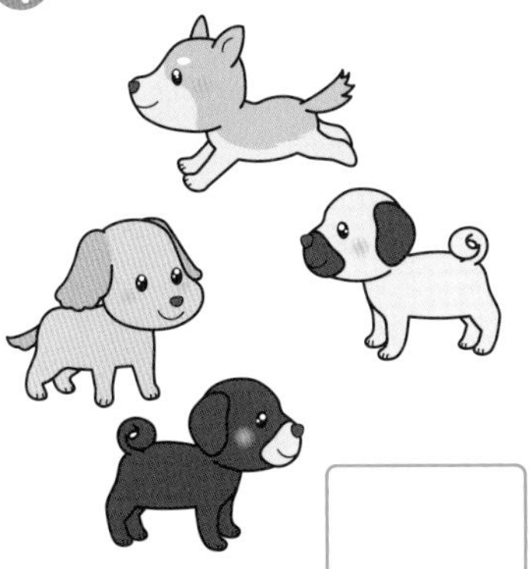

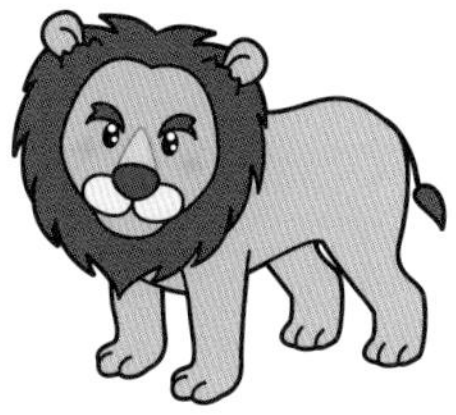

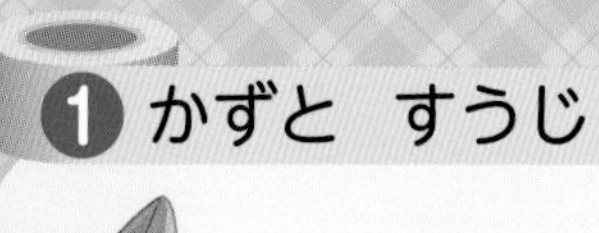

べんきょうした 日　　月　　日

もくひょう

10までの　かずの
かぞえかた、よみかた、
かきかたを　しろう。

おわったら
シールを
はろう

10までの　かず

きほんのワーク

きょうかしょ　す14～19ページ　こたえ　1ページ

きほん 1　6から　10までの　かずが　わかりますか。

☆ かずだけ ○に　いろを　ぬり、
□に　すうじを　かきましょう。

1 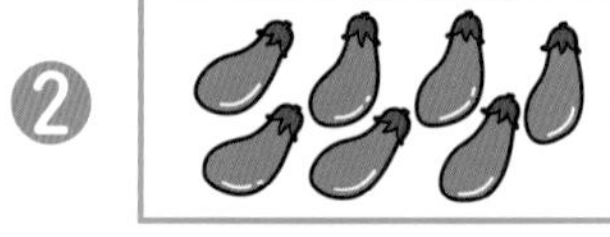 ○○○○○○○○○○ ろく 6

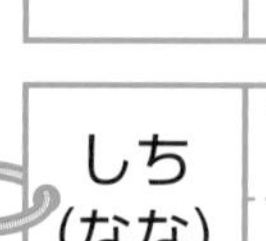

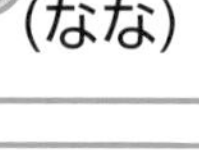

2 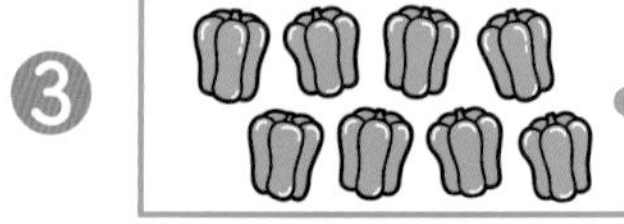 ○○○○○○○○○○ しち（なな） 7

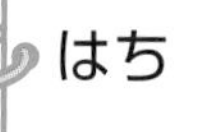

3  ○○○○○○○○○○ はち 8

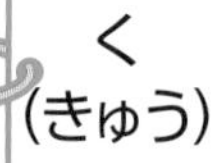

4  ○○○○○○○○○○ く（きゅう） 9

5 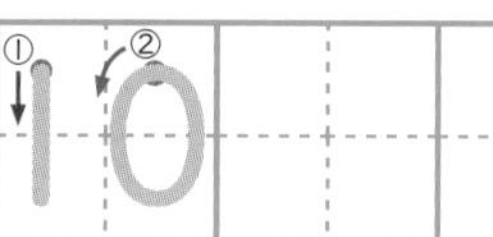 ○○○○○○○○○○ じゅう 10

1　かずが　おなじ　ものを　●—●で　むすびましょう。

きょうかしょ　14～19ページ

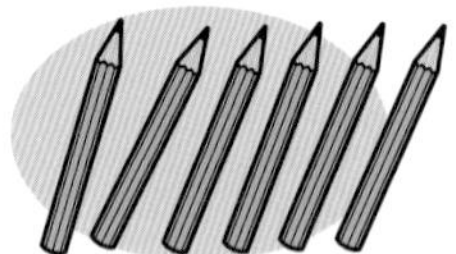
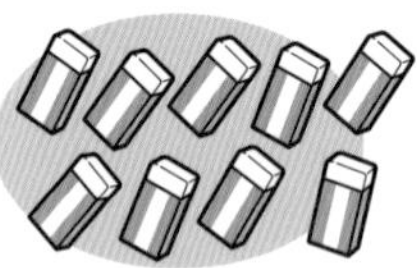

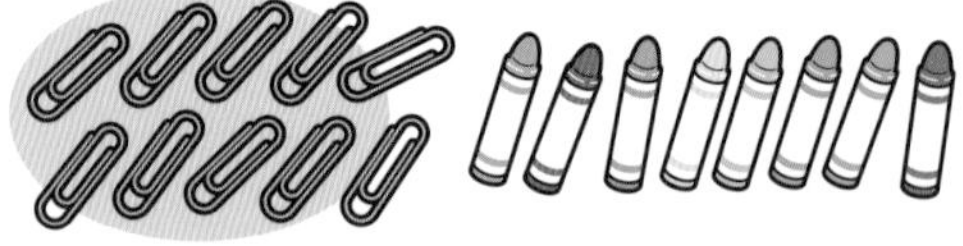

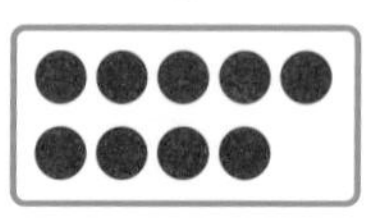
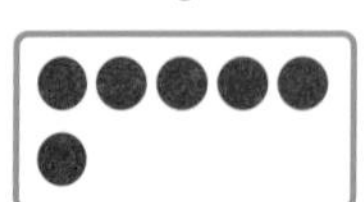
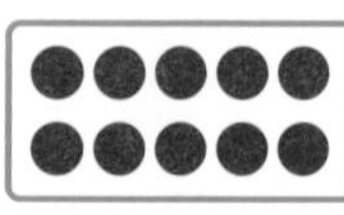
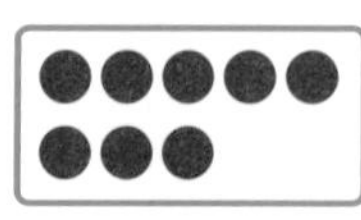
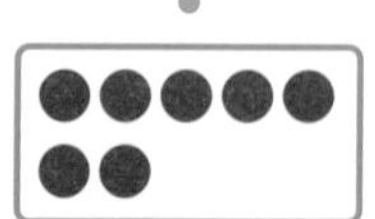

6　　9　　7　　10　　8

さんすうはかせ　10までの　かずの　ならびかたを　おぼえよう。ちいさいじゅんに　いえたら、こんどは　10、9、8、7、…、1と　おおきいじゅんに　いって　みよう。

きほん2 くらべかたが　わかりますか。

☆かずの　おおきい　ほうに　◯を　つけましょう。

❶ ●●●●●● (　　)
　 ●●● (　　)

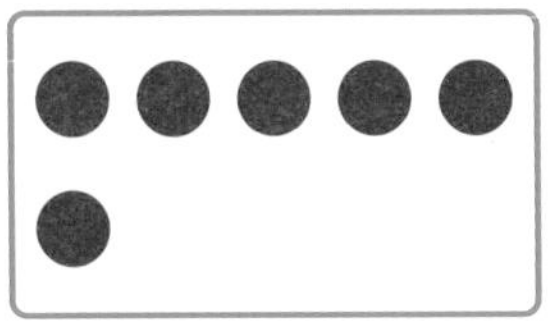

❷ 5 (　　)
　 9 (　　)

2 かずだけ　🐻に　いろを　ぬりましょう。　きょうかしょ 14〜19ページ

❶ 10

❷ 7

3 □に　はいる　かずを　かきましょう。　きょうかしょ 16〜19ページ

❶ 🍊は □ こ　❷ 🍌は □ ほん

❸ 🍈は □ こ　❹ 🍓は □ こ

おうちのかたへ　10までの数の数え方、読み方、書き方を練習します。また数字と物の数を対応させる練習も行います。声に出して数を数えたり、数字を書いたりする練習をしましょう。

れんしゅうのワーク

きょうかしょ　㋢10〜19ページ　こたえ　2ページ

べんきょうした 日　　月　　日

できた かず　/10もん 中

おわったら シールを はろう

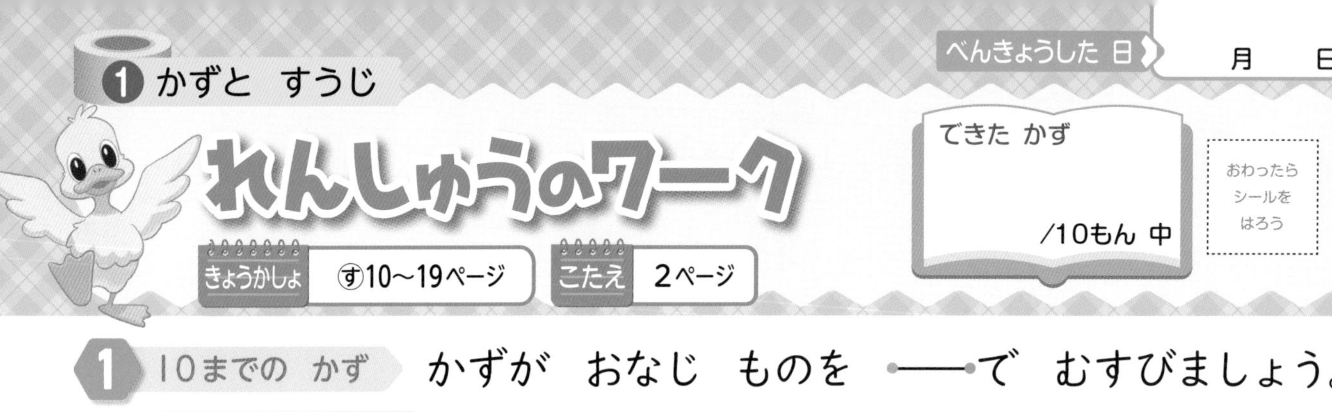

1 10までの かず　かずが　おなじ　ものを　•―•で　むすびましょう。

●●●●●	3
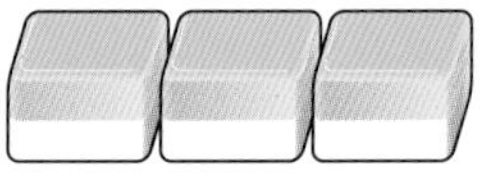	6
7	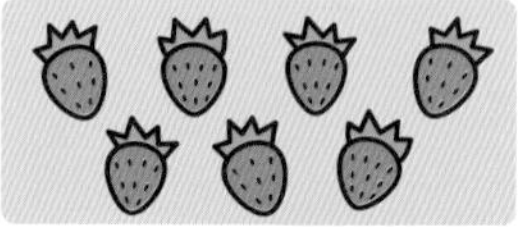
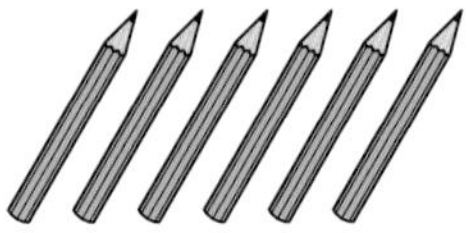	5
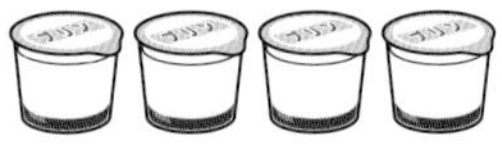	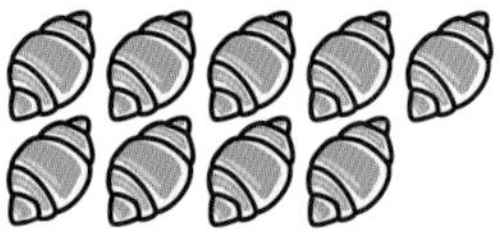
9	4

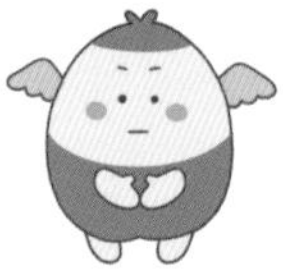

2 くらべかた　かずの　おおきい　ほうに　○を　つけましょう。

❶
●●●●● ● （　　）
●●●●● （　　）

❷
●●●●● ●● （　　）
4 （　　）

❸
●●●●● ●●● （　　）
7 （　　）

❹
3 （　　）
9 （　　）

できるナビ　10までの　かずが　ただしく　いえるかな？
10、9、8、7、…のように　おおきな　かずからも　いって　みよう。

まとめのテスト

じかん 20ぷん

とくてん　　/100てん

おわったら シールを はろう

きょうかしょ ⓢ10〜19ページ　こたえ 2ページ

1 かずを すうじで かきましょう。

1つ10〔30てん〕

くま

うさぎ

ねこ

2 かずの おおきい ほうに ○を かきましょう。

1つ10〔20てん〕

❶

❷

10

6

3 よくでる かずだけ ○に いろを ぬりましょう。

1つ10〔50てん〕

❶  7 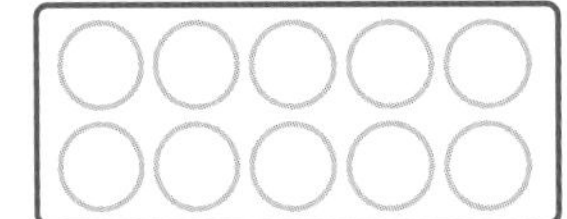

❷ 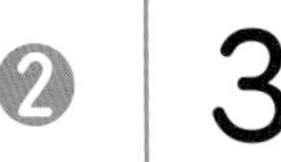 3 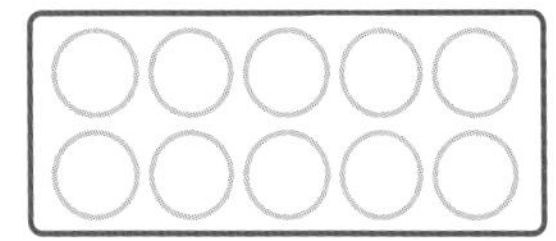

❸  6 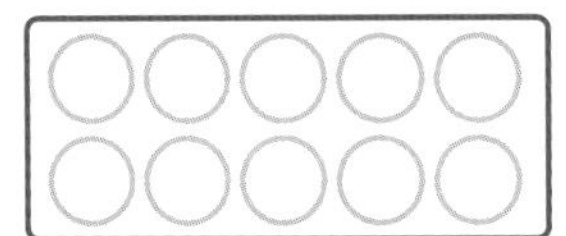

❹  9 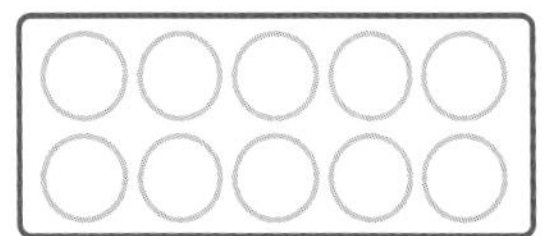

❺ 8 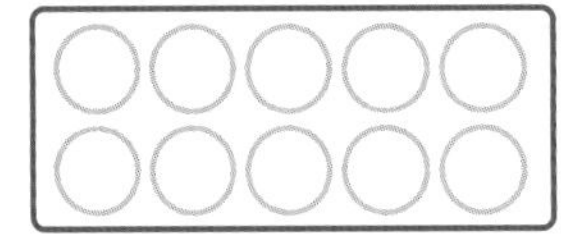

チェック

□ 10までの かずを かぞえる ことが できたかな？

□ かずの おおきさを かんがえる ことが できたかな？

べんきょうした 日　　月　　日

もくひょう
まえから 4ばんめと
まえから 4にんの
ちがいを しろう。

おわったら シールを はろう

なんばんめ
きほんのワーク

きょうかしょ ㋜20〜25ページ　こたえ 3ページ

きほん 1 なんばんめの いいかたが わかりますか。

☆ えを みて、□に はいる かずを かきましょう。

ひだり 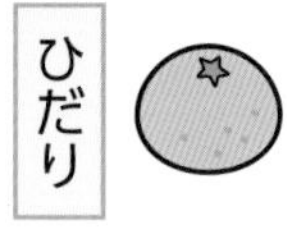       みぎ 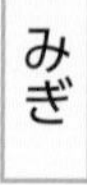

❶ は みぎから □ ばんめです。

❷ 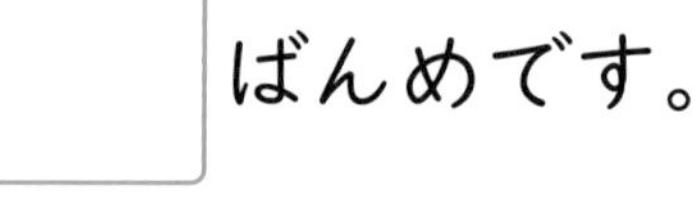は ひだりから □ ばんめです。

❸ は ひだりから □ ばんめで、みぎから □ ばんめです。

1 かあどが ならんで います。

きょうかしょ 20〜25ページ

❶ ひだりから 2ばんめを ⬭で かこみましょう。

ひだり  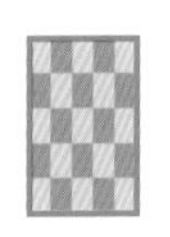 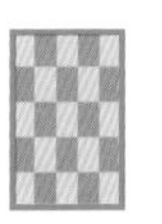       みぎ

❷ みぎから 4ばんめを ⬭で かこみましょう。

ひだり 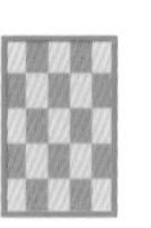         みぎ

❸ ひだりから 3まいを ⬭で かこみましょう。

ひだり           みぎ

❹ みぎから 4まいを ⬭で かこみましょう。

ひだり 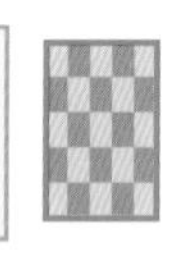           みぎ

○ばんめと
○まいは
いみが
ちがうね。

おうちのかたへ　物の集まりの大きさ（集合の要素の数）を表す**集合数**と、ある物の順番を表す**順序数**の違いを取り上げます。左から４番目と左から４枚の違いを理解します。

まとめのテスト

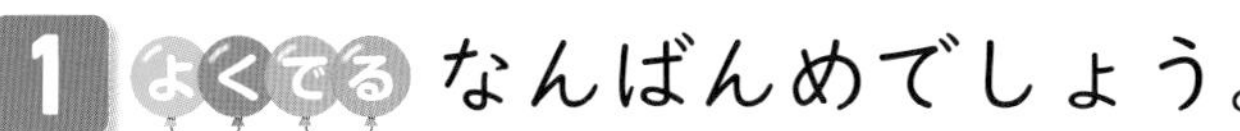

きょうかしょ　す20〜25ページ　こたえ　3ページ

じかん 20ぷん　とくてん　/100てん　おわったら シールを はろう

1 よくでる　なんばんめでしょう。　1つ15〔30てん〕

まえ         うしろ

れん　さき　けんと　ゆい　ひなた　あいり

❶ けんとさんは　まえから　　ばんめです。

❷ さきさんは　うしろから　□　ばんめです。

2 みぎから　3ばんめに　いろを　ぬりましょう。　〔15てん〕

ひだり        みぎ

3 ひだりから　4こに　いろを　ぬりましょう。　〔15てん〕

ひだり         みぎ

4 なんばんめですか。　1つ20〔40てん〕

うえ

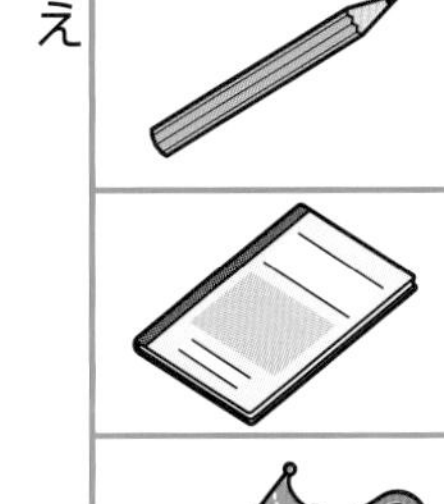

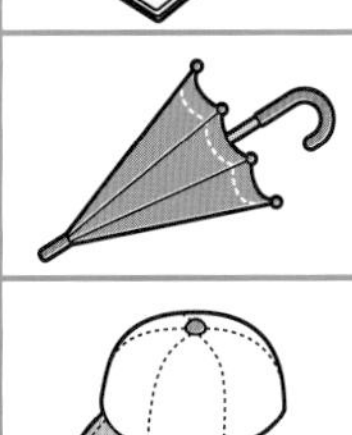

した

❶ ぼうしは　うえから

　ばんめ

❷ かさは　したから

　ばんめ

チェック

□ まえから　なんばんめ、まえから　なんにんの　ちがいが　わかったかな？

□ まえと　うしろの　ように　はんたいの　いいかたが　できたかな？

べんきょうした 日　月　日

いくつと いくつ [その1]

きほんのワーク

もくひょう
9までの かずが いくつと いくつに わけられるかを しろう。

おわったら シールを はろう

きょうかしょ ㋜26～35ページ　こたえ 4ページ

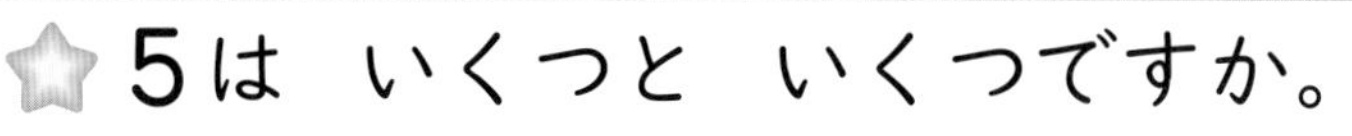

きほん 1 5は いくつと いくつに わけられますか。

☆ 5は いくつと いくつですか。
□に はいる かずを かきましょう。

❶ 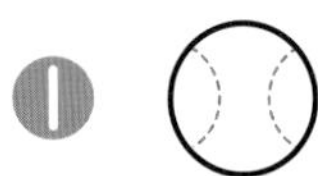 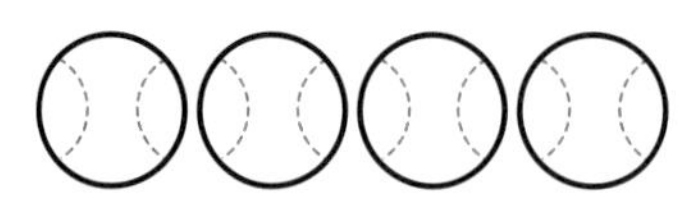  と 

❷ 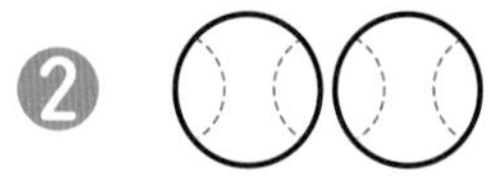 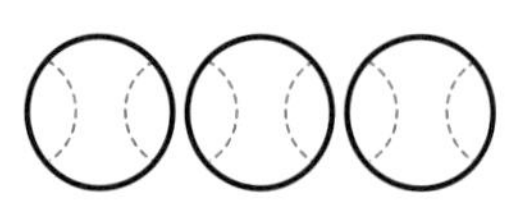  と 

❸ 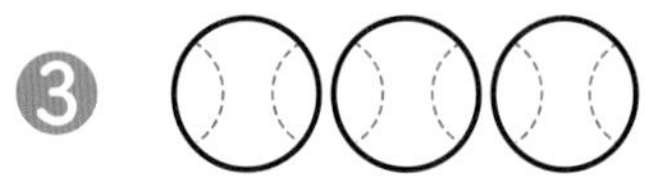 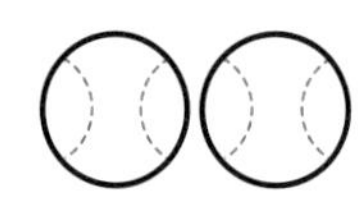  と

❹ 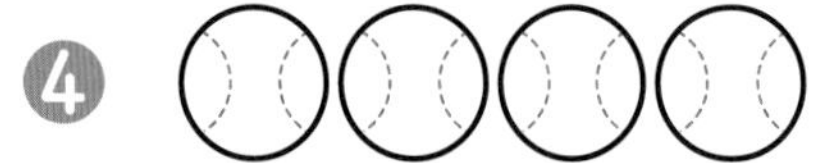 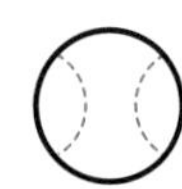 4 と 

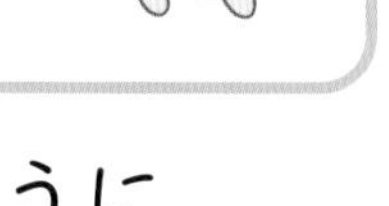

1 うえの かあどと したの かあどで 6に なるように、 ●—● で むすびましょう。

きょうかしょ 29ページ

 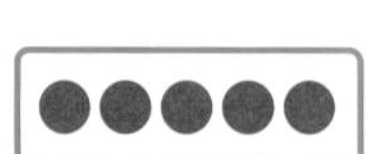

●●　●●●●　●●●　●　●●●●●

●●　●●●●　●●●●●　●　●●●

 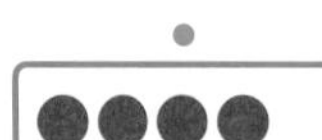 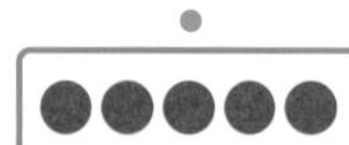  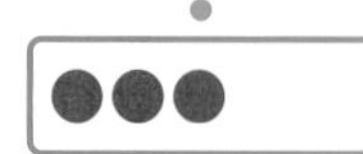

2 □に はいる かずを かきましょう。

きょうかしょ 26～29ページ

❶ 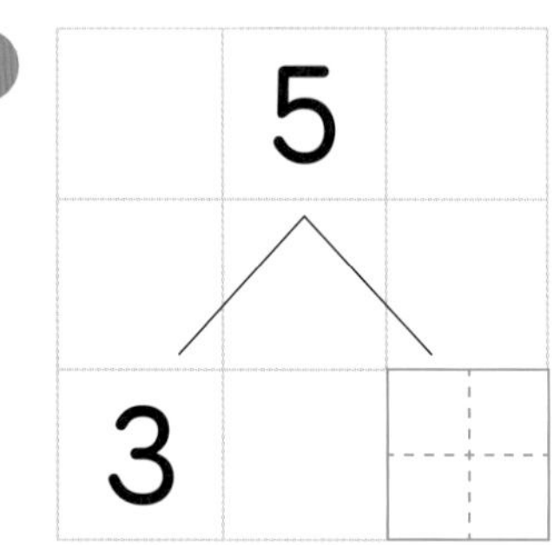

❷ 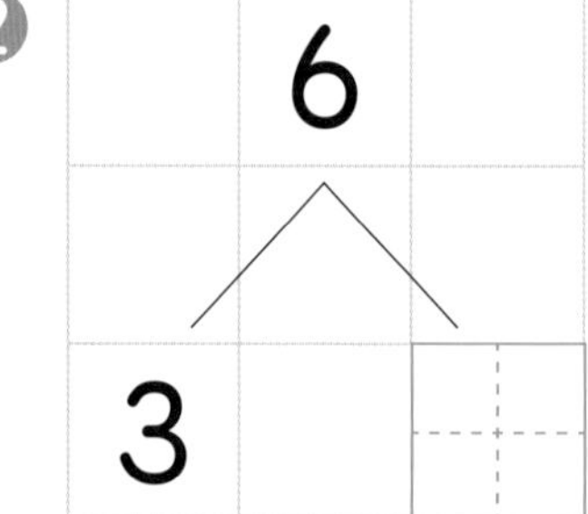

❸ 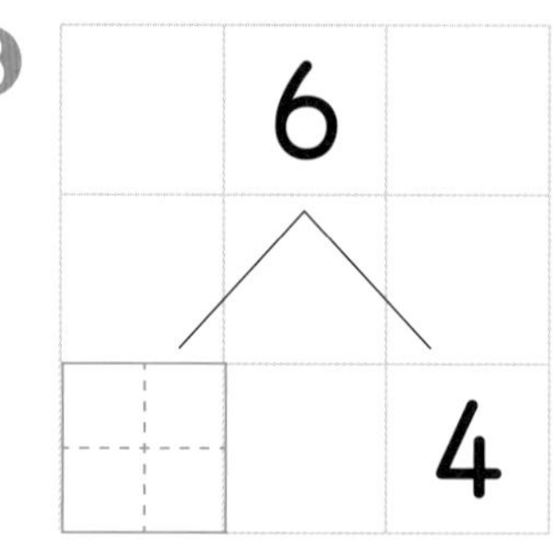

さんすうはかせ かずの かぞえかたは こえに だして おぼえると いいよ。「に し ろ や と」(2とび)、「ご じゅう じゅうご にじゅう」(5とび)も おぼえて おくと べんりだよ。

きほん2 7は いくつと いくつに わけられますか。

☆7は いくつと いくつですか。
□に はいる かずを かきましょう。

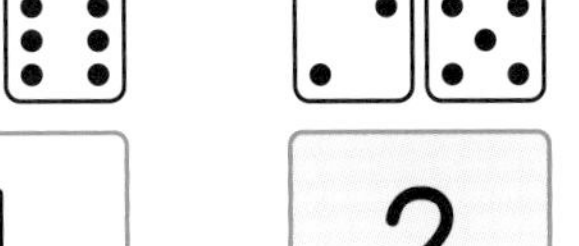

1	2	3	4	5	6
□	□	□	□	□	□

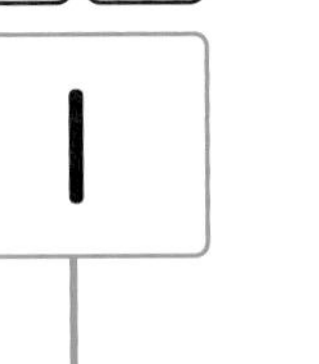

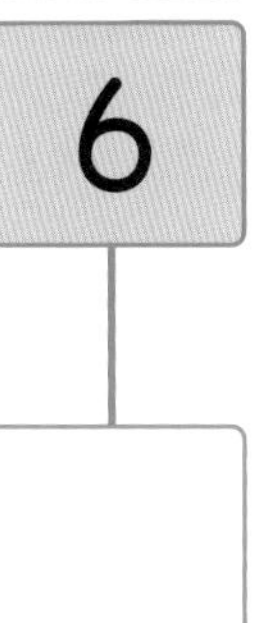

3 □に はいる かずを かきましょう。

きょうかしょ 32〜33ページ

❶ 8 → 2 と □

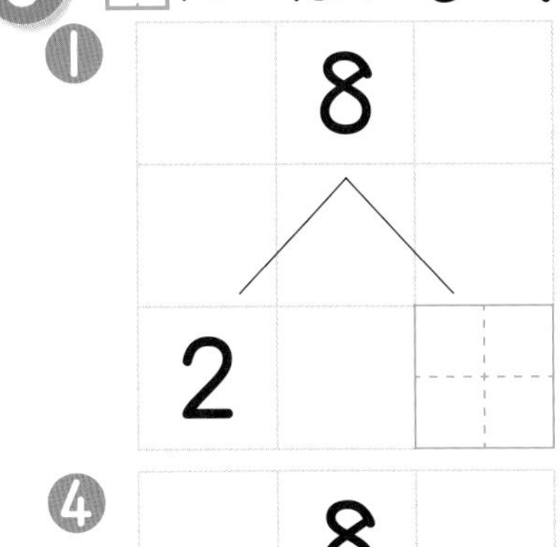

❷ 8 → □ と 3

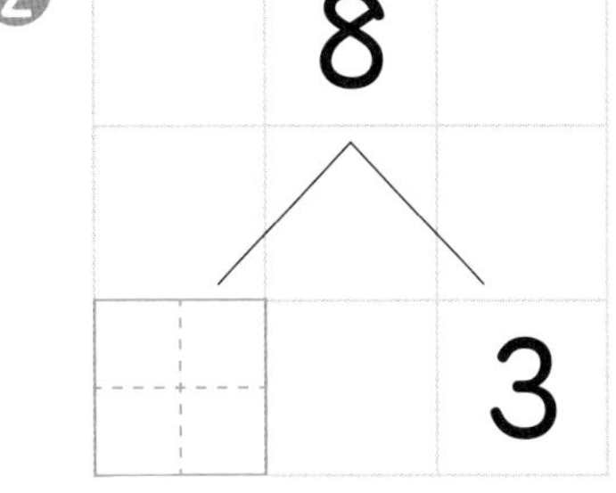

❸ 8 → 4 と □

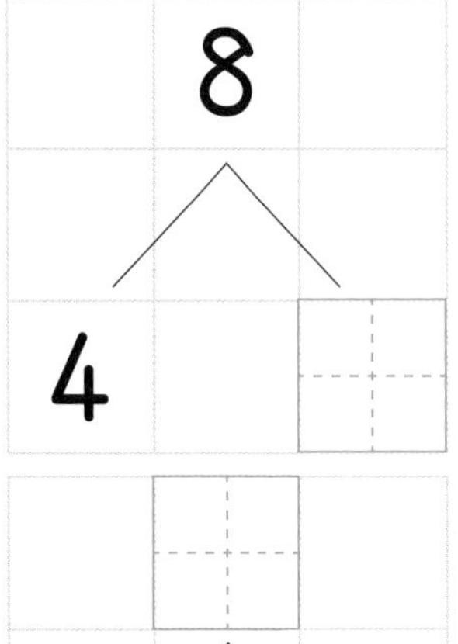

❹ 8 → □ と 5

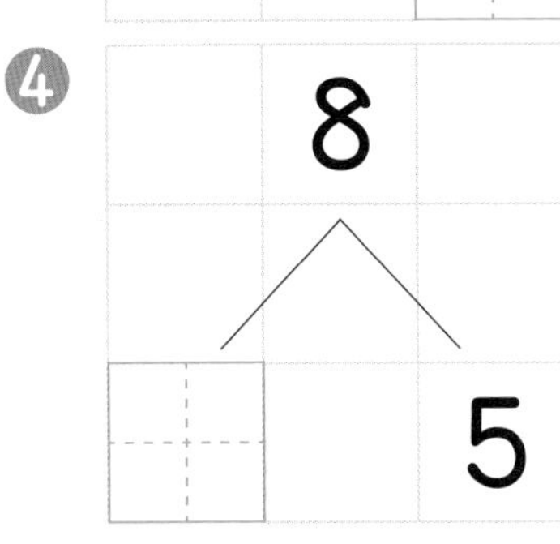

❺ 8 → □ と 1

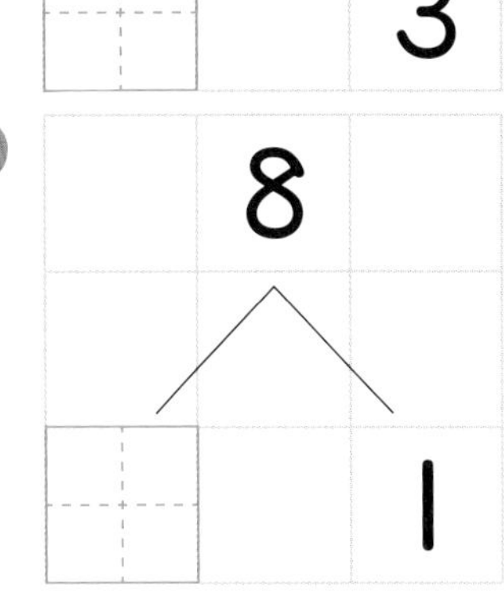

❻ □ → 6 と 2

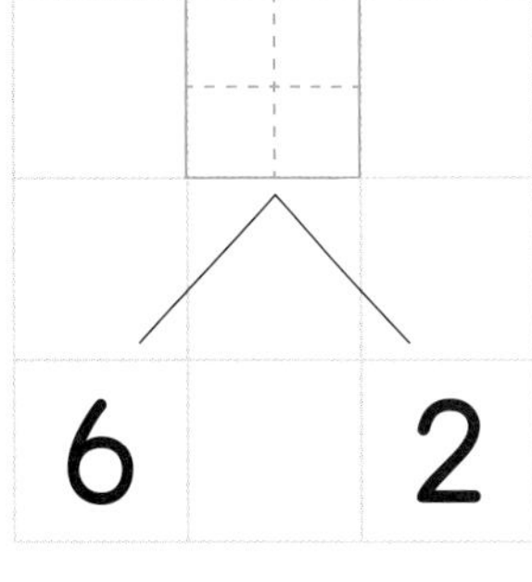

4 •—• で むすんで 9に しましょう。

きょうかしょ 34〜35ページ

1　3　6　7　8　2　5　4

6　8　2　3　1　4　5　7

おうちのかたへ
6という数を1と5を合わせた数とみるような場合を**合成**、また、逆に6を1と5に分けてみるような場合を**分解**といいます。加法・減法の計算のもとになる大切な考え方です。

べんきょうした 日　　月　　日

いくつと いくつ ［その2］ 0と いう かず

きほんのワーク

もくひょう
10は いくつと いくつに わけられるかを しろう。
0と いう かずを しろう。

おわったら シールを はろう

きょうかしょ　す36〜39ページ　　こたえ　5ページ

きほん 1　10は いくつと いくつに わけられますか。

☆ 10は いくつと いくつですか。
10に なるように、○に いろを ぬりましょう。

❶ ●●○○○ ○○○○○ と 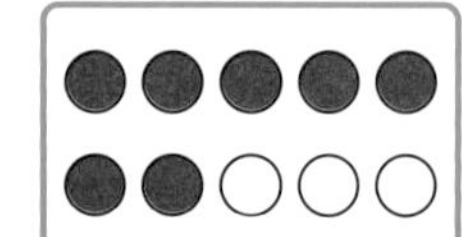

❷ ●●●●● ●●○○○ と 

❸ ●●●●● ○○○○○ と 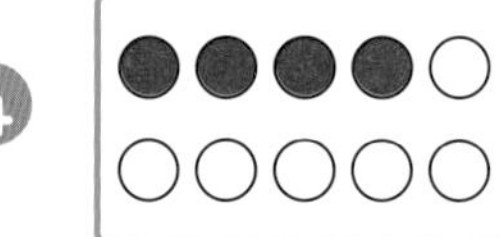

❹ ●●●●○ ○○○○○ と 

1　□に はいる かずを かきましょう。

きょうかしょ 36〜37ページ

❶ 10 → 6 と □

❷ 10 → 8 と □

❸ 10 → □ と 9

❹ 10 → 3 と □

❺ 10 → □ と 5

❻ □ → 4 と 6

2　□に はいる かずを かきましょう。

きょうかしょ 38ページ

❶ 10は 6と □

❷ 10は 8と 

❸ 10は 3と □

❹ 10は 1と 

さんすうはかせ　0の ことを 「れい」の ほかに 「ぜろ」と よむ ことも あるよ。えいごや ふらんすごでも 「ぜろ」と いうんだって。おもしろいね。

きほん2 0と いう かずが わかりますか。

☆ はいった わの かずを かきましょう。

3 すずめの かずを かきましょう。

きょうかしょ 39ページ

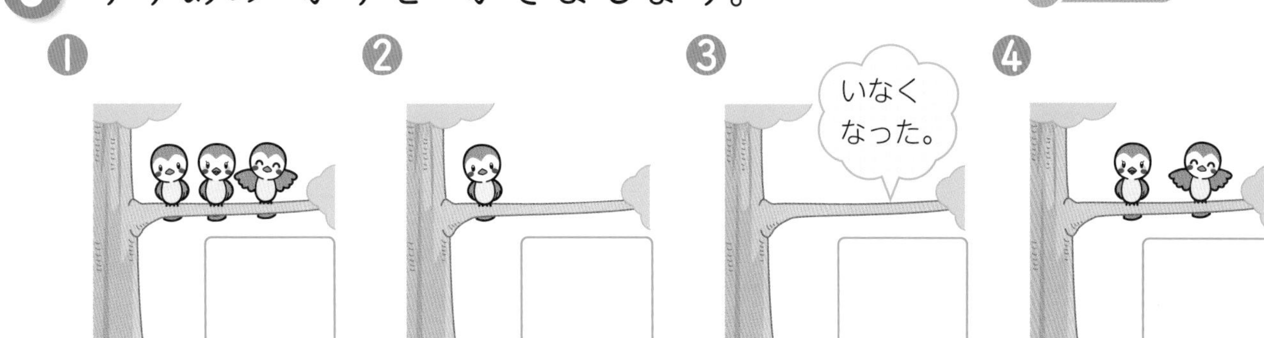

4 10りょうの でんしゃが とんねるに はいります。
とんねるに はいって いるのは なんりょうですか。

きょうかしょ 36〜39ページ

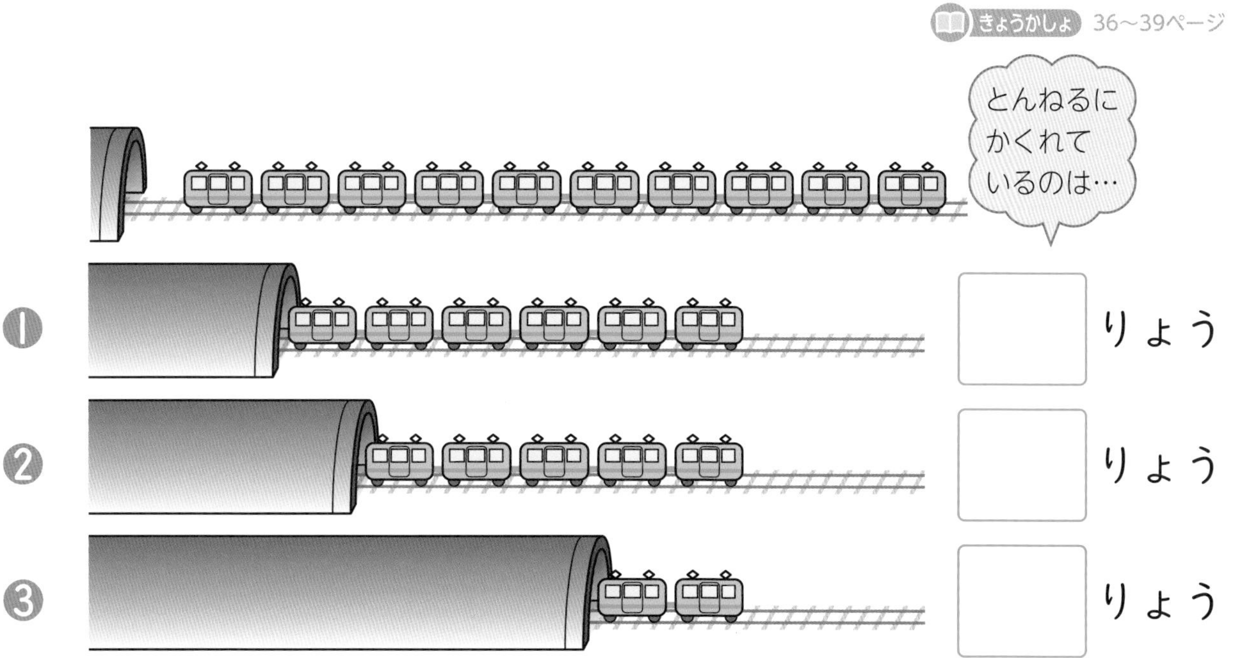

おうちのかたへ
10までの数の合成・分解は、これからの算数の学習の基礎となるものです。計算の基本として、十分に練習を行いましょう。また、0の意味を理解できているか確認します。

べんきょうした 日 月 日

れんしゅうのワーク

きょうかしょ ㊚26〜39ページ こたえ 6ページ

できた かず /13もん 中

おわったら シールを はろう

1 7は いくつと いくつ 7は いくつと いくつですか。
□に はいる かずを かきましょう。

① 4 と □　② 2 と □　③ 6 と □

④ 7 → □ と 5　⑤ 7 → □ と 1　⑥ 7 → 3 と □

2 10を つくろう あと いくつで 10ですか。
□に はいる かずを かきましょう。

① あと □ つ

② あと □ つ

③ あと □ つ

3 いくつと いくつ □に はいる かずを かきましょう。

① 9は □ と 5　② □ と 2で 8

③ □ は 3と 2　④ 8は 1と □

できるナビ ふたりで、10を つくる げえむを しよう。ひとりが 「3」と いったら、もう ひとりは こたえを いおう。こたえは 「7」だね。

じかん 20ぷん　とくてん /100てん　おわったら シールを はろう

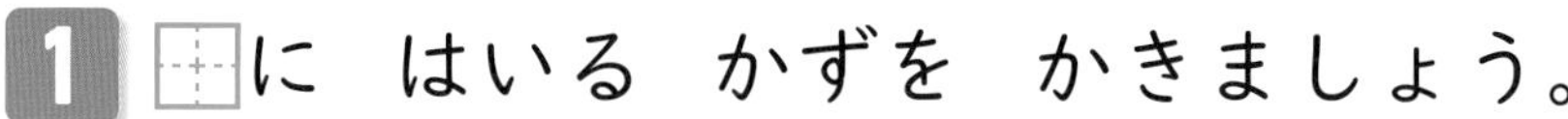

1 □に はいる かずを かきましょう。　1つ10〔30てん〕

❶ 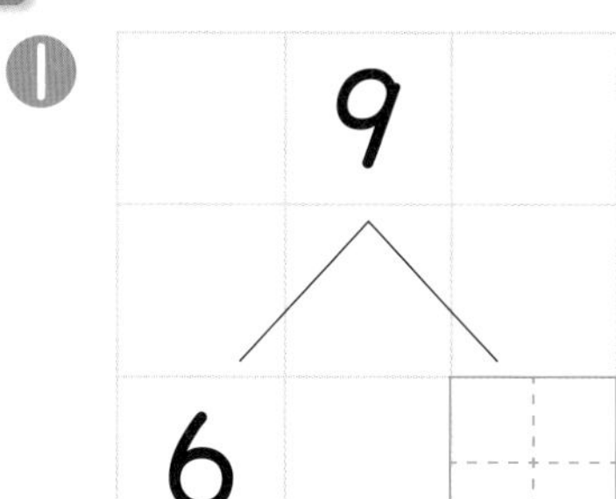

❷ 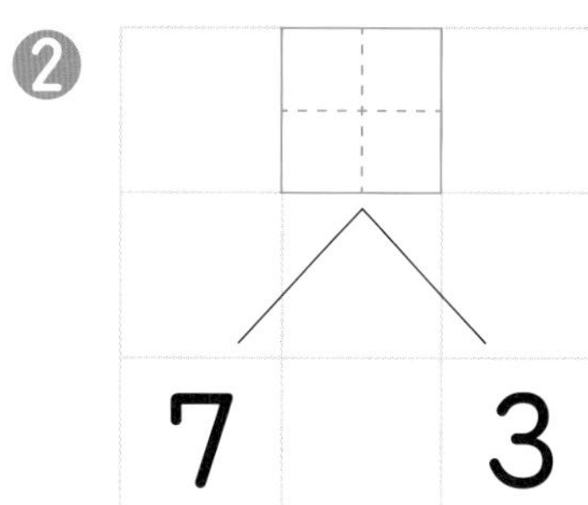

❸ 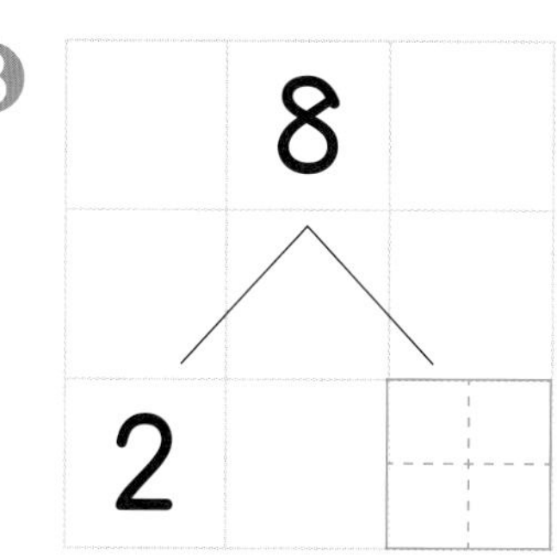

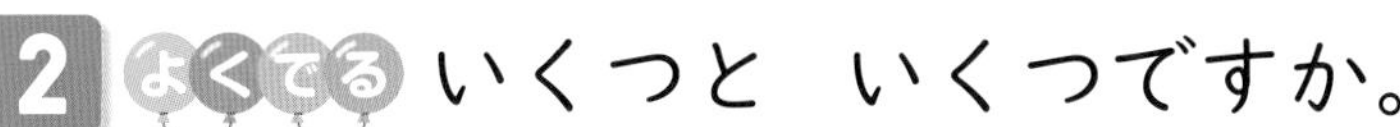

2 よくでる いくつと いくつですか。

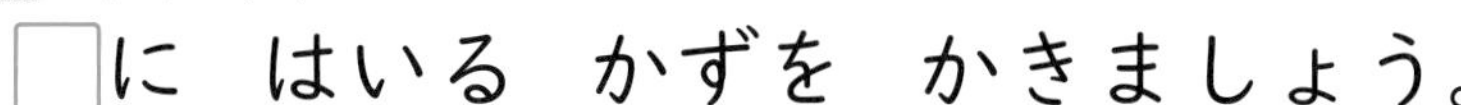

□に はいる かずを かきましょう。　1つ5〔20てん〕

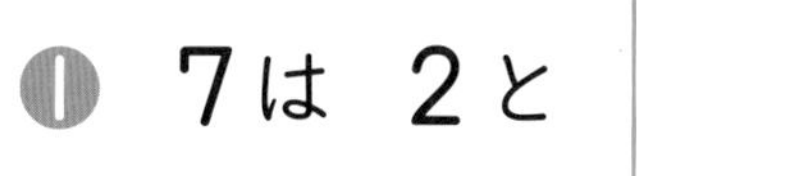
❶ 7は 2と □

❷ 8は 3と □

○○○○○○○

○○○○○○○○

❸ 6は 4と □

❹ 9は 5と □

○○○○○○

○○○○○○○○○

3 •—•で むすんで 10に しましょう。　1つ5〔20てん〕

4	5	9	2
5	6	8	1

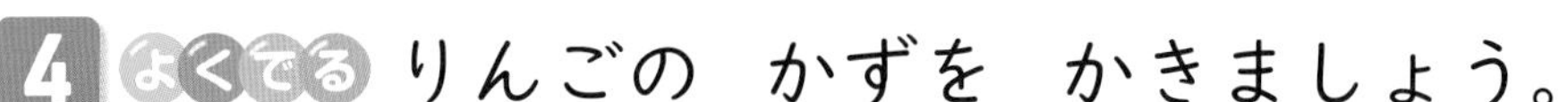

4 よくでる りんごの かずを かきましょう。　1つ10〔30てん〕

❶  

❷ 

❸ 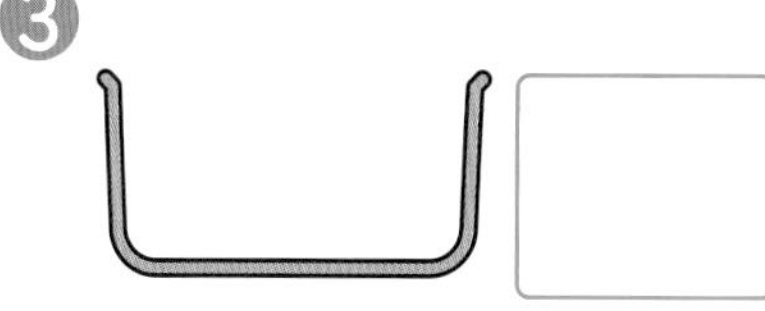

□ かずを いくつと いくつに わける ことが できたかな？
□ 0と いう かずの いみが わかったかな？

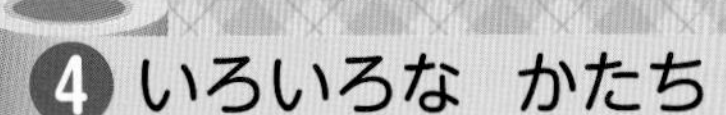

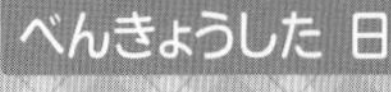

べんきょうした 日　　月　　日

いろいろな　かたち
にて　いる　かたち
かたちを　うつして

きほんのワーク

もくひょう
みの　まわりに　ある
はこや　つつの　かたち、
ぼうるの かたちを しろう。

おわったら
シールを
はろう

きょうかしょ　㋜40～47ページ　こたえ　6ページ

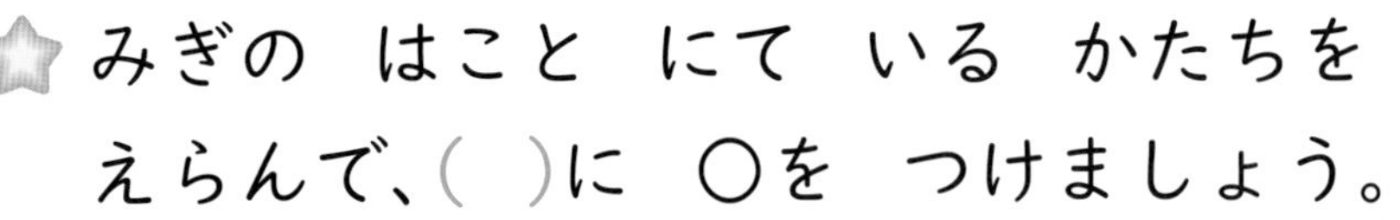

きほん 1　にて　いる　かたちが　わかりますか。

☆ みぎの　はこと　にて　いる　かたちを
えらんで、(　)に　○を　つけましょう。

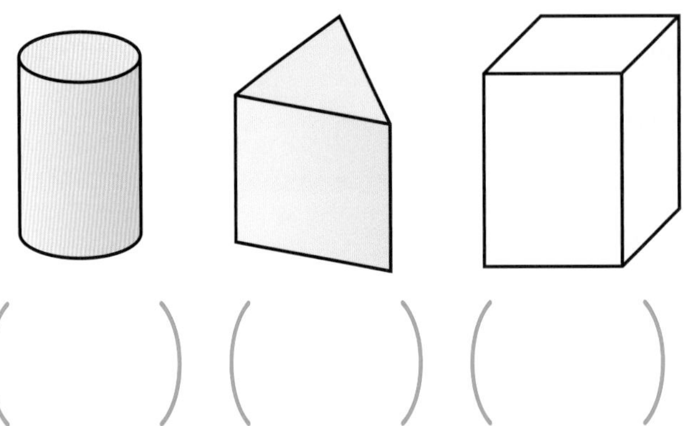

(　　) (　　) (　　)

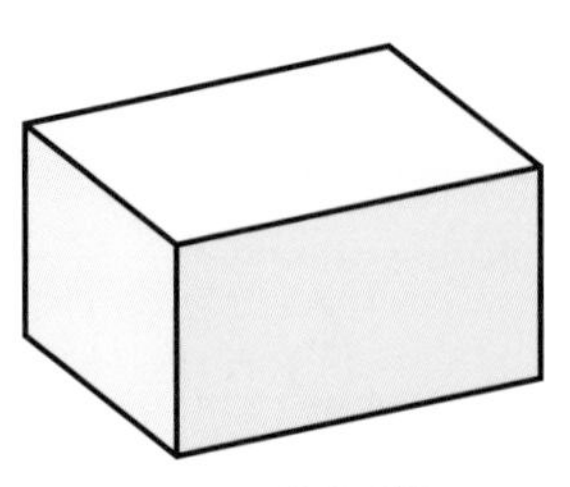

1 つつの かたち の　なかまには　○を、はこの かたち の　なかまには　□を
かきましょう。　きょうかしょ 40～45ページ

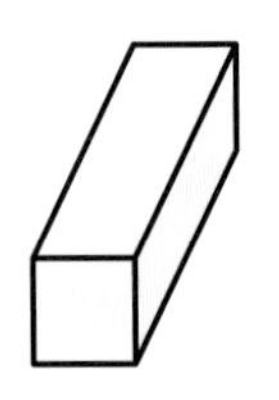
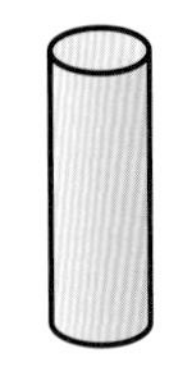
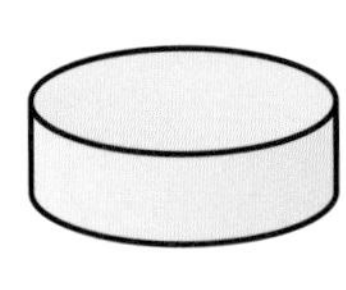
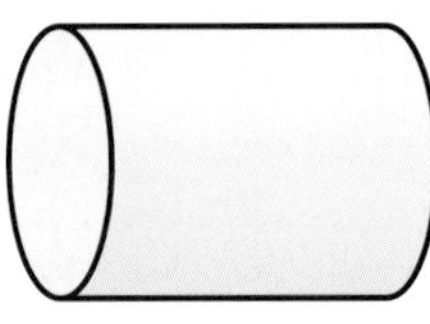
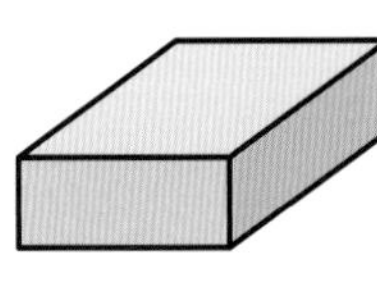

(　　) (　　) (　　) (　　) (　　)

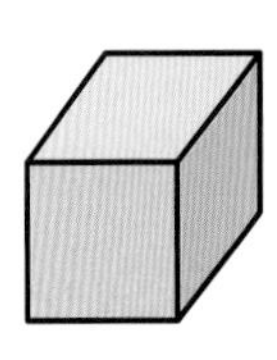
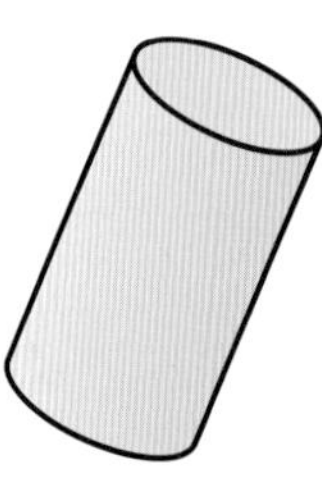
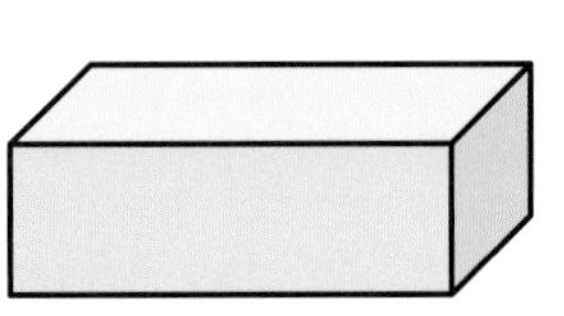

(　　) (　　) (　　) (　　) (　　)

さんすうはかせ　てぃっしゅぺえぱあの　あきばこが　あったら、はさみを　つかって　きりひらいて
ごらん。どんな　かたちに　なるかな。はさみは　おうちの　ひとと　つかおうね。

きほん2 つみきの そこの かたちが わかりますか。

☆ つみきの そこの かたちを うつしました。
うつした かたちを •—• で むすびましょう。

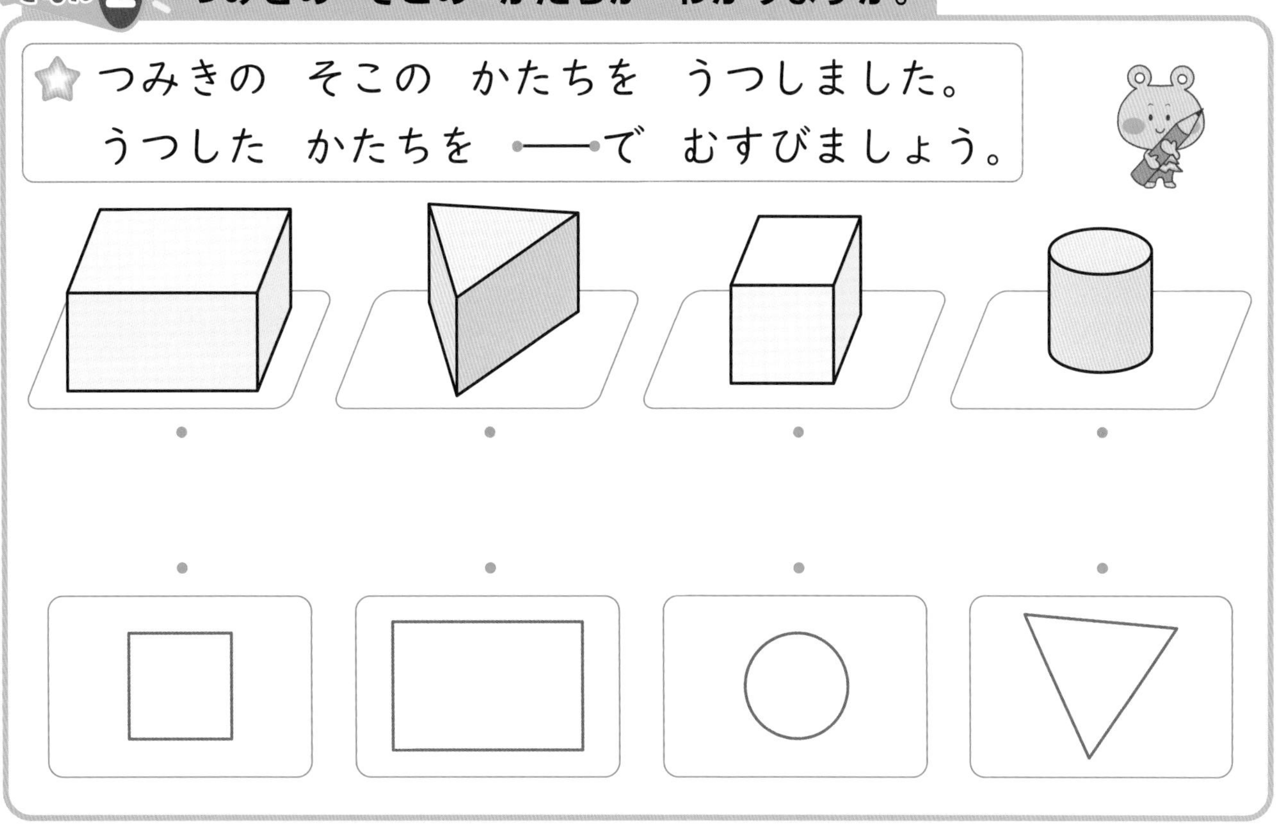

2 したの つみきを つかって、うつしとれる かたちに ぜんぶ ○を つけましょう。

きょうかしょ 46～47ページ

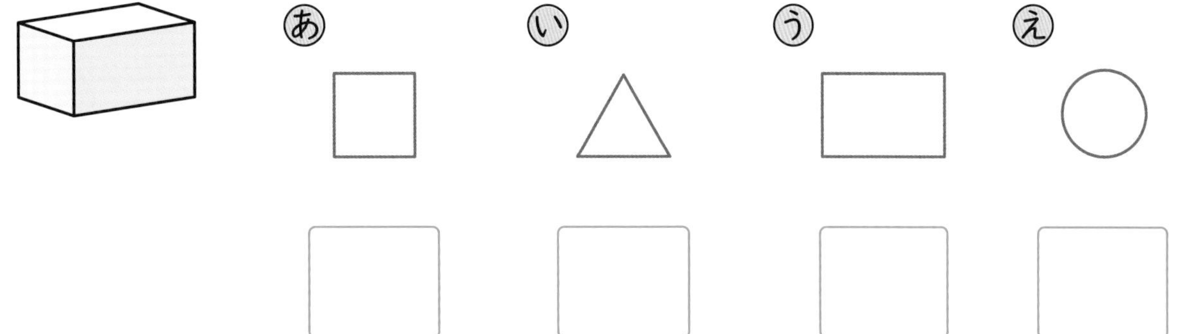

3 うつしとれる かたちに ぜんぶ ○を つけましょう。

きょうかしょ 46～47ページ

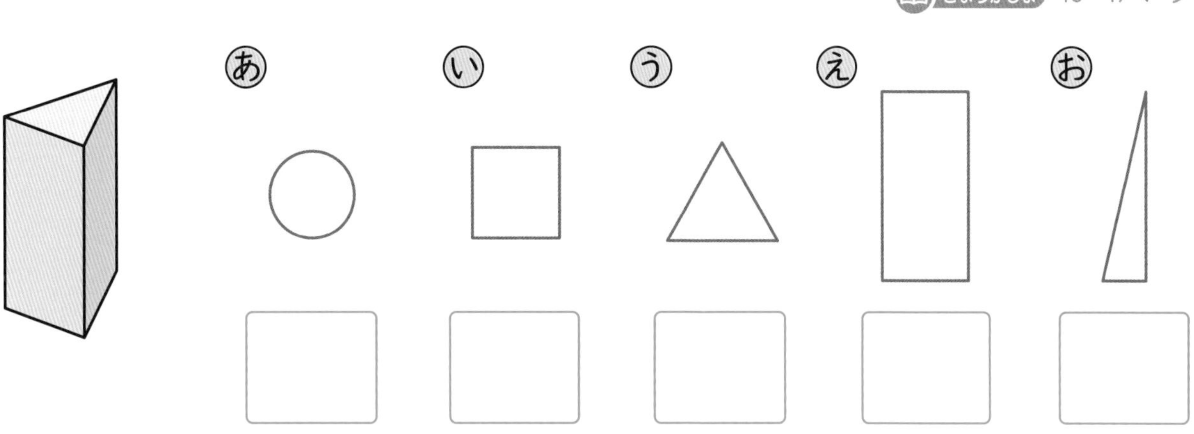

おうちのかたへ　身のまわりにある立体の形を学習します。箱の形、筒の形、球について、仲間分けできることがねらいです。遊びながら立体に親しみましょう。

べんきょうした 日　月　日

れんしゅうのワーク

できた かず　/3もん 中

おわったら シールを はろう

きょうかしょ　す40〜47ページ　こたえ　6ページ

1 ころがる　かたち　したの　つみきの　なかで、ころがる　ものに　ぜんぶ　○を　つけましょう。

あ　い　う　え　お

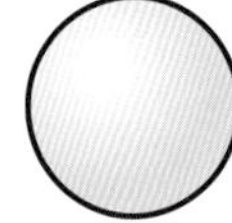
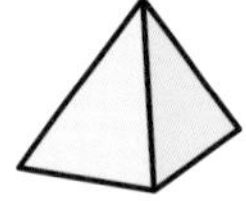
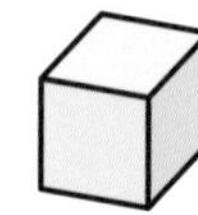

2 つみき　したの　つみきの　なかで、べつの　つみきを　うえに　つむ　ことが　できる　ものに　ぜんぶ　○を　つけましょう。

あ　い　う　え　お

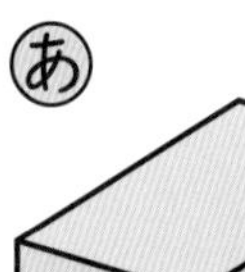

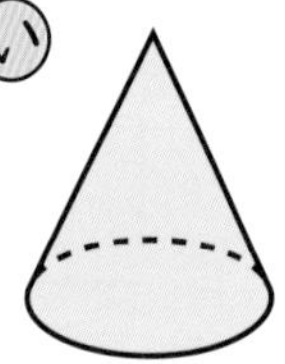

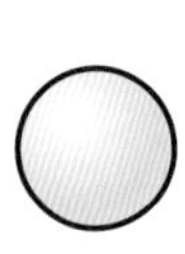
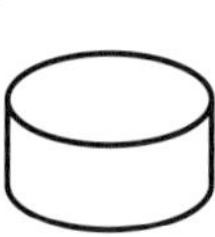

3 はこの　かたち　うつしとれる　かたちに　ぜんぶ　○を　つけましょう。

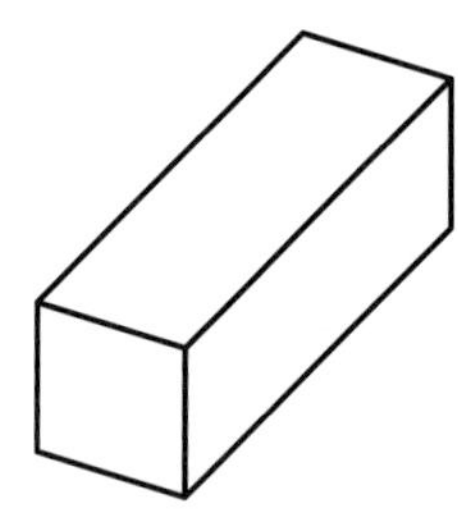

あ　い　う　え

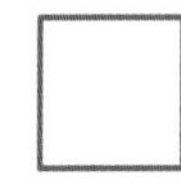
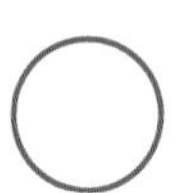
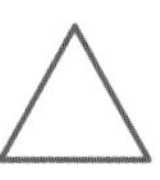

できるナビ　みの　まわりに　ある　ものから　ころがる　かたち、つむ　ことが　できる　かたち、まるい　かたち、しかくい　かたちを　みつけて　みよう。

1 よくでる したの かたちを みて、㋐から ㋘で こたえましょう。

1つ20〔60てん〕

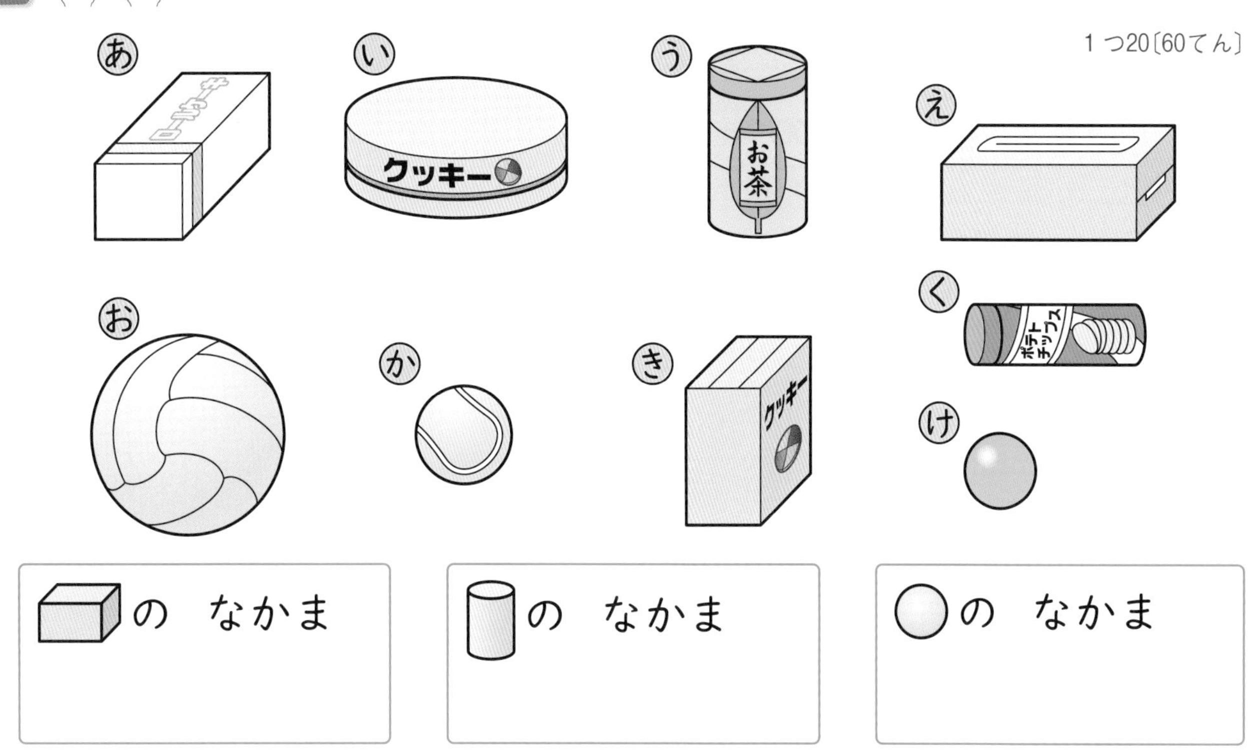

2 つみきを つかって ❶、❷、❸の かたちを かきました。
つかった つみきを ㋐、㋑、㋒で こたえましょう。 1つ10〔30てん〕

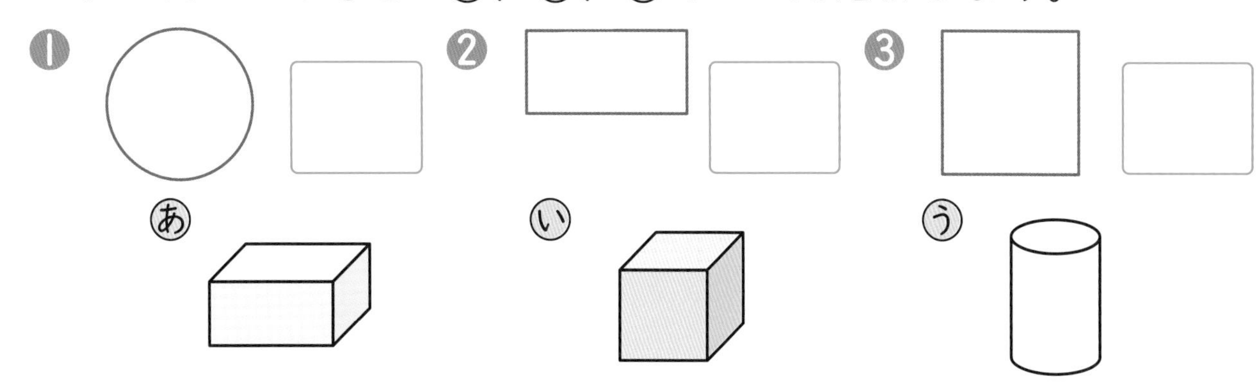

3 うつしとれる かたちを ㋐、㋑、㋒、㋓から ぜんぶ えらびましょう。

〔10てん〕

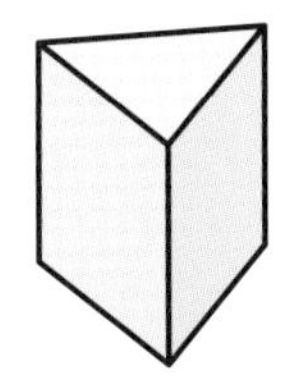
㋐  
㋑  
㋒  
㋓  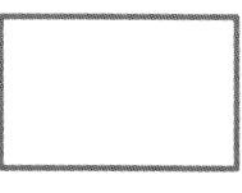

(　　　　)

□ かたちの なかまわけが できたかな？
□ かたちを うつして えを かく ことが できたかな？

べんきょうした 日 月 日

ふえたり へったり

きほんのワーク

もくひょう

ふえたり へったり する かずを、ぶろっくを つかって かぞえよう。

おわったら シールを はろう

きょうかしょ 2～3ページ　こたえ 7ページ

きほん 1 ふえたり へったり する ときの かずが わかりますか。

☆ えれべえたあに のって いるのは なんにんでしょう。

4 かい

3にん のりました。

のって いるのは？ □ にん

3 がい

ひとり おりました。

ぶろっくを つかうと わかりやすいね。

のって いるのは？ ふたり

2 かい

3にん のって きました。

のって いるのは？ □ にん

1 かい

ふたり おりました。

のって いるのは？ □ にん

おうちのかたへ もとの数に対して、増えたり減ったりという増減する量に着目することが目的です。たし算、ひき算の導入もかね、計算はブロックを使って行いますが、式はつくりません。

まとめのテスト

きょうかしょ 2〜3ページ　こたえ 7ページ

じかん 20ぷん

とくてん　/100てん

おわったら シールを はろう

1 どうぶつらんどへの　のりものが　しゅっぱつします。どうぶつらんどに　ついた　ときの　おきゃくさんの　かずを　かきましょう。（ぶろっくを　つかって　しましょう。）　1つ50〔100てん〕

（　　）ひき　（　　）ひき

チェック
□ ふえたり　へったりする　ようすを　かんがえる　ことが　できたかな？
□ ぶろっくを　つかって　かずを　かんがえる　ことが　できたかな？

べんきょうした 日　　月　　日

あわせて　いくつ

きほんのワーク

もくひょう
あわせて　いくつに
なるかを
かんがえよう。

おわったら
シールを
はろう

きょうかしょ 4〜7ページ　こたえ 8ページ

きほん1 あわせると　いくつに　なるか　わかりますか。

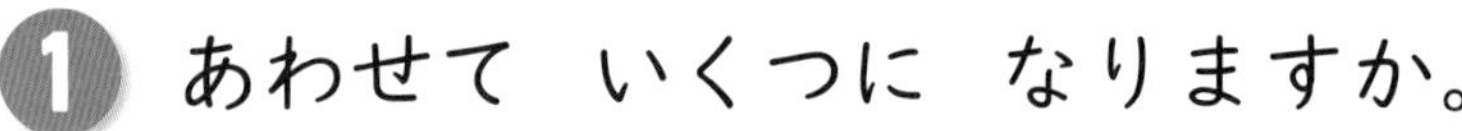

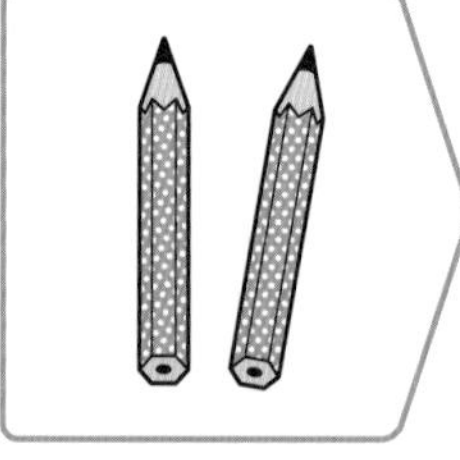

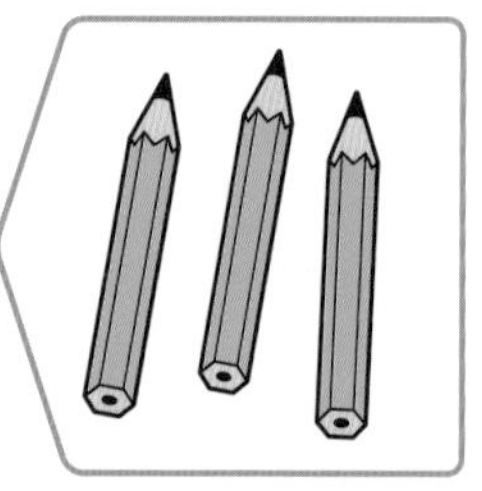

① あわせて □ ほん

② ぜんぶで □ ほん

③ あわせて □ ひき

④ あわせて □ わ

たしざんでは、「＋」の　きごうを　つかうよね。この　「たす」と　よむ　「＋」の　きごうは、「－」の　きごうに　たてせんを　つける　ことで　うまれたと　いわれて　いるよ。

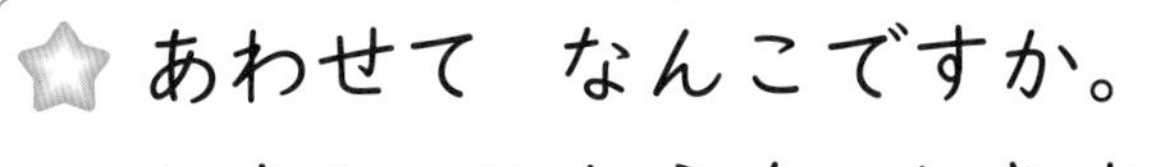

きほん2 たしざんの しきに かく ことが できますか。

☆ あわせて なんこですか。
しきと こたえを かきましょう。

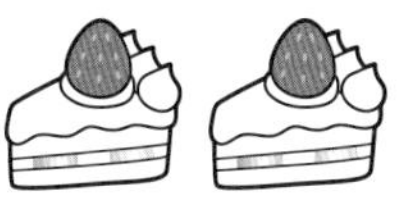

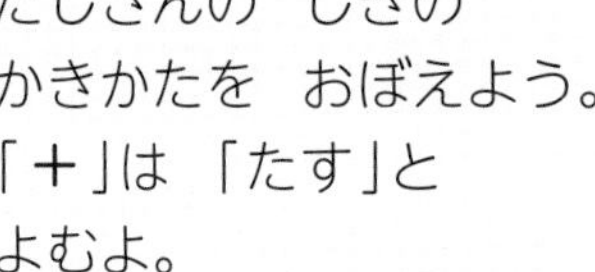

しき 3＋2＝□

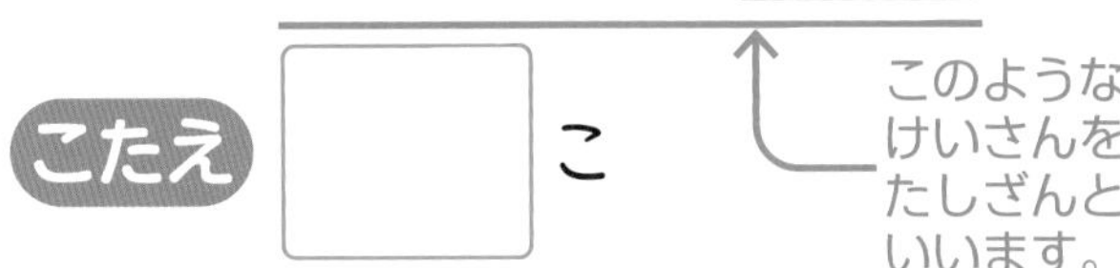

こたえ □ こ

このような けいさんを たしざんと いいます。

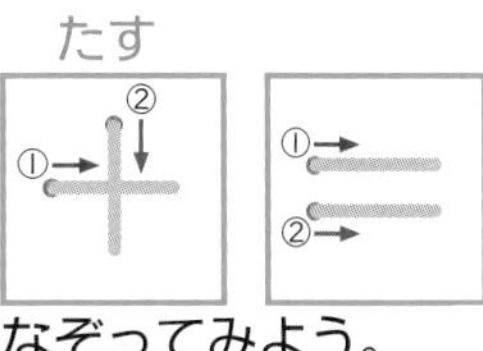

なぞってみよう。

2 あわせて いくつですか。

きょうかしょ 6ページ1

1

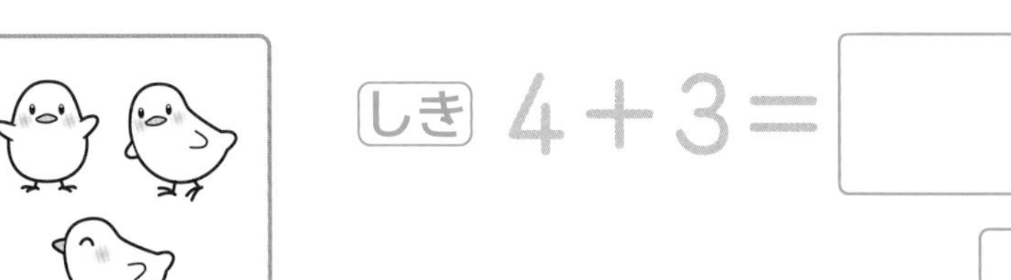

しき 4＋3＝□

こたえ □ わ

2

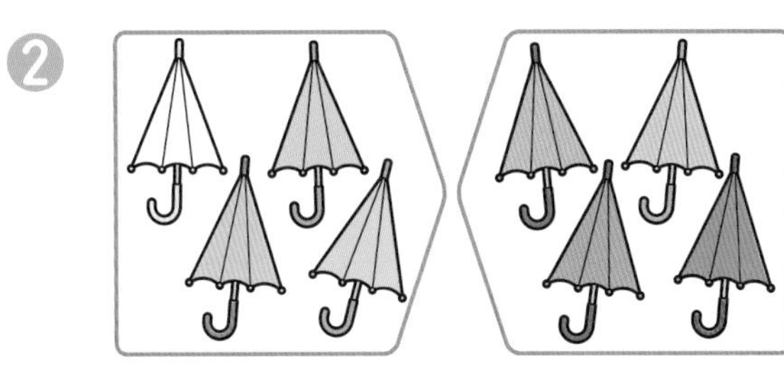
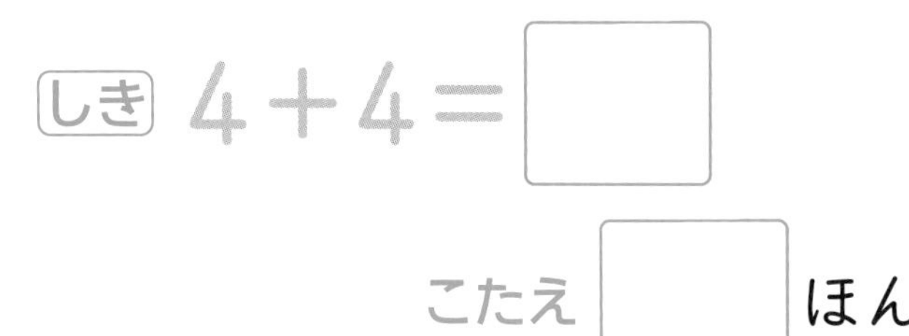

しき 4＋4＝□

こたえ □ ほん

3 あわせて なんびきですか。
しきに かいて こたえましょう。

きょうかしょ 7ページ23

1

しき 2＋3＝□

こたえ □ ひき

2

しき 1＋3＝□

こたえ □ ひき

おうちのかたへ　2つの和が10までのたし算です。「あわせて」の意味を理解します。理解が難しいお子さんは、おはじきやみかんなど、具体物を動かしながら考えてみましょう。

べんきょうした 日　月　日

ふえると いくつ

きほんのワーク

もくひょう
ふえると いくつに なるかを かんがえよう。

おわったら シールを はろう

きょうかしょ 8～9ページ　こたえ 8ページ

きほん 1 ふえると いくつに なるか わかりますか。

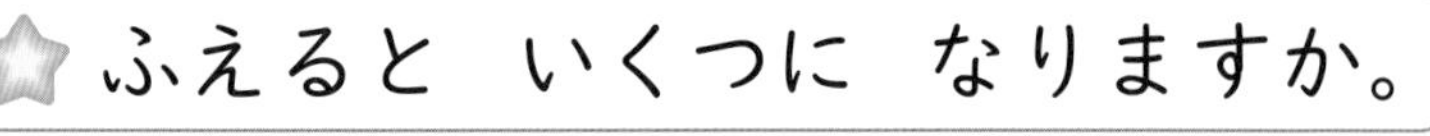

☆ ふえると いくつに なりますか。

❶

いれると

□ びき

あとから いくつか ふえると、いくつに なるかを きいて いるね。

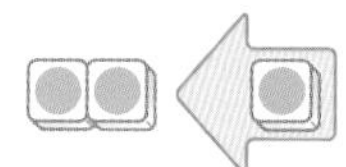

❷

ふえると

□ わ

1 ふえると いくつに なりますか。

きょうかしょ 8ページ

❶

もらうと □ こ

❷

ふえると

□ わ

❸
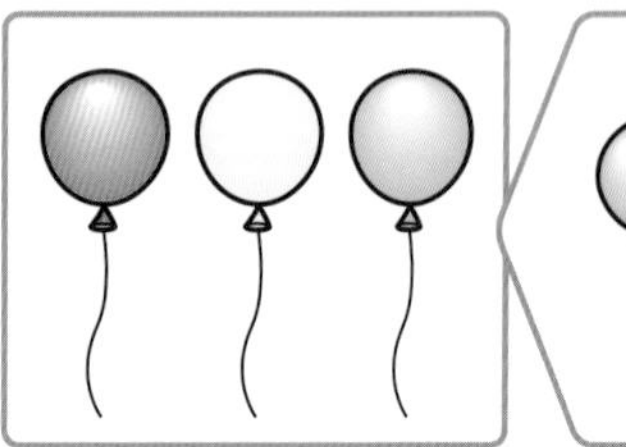

もらうと

□ こ

❹

ふえると

□ ひき

さんすうはかせ

「あおえんぴつが 3ぼんと あかえんぴつが 1ぽん。あわせると 4ほん。」と いう ように、きみも たしざんの おはなしを たくさん つくってごらん。

きほん2 たしざんの しきに あらわす ことが できますか。

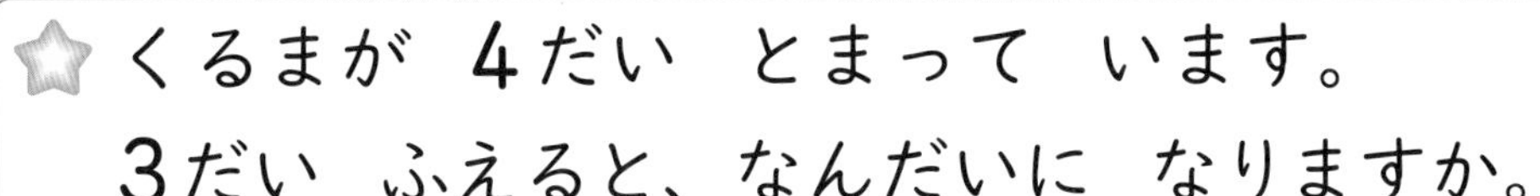
☆ くるまが 4だい とまって います。
3だい ふえると、なんだいに なりますか。

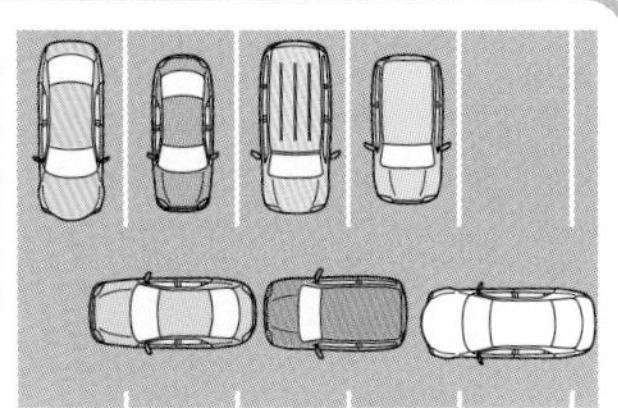

しき 4+3=□

こたえ □だい

かんがえかた
ふえる ときも
たしざんの しきに
あらわせるんだね。

2 しきに あらわして こたえを かきましょう。 きょうかしょ 9ページ12

① 4にんで あそんで いました。
5にん くると、なんにんに なりますか。

しき □=□　　こたえ □にん

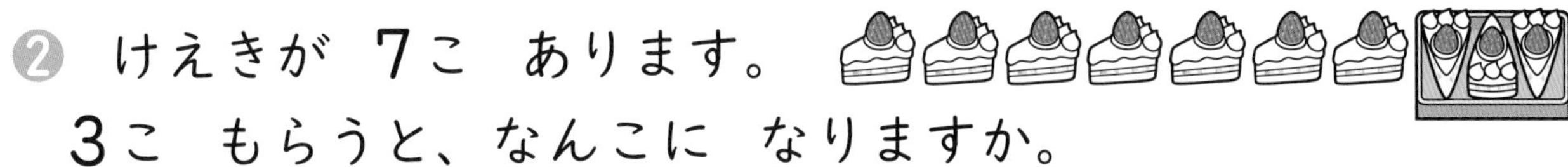
② けえきが 7こ あります。
3こ もらうと、なんこに なりますか。

しき □=□　　こたえ □こ

3 たしざんを しましょう。

きょうかしょ 9ページ3

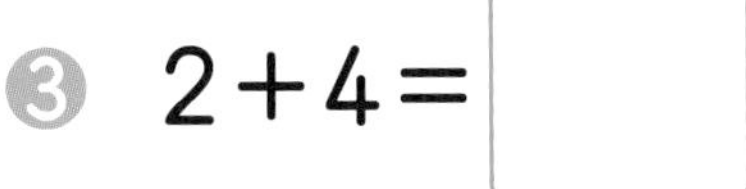
① 3+1=□　② 4+1=□

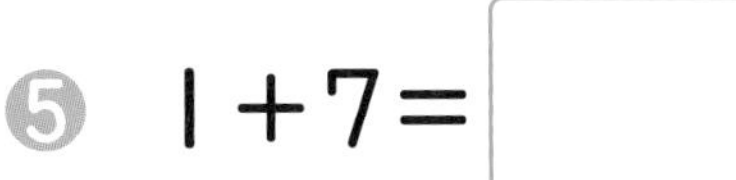
③ 2+4=□　④ 5+3=□

⑤ 1+7=□　⑥ 3+3=□

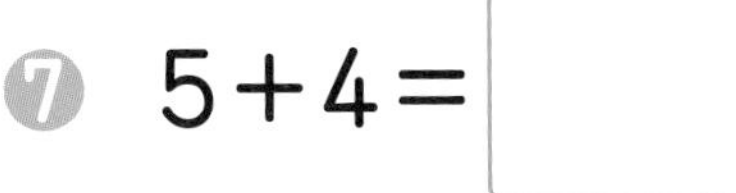
⑦ 5+4=□　⑧ 3+6=□

⑨ 9+1=□　⑩ 2+8=□

おうちのかたへ
「ふえると」と「あわせて」の意味の違いを理解しているかどうか確認しましょう。具体物を使った操作では、「ふえると」は、あとからいくつかをつけたすことになります。

べんきょうした 日　　月　　日

たしざんの　もんだい
きほんのワーク

もくひょう
たしざんの　もんだいを
かんがえよう。たしざんの
かあどで　あそぼう。

おわったら
シールを
はろう

きょうかしょ　10〜11ページ　こたえ　9ページ

きほん 1　たしざんの　しきに　あらわす　ことが　できますか。

☆ しろい　いぬが　4ひき　います。
くろい　いぬが　3びき　います。
いぬは　ぜんぶで　なんびき　いますか。

しき　□　＝　□　　こたえ　□　ひき

1 ねこが　5ひき　います。
あとから　2ひき　やって　きました。
ぜんぶで　なんびきに　なりましたか。

きょうかしょ　10ページ2

しき　□　＝　□　　こたえ　□　ひき

さんすうはかせ　すうぱあまあけっとの　ちらしを　みた　ことが　あるかな。ちらしには「8」や「9」が　たくさん　つかわれて　いるよ。たしかめて　みてね。

きほん2 おなじ こたえの しきが わかりますか。

☆ こたえが おなじに なる かあどを あつめて います。
あいて いる かあどに はいる しきを かきましょう。

4	5	6
1+3	1+4	
	2+3	2+4
3+1		3+3
	4+1	
		5+1

2 □に はいる かずを いれて、こたえが 10に なる かあどを つくりましょう。

きょうかしょ 11ページ

❶ 3+□

❷ □+1

❸ □+2

❹ □+6

3 こたえが 8に なる かあどを じゅんに ならべました。
あいて いる かあどに はいる しきを かきましょう。

きょうかしょ 11ページ

1+7 → □ → 3+5 → 4+4 → □ → 6+2 → 7+1

おうちのかたへ　身のまわりにあるものを、たし算の式に表したり、たし算のお話に表したりする学習です。お子さん自身が問題をつくると、たし算の理解がより深まります。

れんしゅうのワーク

べんきょうした 日　月　日

できた かず　/10もん 中

おわったら シールを はろう

きょうかしょ 4〜11ページ　こたえ 9ページ

1 おはなしと しき

えの おはなしに あう しきを •—• で むすびましょう。

あ
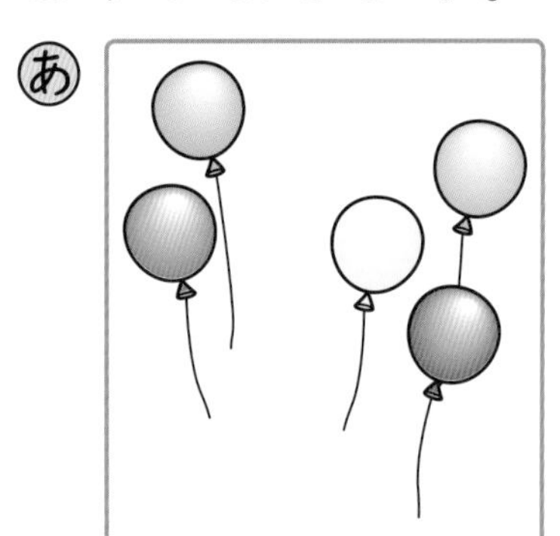

い
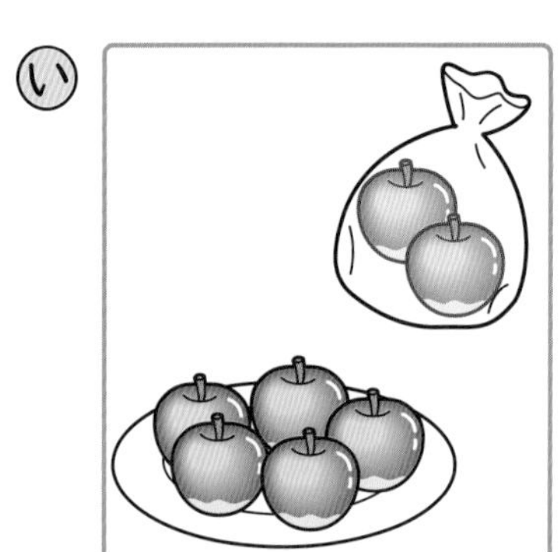

う

5+2=7　3+3=6　2+3=5

2 たしざんの かあど

かあどの こたえを かきましょう。

❶ 2+7 おもて　□ うら
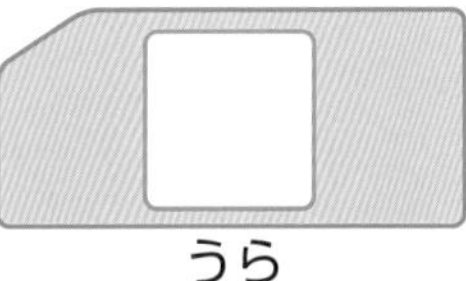
❷ 3+2 □
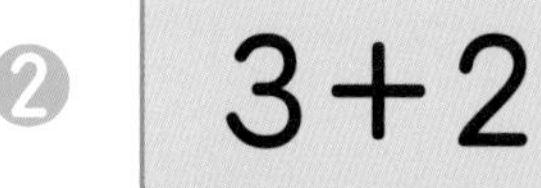

❸ 5+1 □
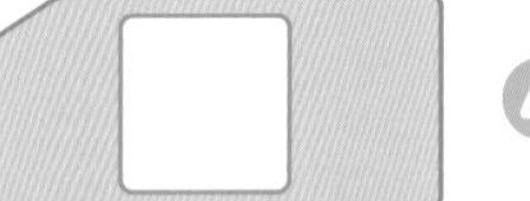
❹ 5+3 □

❺ 3+6 □

❻ 1+9 □

チャレンジ! 3 しきづくり

こたえが 8に なる たしざんの しきを つくりましょう。

□+□=8

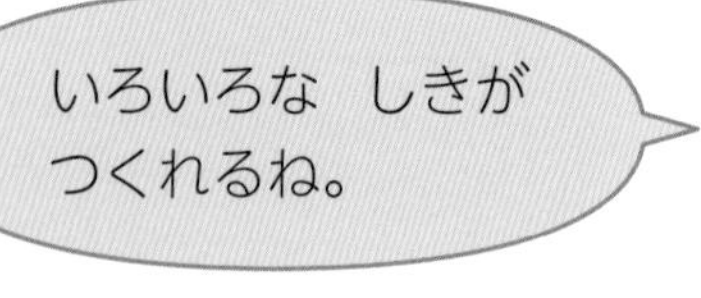

できるナビ こたえが 9や 10に なる たしざんの しきも つくって みよう。
こたえが 9に なる たしざんの しきは、8つ つくれるよ。

まとめのテスト

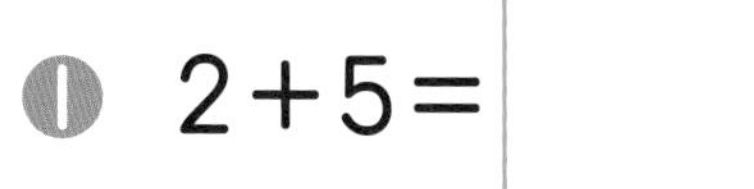

じかん 20ぷん

とくてん　　/100てん

おわったら シールを はろう

1 よくでる たしざんを　しましょう。

1つ5〔50てん〕

❶ 2＋5＝□　　❷ 4＋4＝□

❸ 8＋2＝□　　❹ 2＋2＝□

❺ 5＋5＝□　　❻ 6＋4＝□

❼ 1＋6＝□　　❽ 3＋3＝□

❾ 6＋3＝□　　❿ 3＋5＝□

2 こたえが　10に　なる　かあどに　○を　つけましょう。

〔10てん〕

4＋4　　6＋3　　4＋6　　5＋4

3 いちごの　けえきが　4こ、ちょこれえとの　けえきが　3こ　あります。けえきは　ぜんぶで　なんこ　ありますか。

1つ10〔20てん〕

しき

こたえ（　　　）こ

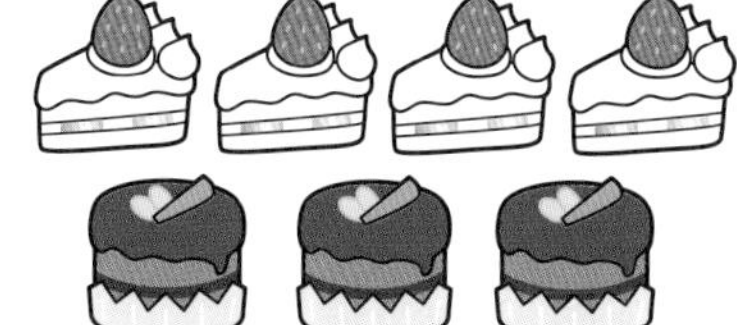

4 わなげを　しました。はじめに　2こ　はいり、つぎに　6こ　はいりました。あわせて　なんこ　はいりましたか。

1つ10〔20てん〕

こたえ（　　　）こ

ふろくの「計算れんしゅうノート」2～5ページを　やろう！

□たしざんの　しきに　かく　ことが　できたかな？
□たしざんの　けいさんが　できたかな？

べんきょうした 日　月　日

のこりは　いくつ

きほんのワーク

もくひょう
のこりは　いくつに
なるかを
かんがえよう。

おわったら
シールを
はろう

きょうかしょ　14～19ページ　こたえ　10ページ

きほん 1 ひきざんの　しきに　あらわす　ことが　できますか。

☆ 2だい　でて　いくと、のこりは　なんだいに
なりますか。

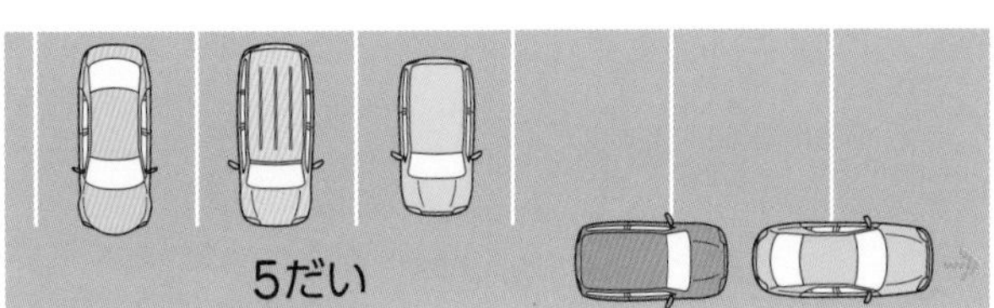

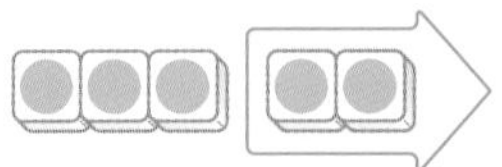

このような
けいさんを
ひきざんと
いいます。

なぞってみよう。

たいせつ
ひきざんの　しきの
かきかたを
おぼえよう。「－」は、
「ひく」と　よみます。

1 2ひき　とんで　いくと、のこりは
なんびきに　なりますか。

きょうかしょ　16ページ1　17ページ23

6ぴき

しき　6－2＝□

こたえ　□ひき

2 けえきが　8こ　あります。🍰は　5こです。
🧁は　なんこですか。

きょうかしょ　18ページ45

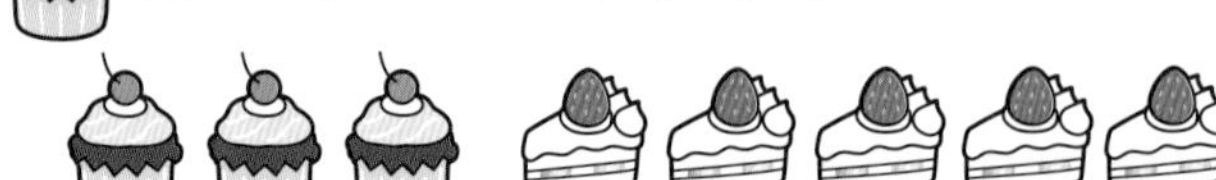

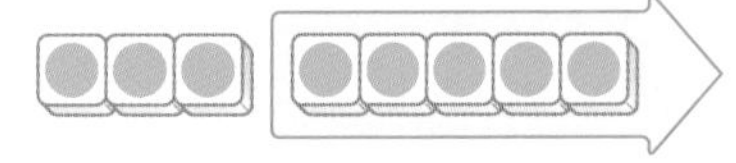

こたえ　□こ

むかし　たるに　はいった　みずを　つかった　とき、「ここまで　つかったよ」と　いう
しるしと　して　たるに　よこぼうを　ひいたのが　「－」の　きごうの　はじめなんだって。

3 ひきざんを　しましょう。

❶ 5－3＝□　❷ 4－2＝□

❸ 7－1＝□　❹ 9－2＝□

❺ 9－3＝□　❻ 8－6＝□

❼ 3－2＝□　❽ 10－4＝□

❾ 10－5＝□　❿ 10－8＝□

きほん 2 ひきざんの　かあどの　こたえが　わかりますか。

☆ こたえが　3に　なる　かあどに　○を　つけましょう。

5－4　6－3　7－6　4－1

9－6　8－4　10－7

4 こたえが　おなじに　なる　かあどを　•—•で　むすびましょう。

7－2　6－5　8－6　9－5

9－4　5－1　3－1　9－8

おうちのかたへ　減少したときの残りの部分を求めたり（求残）、全体とその一部分がわかっていて、他の部分を求めたり（求補）することを学習します。

べんきょうした 日　月　日

ちがいは いくつ

きほんのワーク

もくひょう
ちがいは いくつに なるかを かんがえよう。

おわったら シールを はろう

きょうかしょ 20〜22ページ　こたえ 10ページ

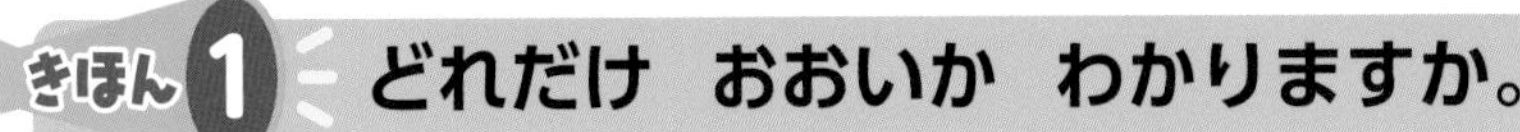

きほん 1 どれだけ おおいか わかりますか。

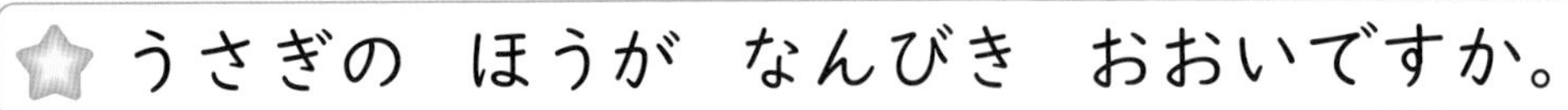

☆ うさぎの ほうが なんびき おおいですか。

7ひき　3びき

しき 7－3＝□

うさぎ　ねこ　ちがい

こたえ □ ひき

ちがいを もとめる ときも ひきざんの しきに あらわせるね。

1 りんごの ほうが なんこ おおいですか。

きょうかしょ 21ページ 1 2

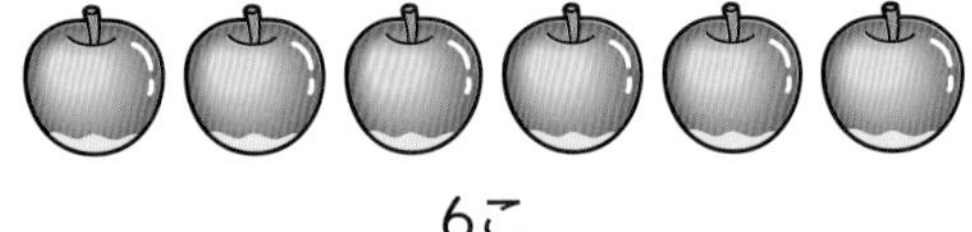

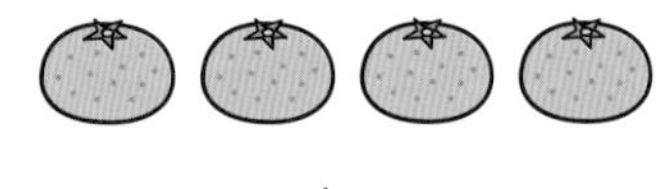

6こ　4こ

しき 6－4＝□　こたえ □ こ

2 えんぴつの ほうが なんぼん おおいですか。

きょうかしょ 21ページ 1 2

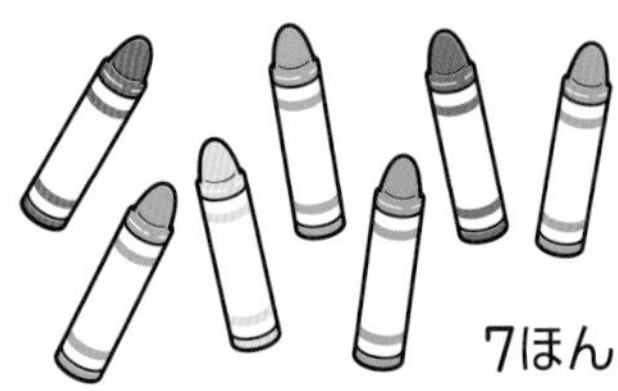

7ほん　9ほん

しき □－□＝□　こたえ □ ほん

さんすうはかせ　おおむかし かずが はつめいされた ときには 「0」と いう かずは なかったんだって。かずは 1、2、3、…と つかわれて いたんだ。

きほん2 かずの　ちがいは　いくつか　わかりますか。

☆ と　の　かずの　ちがいは　いくつですか。

しき □－□＝□

こたえ □こ

3 かずの　ちがいは　いくつですか。

きょうかしょ 22ページ34

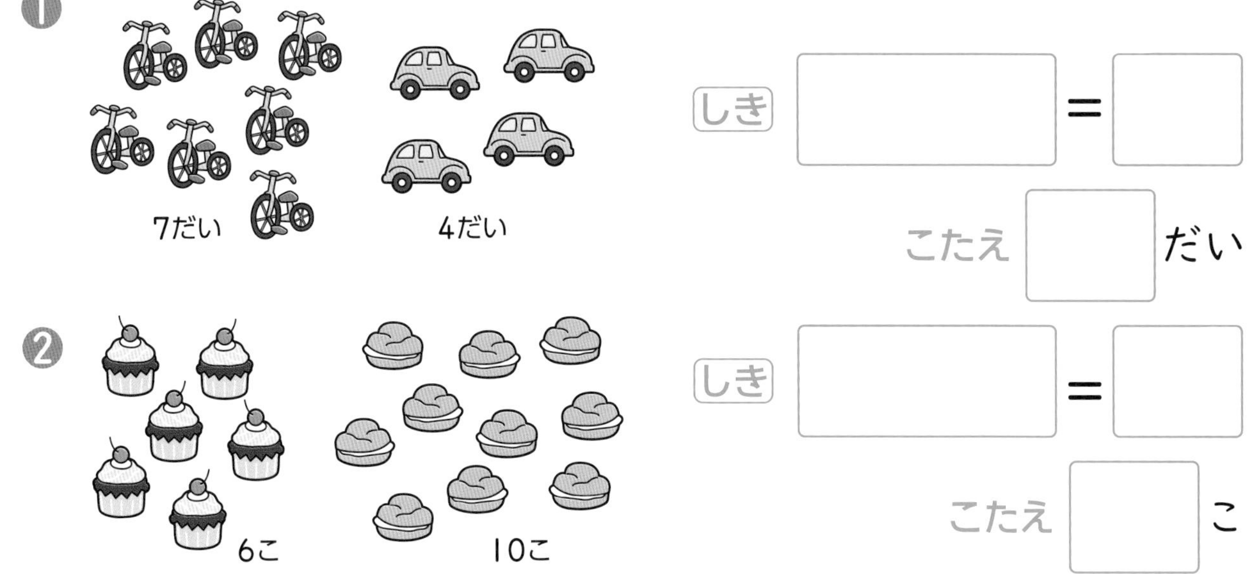

1 しき □＝□

こたえ □だい

2 しき □＝□

こたえ □こ

4 かずの　ちがいは　いくつですか。

きょうかしょ 22ページ34

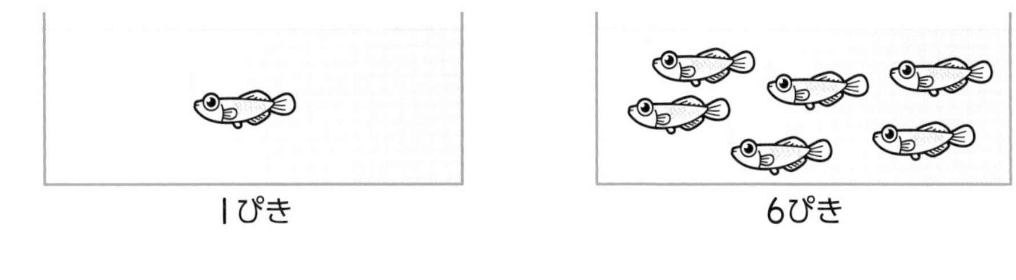

しき □＝□　　こたえ □ひき

おうちのかたへ　2つの数量の差を求める「求差」を学習します。求差は、2つの数量が同時に存在し、その差を求めるひき算です。残りはいくつ（求残）や求補との意味の違いを理解しましょう。

べんきょうした 日　月　日

ひきざんの　もんだい おはなしづくり
きほんのワーク

もくひょう
ひきざんの　しきに なる　おはなしを つくって　みよう。

おわったら シールを はろう

きょうかしょ 23〜25ページ　こたえ 10ページ

きほん 1　おはなしを　よんで　しきを　つくる　ことが　できますか。

☆ こどもが　7にんで　あそんで　います。3にん　かえると、のこりは　なんにんに　なりますか。

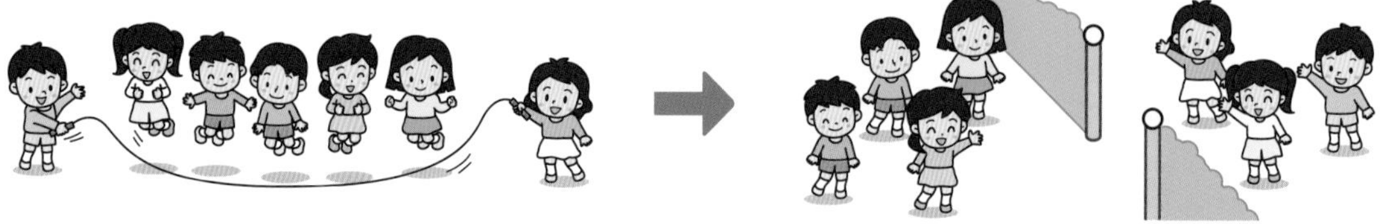

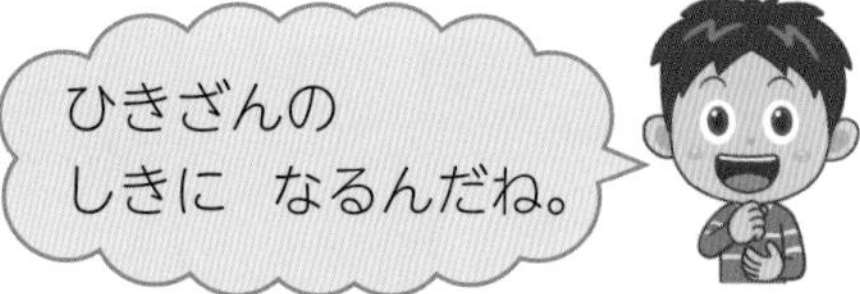

しき [　　　] ＝ [　　]　こたえ [　　] にん

1 くろい　いぬが　8ひき　います。しろい　いぬが　5ひき　います。くろい　いぬの　ほうが　なんびき　おおいですか。

きょうかしょ 23ページ2

しき [　　　] ＝ [　　]　こたえ [　　] ひき

たるに　「−」で　しるしを　つけた　あと、つかった　みずを　たした　しるしに、たての　せんを かいて　「＋」に　したよ。たして「いっぱいに　しました」と　いう　ことを　あらわしたんだって。

きほん2 たしざんや　ひきざんの　おはなしが　わかりますか。

☆ えに　あう　おはなしを　•—•で　むすびましょう。

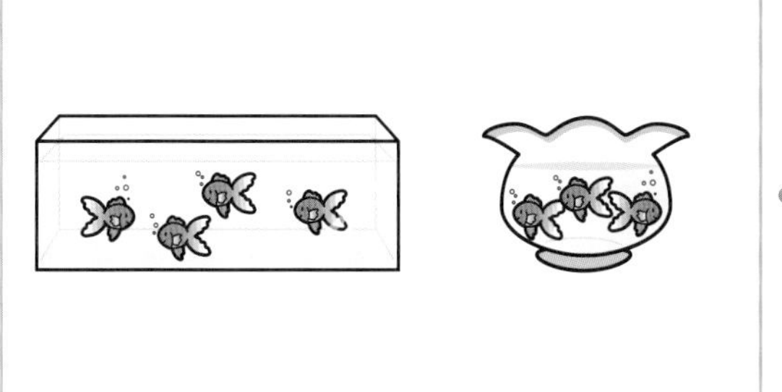

きんぎょが　3びき　います。1ぴき　あげると、のこりは　2ひきです。

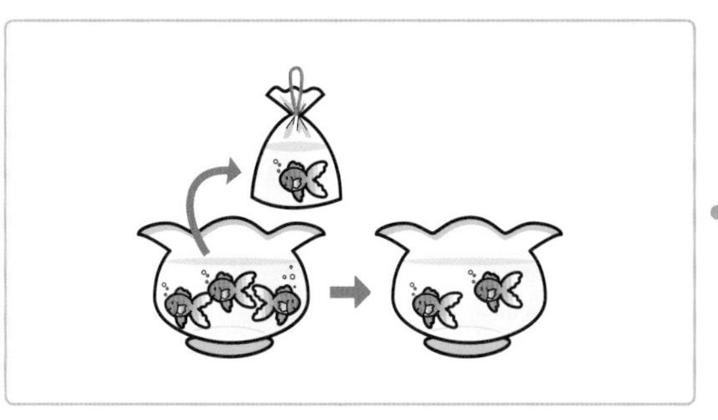

きんぎょが　おおきい　すいそうに　4ひき、ちいさい　すいそうに　3びき　います。あわせて　7ひき　います。

2 えを　みて　おはなしを　つくりましょう。 きょうかしょ 25ページ1

❶ 5＋3＝8の　しきに　なる　おはなし

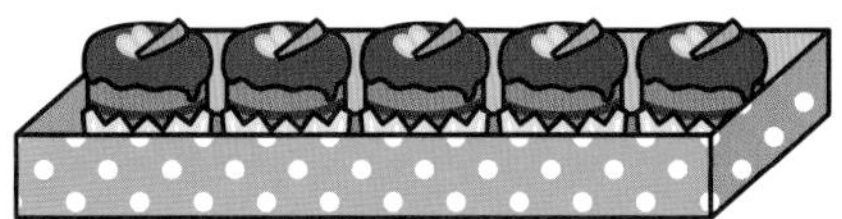

けえきが　はことさらに　のって　いるね。

(　　　　　　　　　　　　)

❷ 8－3＝5の　しきに　なる　おはなし

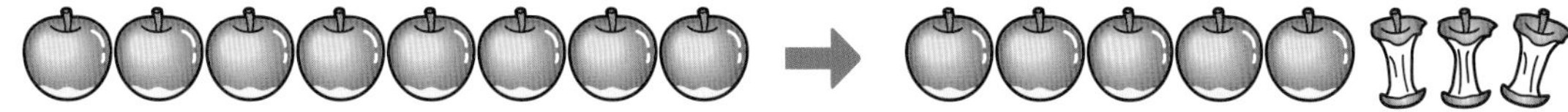

(　　　　　　　　　　　　)

おうちのかたへ　身のまわりにあるものを、ひき算の式に表したり、ひき算のお話に表したりする学習をします。お子さんのつくったお話を聞き、ひき算の問題になっているか確認しましょう。

れんしゅうのワーク

きょうかしょ 14〜25ページ　こたえ 11ページ

べんきょうした 日　月　日

できた かず　/10もん 中

おわったら シールを はろう

1 おはなしと しき　えの　おはなしに　あう　しきを　●―●で　むすびましょう。

Ⓐ 

Ⓘ 

Ⓤ 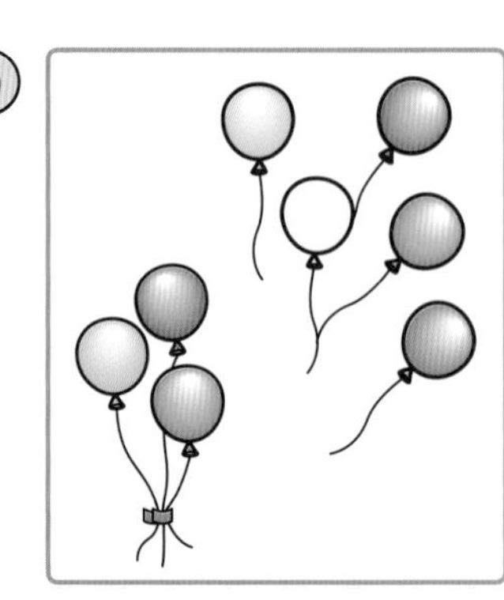

5−2=3　　8−5=3　　4−1=3

2 ひきざんの かあど　かあどの　こたえを　かきましょう。

❶ 4−2 □（おもて・うら）　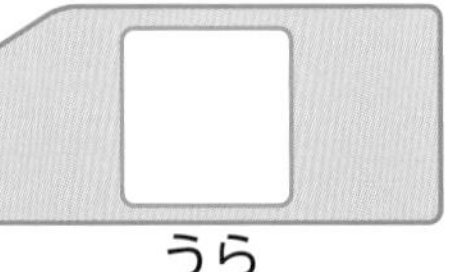
❷ 7−5 □　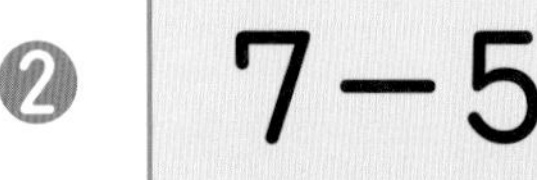 

❸ 9−6 □　❹ 6−3 □　

❺ 3−1 □　❻ 10−6 □　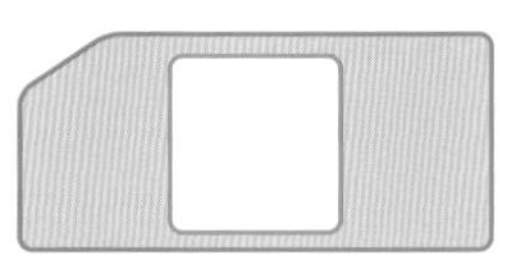

チャレンジ! **3** しきづくり　こたえが　4に　なる　ひきざんの　しきを　つくりましょう。

7 − □ =4

7から いくつ ひくと 4かな。

できるナビ　けいさんは こえに だして れんしゅうすると いいよ。この ほんに ついて いる ぽすたあを はって おぼえても いいね。

まとめのテスト

じかん 20ぷん　とくてん　/100てん　おわったら シールを はろう

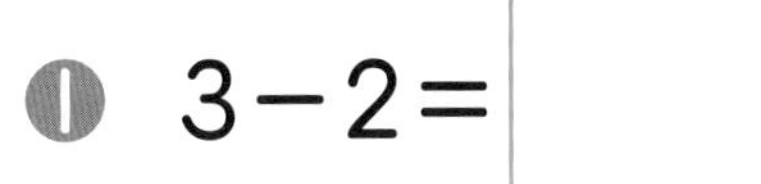

きょうかしょ 14～25ページ　こたえ 11ページ

1 よくでる ひきざんを しましょう。　1つ5〔50てん〕

❶ 3−2=□　❷ 7−4=□

❸ 6−2=□　❹ 9−7=□

❺ 4−3=□　❻ 5−4=□

❼ 8−4=□　❽ 10−3=□

❾ 7−6=□　❿ 10−8=□

2 こたえが 4に なる かあどに ○を つけましょう。　〔10てん〕

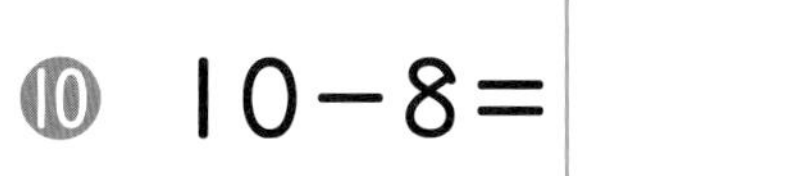

6−1　9−4　7−3　10−7

3 あめが 8こ あります。3こ たべました。
のこりは なんこですか。　1つ10〔20てん〕

しき

こたえ（　　　）こ

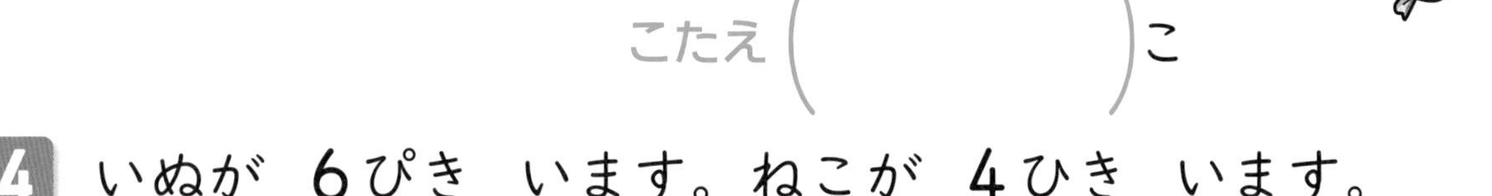

4 いぬが 6ぴき います。ねこが 4ひき います。
いぬの ほうが なんびき おおいですか。　1つ10〔20てん〕

しき

こたえ（　　　）ひき

ふろくの「計算れんしゅうノート」6～9ページを やろう！

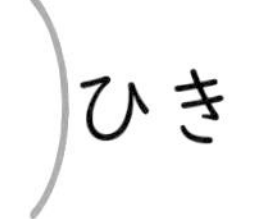

チェック✓
□ひきざんの しきに かく ことが できたかな？
□ひきざんの けいさんが できたかな？

べんきょうした 日　　月　　日

かずしらべ

きほんのワーク

もくひょう
かずの　ぶんだけ
いろを　ぬろう。

おわったら シールを はろう

きょうかしょ 26～27ページ　こたえ 12ページ

きほん 1　おおいのは　どれですか。

☆ かずと　おなじだけ　いろを　ぬりましょう。

うえの　えを　みて、
えの　かずだけ
したから
いろを　ぬるんだね。

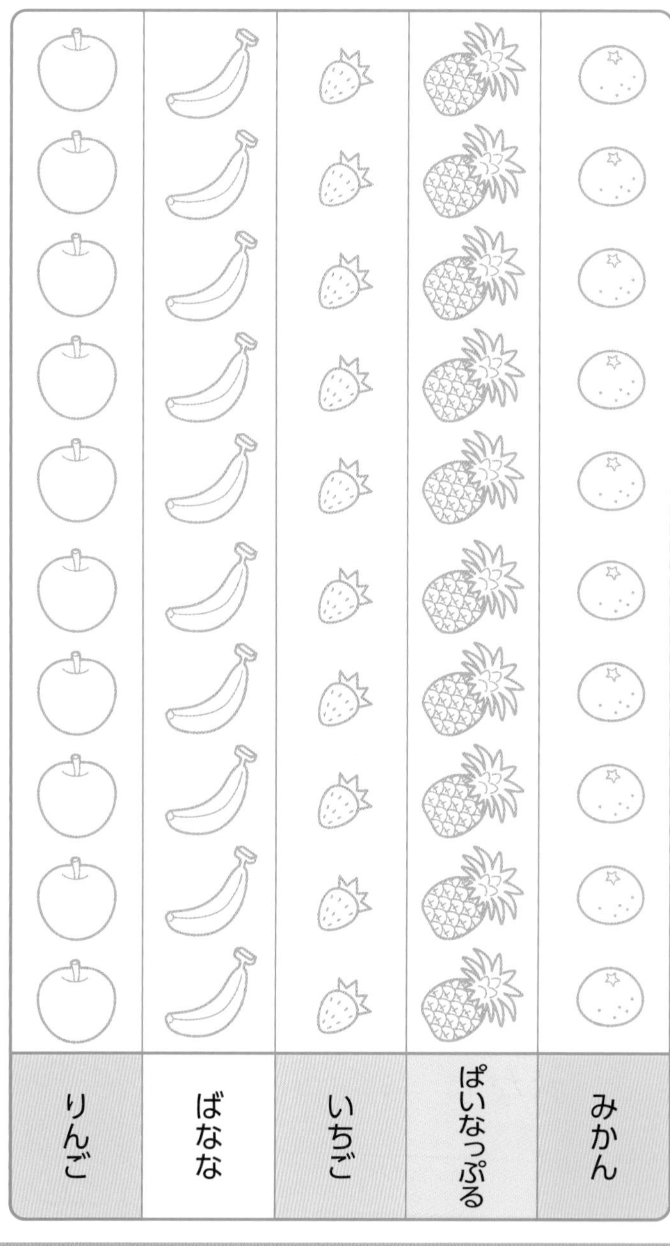

❶ いちばん　おおい ものは　どれですか。

（　　　　　）

❷ いちばん　すくない ものは　どれですか。

（　　　　　）

❸ おなじ　かずの　ものは どれと　どれですか。

（　　　　　）

おうちのかたへ　数える対象を正確にとらえ、数の分だけ色をぬっていきます。2年生になって学習するグラフの基礎となる学習です。

こたえ　12ページ

じかん 20 ぷん

とくてん　　/100てん

おわったら シールを はろう

1 よくでる かずと　おなじだけ　いろを　ぬりましょう。 1つ8〔40てん〕

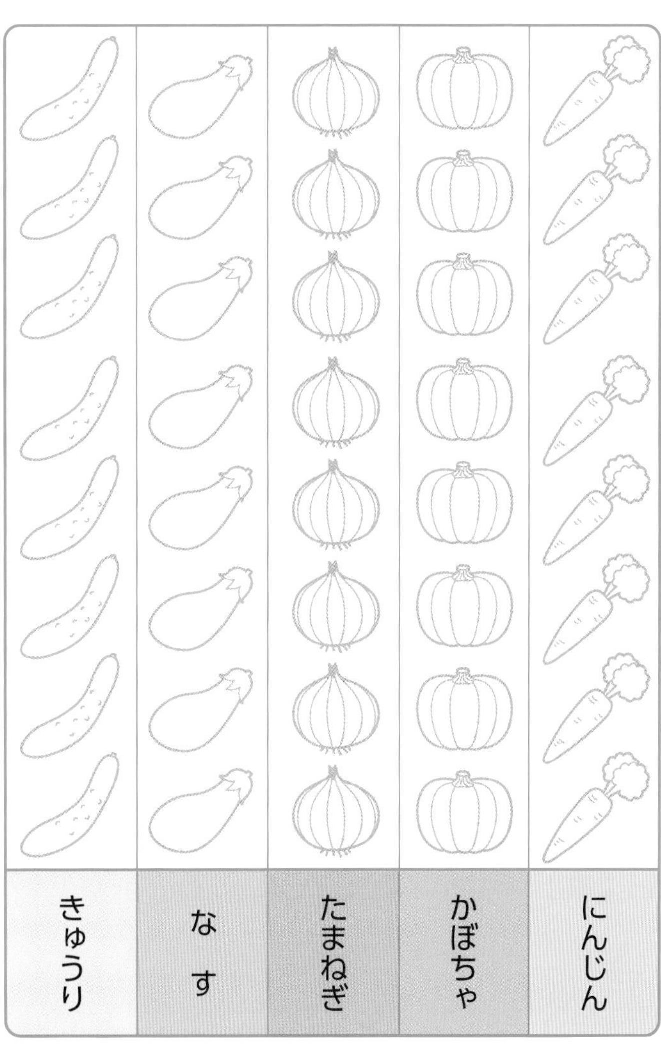

2 **1**を　みて　こたえましょう。 1つ20〔60てん〕

❶ いちばん　おおい　ものは　どれですか。（　　　　　　）

❷ いちばん　すくない　ものは　どれですか。（　　　　　　）

❸ おなじ　かずの　ものは　どれと　どれですか。

（　　　　　　　　　　　　）

□かずの　ぶんだけ　いろを　ぬれたかな？
□いちばん　おおい　もの、すくない　ものが　わかったかな？

10より おおきい かず
10と いくつ

きほんのワーク

もくひょう
10より おおきい 20までの かずを しろう。

おわったら シールを はろう

きょうかしょ 30〜35ページ　こたえ 12ページ

きほん1 10より おおきい かずの かきかたが わかりますか。

いくつ ありますか。すうじで かきましょう。

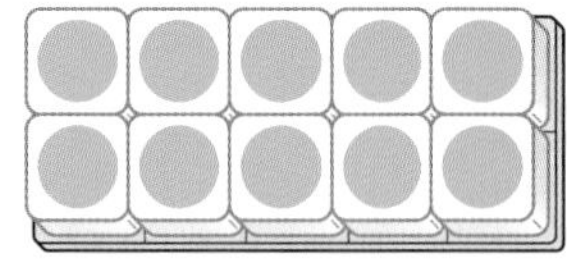 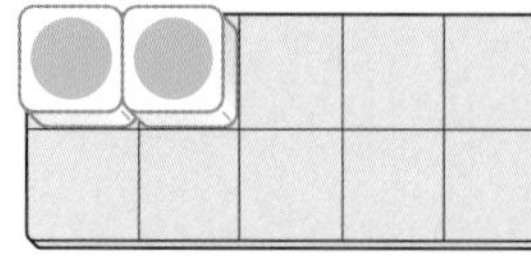

じゅう　と　に

12
じゅうに

2

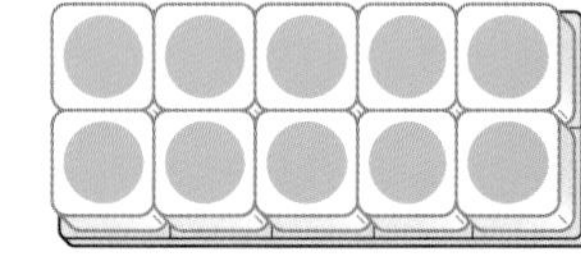 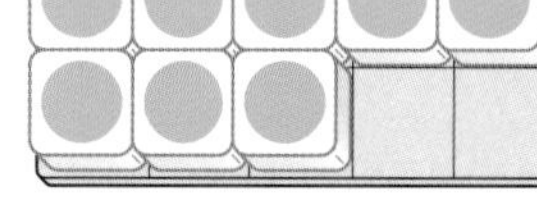

じゅう　と　はち

18
じゅうはち

1 かずを すうじで かきましょう。

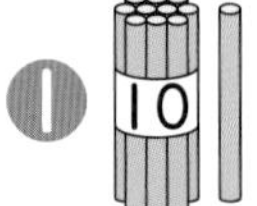

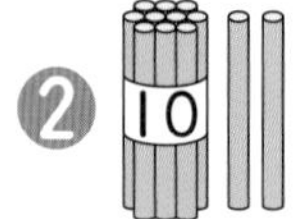

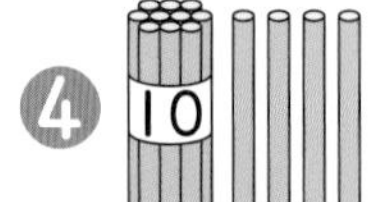

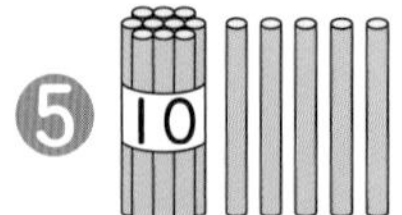

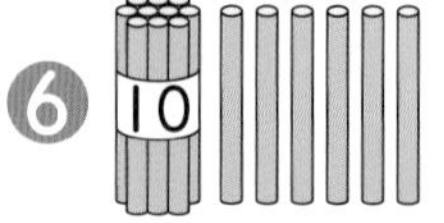

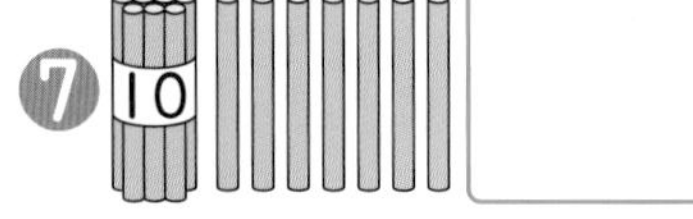

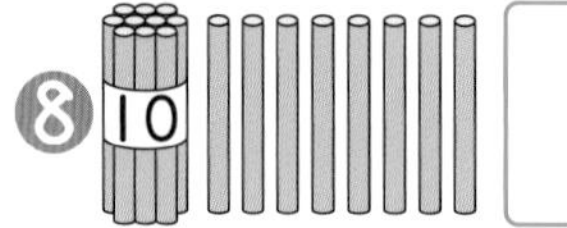

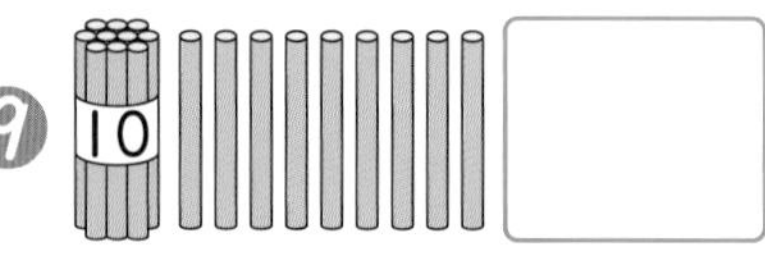

「10と いくつ」と かんがえるんだね。

2 □に はいる かずを かきましょう。

32ページ
35ページ1

1 10と 5で □　　2 10と 3で □

3 10と 1で □　　4 10と 6で □

さんすうはかせ
1が 10こ あつまると 「10(じゅう)」と いう まとまりに なるよ。
10が 2こで、「20(にじゅう)」に なるんだ。

きほん 2　2こずつや　5こずつで　かぞえられますか。

☆ かずを　かぞえて　すうじで　かきましょう。

❶ [　] こ

❷ [　] ほん

3 ゆうとさんの　まえには　なんにん　いますか。 きょうかしょ 34ページ6

[　] にん

4 □に　はいる　かずを　かきましょう。 きょうかしょ 35ページ2

❶ 17は [　] と　7

❷ 14は　10と [　]

❸ 19は　10と [　]

❹ 20は [　] と　10

5 □に　はいる　かずを　かきましょう。 きょうかしょ 35ページ3

❶ 12 → 10 と [　]

❷ 19 → [　] と 9

❸ [　] → 10 と 8

おうちのかたへ
11から20までの数の数え方、読み方、書き方を練習します。10といくつと考えましょう。
「2、4、6、…」「5、10、15、…」と、まとまりで数える方法も身につけましょう。

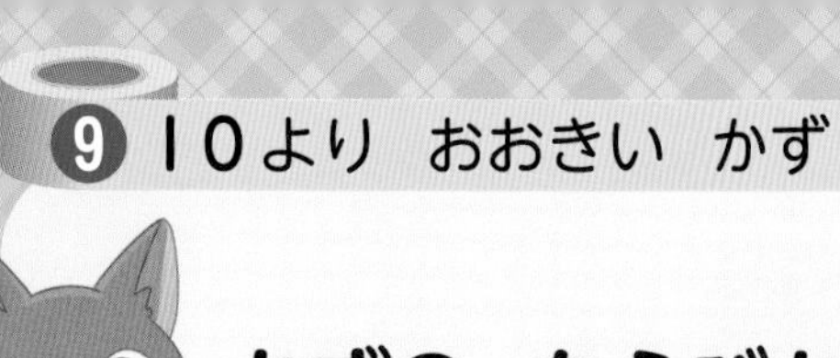

べんきょうした 日　月　日

かずの ならびかた

きほんのワーク

もくひょう

かずの ならびかたを しろう。

おわったら シールを はろう

きょうかしょ 36〜37ページ　こたえ 13ページ

きほん1 かずの ならびかたが わかりますか。

☆ □に はいる かずを かきましょう。

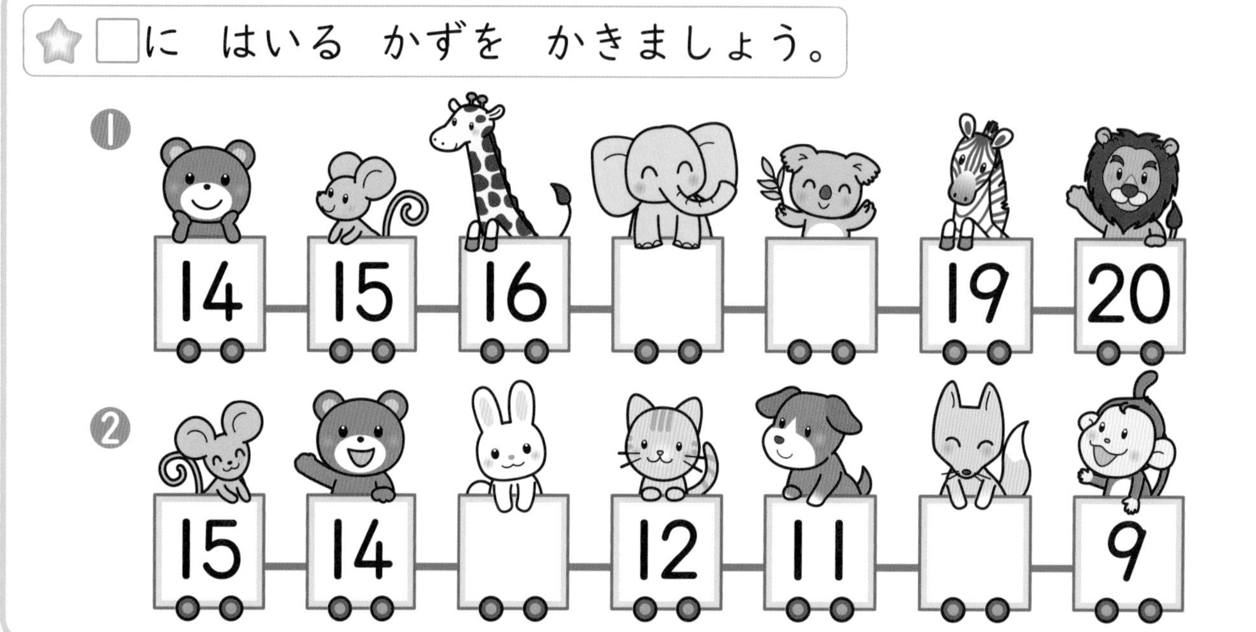

① 14 ― 15 ― 16 ― □ ― □ ― 19 ― 20

② 15 ― 14 ― □ ― 12 ― 11 ― □ ― 9

1 □に はいる かずを かきましょう。　きょうかしょ 37ページ4

① 11 ― 12 ― □ ― □ ― 15 ― □ ― 17

② 14 ― 15 ― □ ― □ ― 18 ― □ ― 20

③ 17 ― □ ― 15 ― 14 ― □ ― □ ― 11

④ 5 ― 10 ― □ ― □

⑤ 8 ― □ ― 12 ― □ ― 16 ― 18 ― □

さんすうはかせ　かずの せん（つぎの ぺえじ）では、みぎに いくほど かずが おおきく なるよ。かずの せんは 「すうちょくせん」とも いって、これから よく でて くるよ。

きほん2 かずの せんの みかたが わかりますか。

☆ □に はいる かずを かきましょう。

0 1 2 3 4 5 6 7 8 9 10 11 12 13 14 15 16 17 18 19 20

3 おおきい　　2 ちいさい

❶ 10より 3 おおきい かずは □

❷ 20より 2 ちいさい かずは □

❷ どこまで すすみましたか。かずを かきましょう。

きょうかしょ 36～37ページ

0 1 2 3 4 5 6 7 8 9 10 11 12 13 14 15 16 17 18 19 20

❶ （うさぎ） □　　❷ （かめ） □

❸ かずの せんを みて こたえましょう。

きょうかしょ 36ページ3 37ページ5

0 1 2 3 4 5 6 7 8 9 10 11 12 13 14 15 16 17 18 19 20

❶ 12より 2 おおきい かず （　　）

❷ 14より 4 おおきい かず （　　）

❸ 15より 3 ちいさい かず （　　）

❹ 18より 2 ちいさい かず （　　）

おうちのかたへ　11から20までの数の並び方を学習します。数直線の見方も理解し、数直線を使って数の大きさをとらえることができるようにします。

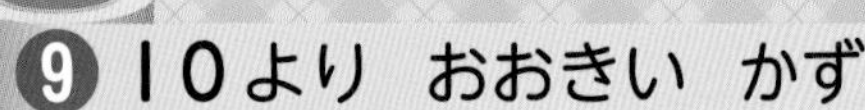

べんきょうした 日 月 日

たしざんと ひきざん
きほんのワーク

もくひょう
10より おおきい かずの たしざんと ひきざんの やりかたを しろう。

おわったら シールを はろう

きょうかしょ 38～39ページ こたえ 13ページ

きほん1 10と いくつかに わけて たしざんが できますか。

☆ □に はいる かずを かきましょう。

❶ 10と 3を あわせた かず

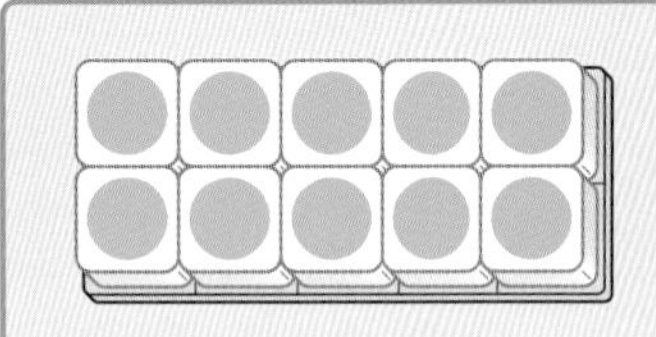
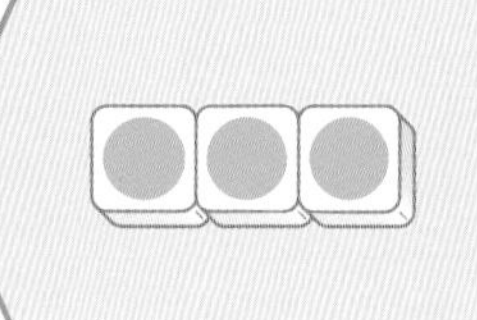

10+3=□

❷ 14と 2を あわせた かず

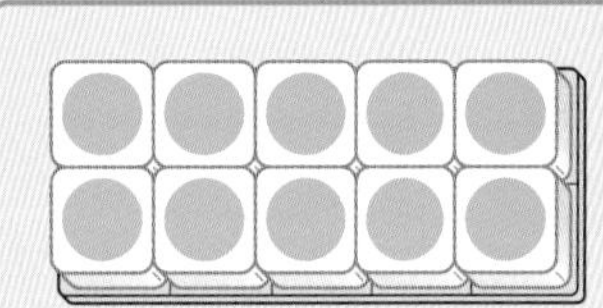
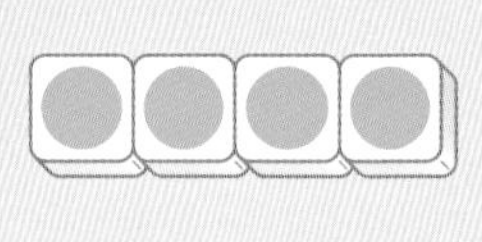

14+2=□

1 たしざんを しましょう。

きょうかしょ 38ページ2 39ページ6

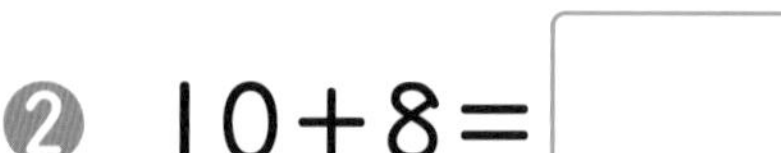
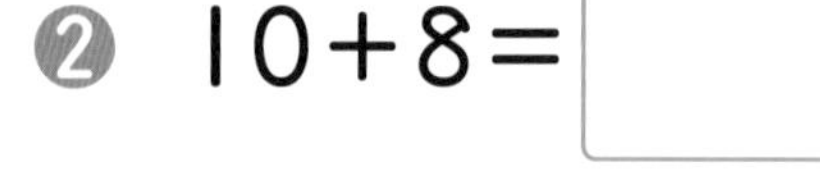

❶ 10+5=□　❷ 10+8=□

❸ 10+10=□　❹ 16+2=□

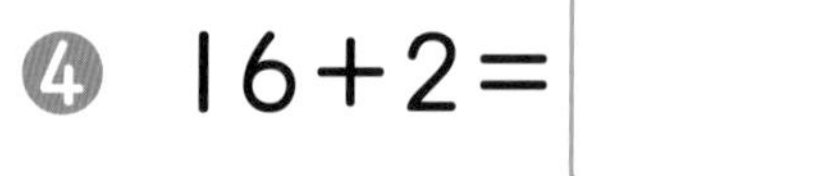

❺ 13+3=□　❻ 12+5=□

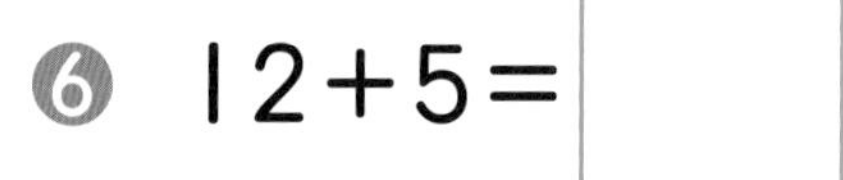

❼ 15+4=□　❽ 18+1=□

さんすうはかせ
けいさんが とくいに なるには なんかいも けいさんを すると いいよ。
まちがえた もんだいは もういちど やりなおそうね。

きほん2 10と いくつかに わけて ひきざんが できますか。

☆ □に はいる かずを かきましょう。

❶ 13から 3を とった かず

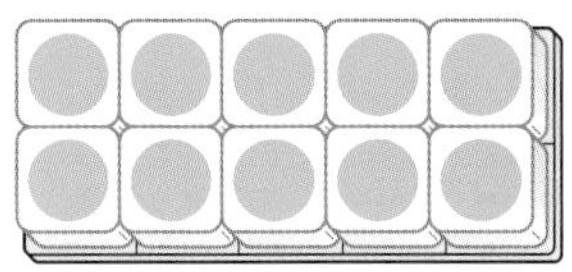

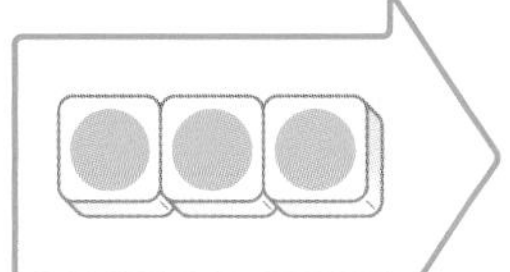

$13-3=$ □

❷ 15から 2を とった かず

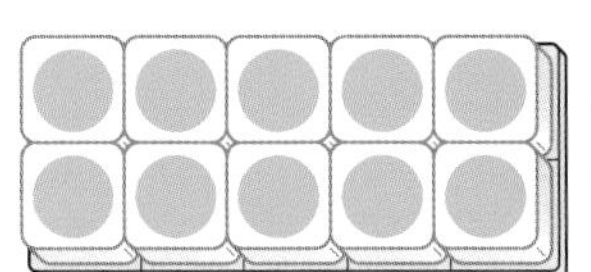

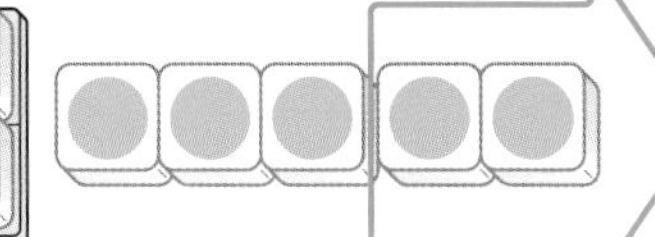

$15-2=$ □

2 ひきざんを しましょう。

きょうかしょ 38ページ4 39ページ8

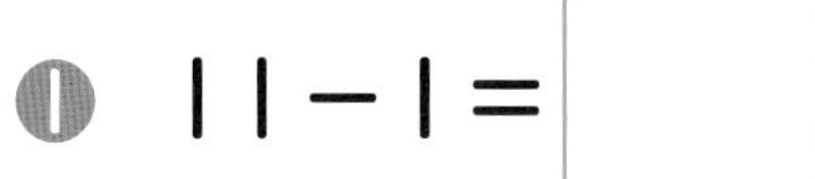

❶ $11-1=$ □　　❷ $18-8=$ □

❸ $17-3=$ □　　❹ $13-2=$ □

❺ $19-4=$ □　　❻ $16-4=$ □

❼ $18-5=$ □　　❽ $19-8=$ □

3 ひきざんを しましょう。

きょうかしょ 38〜39ページ

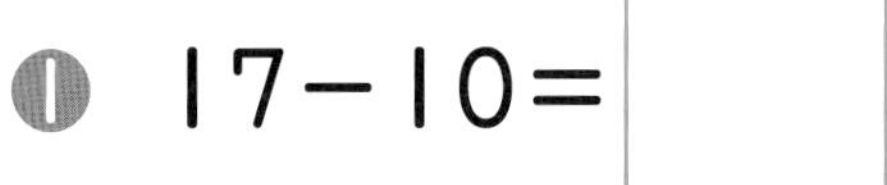

❶ $17-10=$ □　　❷ $15-10=$ □

❸ $19-10=$ □　　❹ $12-10=$ □

おうちのかたへ
「10＋いくつ」「10いくつ＋いくつ」のたし算と「10いくつ－いくつ」「10いくつ－10」のひき算のしかたを学習します。10をひとまとまりに考えて計算をしていきます。

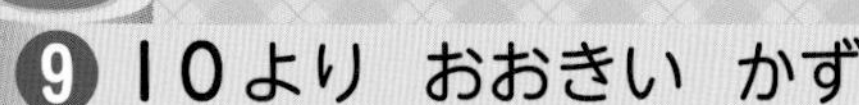

べんきょうした 日　月　日

れんしゅうのワーク

きょうかしょ 30〜41ページ　こたえ 14ページ

できた かず　/15もん 中

おわったら シールを はろう

1 かぞえかた　かずを　すうじで　かきましょう。

❶ 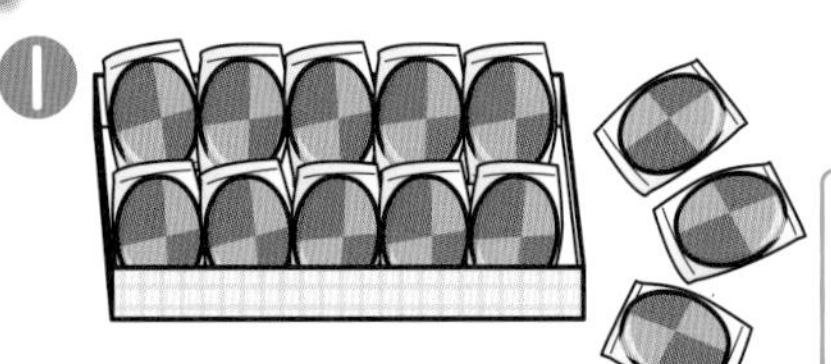  □まい

❷    □こ

❸ 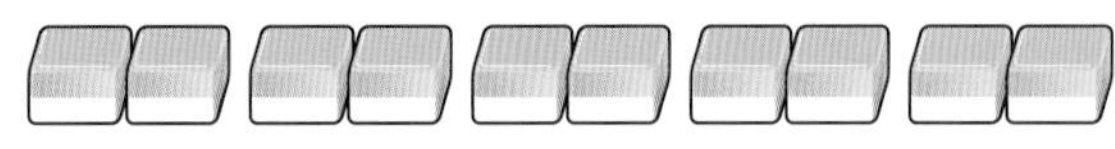

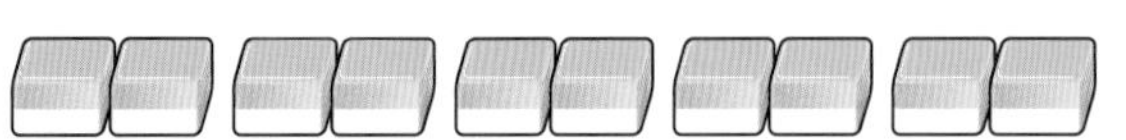 □こ

2 かずの　ならびかた　□に　はいる　かずを　かきましょう。

❶ 10 — 11 — □ — □ — 14

❷ 16 — □ — □ — 19 — 20

❸ 12 — □ — 16 — 18 — □

3 たしざんと　ひきざん　けいさんを　しましょう。

❶ $10+4=$ □　❷ $15+3=$ □

❸ $12+6=$ □　❹ $12-2=$ □

❺ $18-3=$ □　❻ $19-6=$ □

できるナビ　かずの　ならびかたに　ちゅういしよう。❷の　❸は　2ずつ　ふえて　いるね。12と　16の　あいだに　はいる　かずは　なにかな？

まとめのテスト

じかん 20ぷん　とくてん /100てん　おわったら シールを はろう

きょうかしょ 30～41ページ　こたえ 14ページ

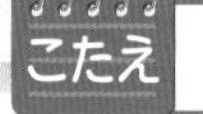

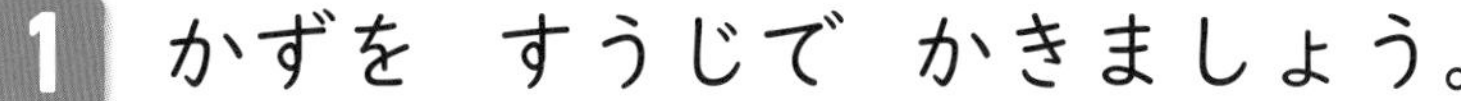

1 かずを　すうじで　かきましょう。　1つ10〔30てん〕

❶   □ こ

❷ 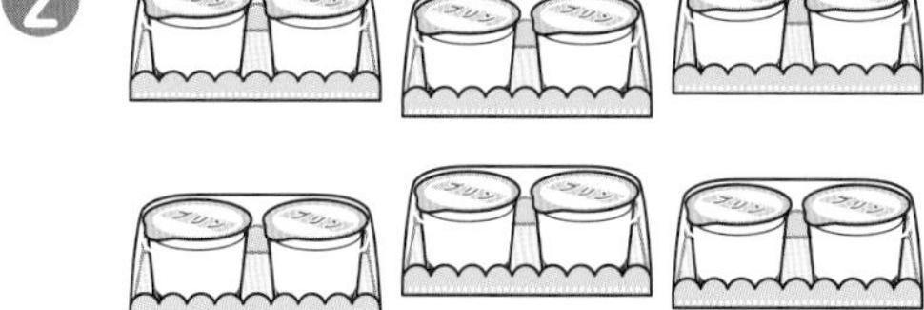 □ こ

❸    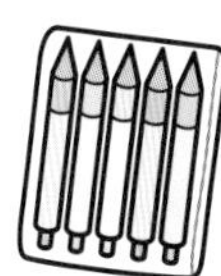 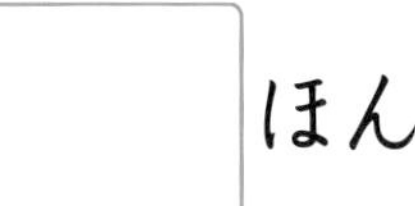 □ ほん

2 よくでる □に　はいる　かずを　かきましょう。　1つ5〔20てん〕

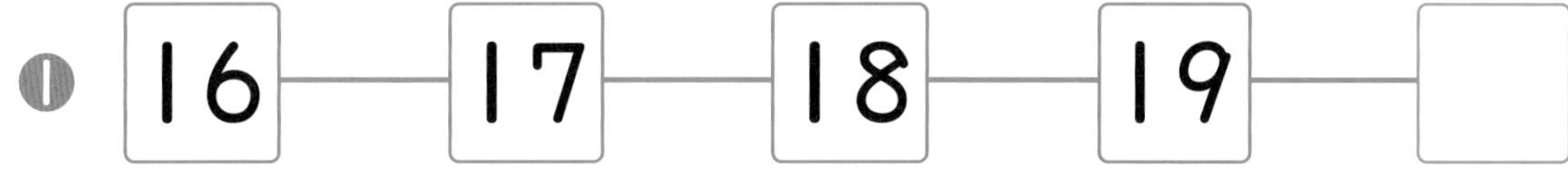

❶ 16 — 17 — 18 — 19 — □

❷ 15 — 14 — □ — 12 — 11

❸ 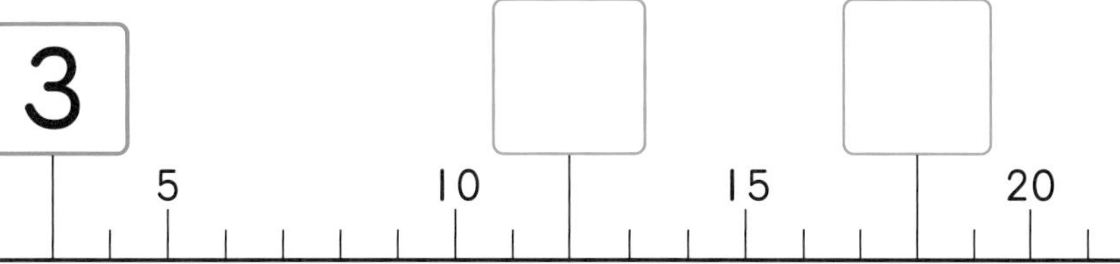

3 おおきい　ほうに　○を　つけましょう。　1つ5〔10てん〕

❶ 15　17　　❷ 20　14

4 けいさんを　しましょう。　1つ10〔40てん〕

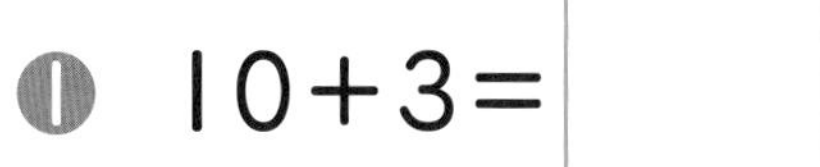
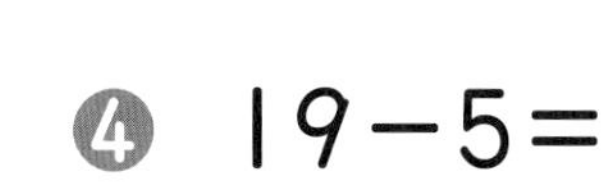

❶ 10＋3＝□　　❷ 14＋5＝□

❸ 17－7＝□　　❹ 19－5＝□

ふろくの「計算れんしゅうノート」10・11ページを　やろう！

□ 10より　おおきい　かずを　あらわす　ことが　できたかな？
□ 10より　おおきい　かずの　けいさんが　できたかな？

べんきょうした 日　　月　　日

もくひょう
なんじ　なんじはんが
よめるように
しよう。

おわったら
シールを
はろう

なんじ　なんじはん

きほんのワーク

きょうかしょ 44〜45ページ　こたえ 15ページ

きほん 1　とけいの　よみかたが　わかりますか。

☆ とけいを　よみましょう。

Ⓐ

Ⓐは［　　じ］です。

みじかい　はりを
みると　なんじかが
わかるね。

Ⓘ

Ⓘは［　　じはん］です。

みじかい　はりは　2と　3の
あいだ、ながい　はりは
6を　さして　いるよ。

1 とけいの　よみかたを　•—•で　むすびましょう。　きょうかしょ 44ページ1

6じはん　　5じはん　　7じ

2 なんじでしょう。なんじはんでしょう。　きょうかしょ 44ページ1

❶

（　　　　）

❷

（　　　　）

❸

（　　　　）

ごぜん・ごごって　きいた　ことが　あるかな。おひるの　12じ（正午）の　まえと
あとと　いう　いみだよ。

きほん2 とけいの はりを かく ことが できますか。

☆ ながい はりを かきましょう。

❶ 10じ

みじかい はりが 10、
ながい はりは 12を
させば いいね。

❷ 4じはん

みじかい はりが 4と 5の
あいだに あるよ。
ながい はりは 6を させば
いいね。

3 ながい はりを かきましょう。

❶ 9じ

❷ 2じ

❸ 8じはん

❹ 11じはん

4 1じはんの とけいは、
Ⓐ、Ⓘの どちらですか。

あ

い

おうちのかたへ

何時、何時半を読む練習をします。「何時」は比較的簡単ですが、「何時半」は『短針が2と3の間にあるときは2時半なのか3時半なのか』と迷うことが多くあります。

れんしゅうのワーク

べんきょうした 日　　月　　日

きょうかしょ 44〜45ページ　こたえ 16ページ

できた かず　/9もん 中

おわったら シールを はろう

1 とけいの よみかた　とけいを　よみましょう。

❶
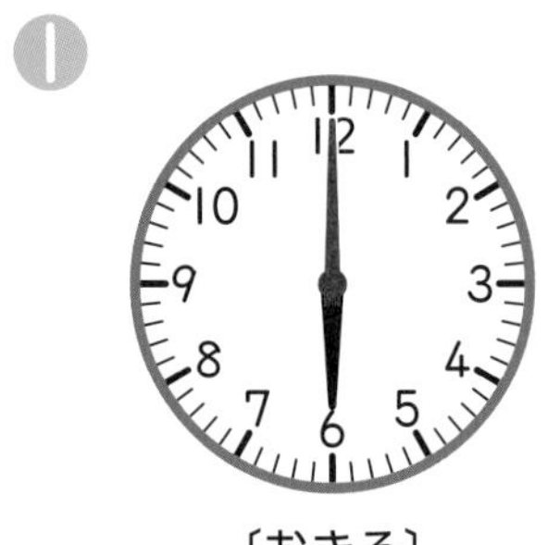
〔おきる〕
(　　　　)

❷

〔じゅぎょう〕
(　　　　)

❸

〔あそぶ〕
(　　　　)

2 なんじ　なんじはん　とけいの　はりを　かきましょう。

❶ 5じ

❷ 1じ

❸ 3じはん

❹ 7じはん

❺ 8じ

チャレンジ! ❻ 9じはん
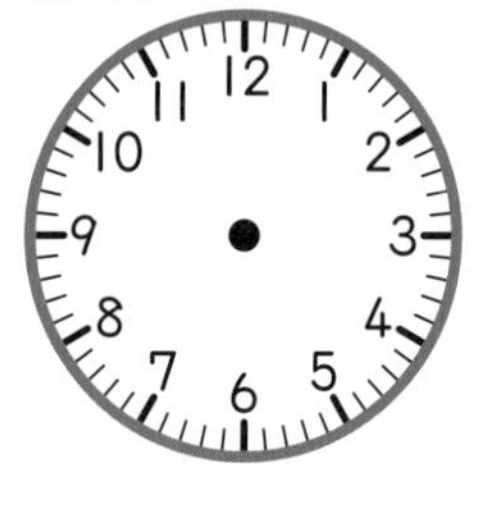

できるナビ　ながい　はりが　12の　ときは　「なんじ」、ながい　はりが　6の　ときは「なんじはん」に　なって　いるね。

まとめのテスト

じかん 20ぷん

とくてん /100てん

おわったら シールを はろう

きょうかしょ 44～45ページ　こたえ 16ページ

1 よくでる とけいを よみましょう。

1つ15〔60てん〕

❶

（　　　　）

❷

（　　　　）

❸

（　　　　）

❹

（　　　　）

2 ながい はりを かきましょう。

1つ15〔30てん〕

❶ 3じ

❷ 10じはん

3 9じはんの とけいは、あ、いの どちらですか。

〔10てん〕

あ

い

（　　　　）

ふろくの「計算れんしゅうノート」26ページを やろう！

チェック✓

□なんじ なんじはんの よみかたが わかったかな？

□とけいの はりを かく ことが できたかな？

べんきょうした 日　月　日

ながさくらべ

きほんのワーク

もくひょう
ながさを くらべられるように しよう。

おわったら シールを はろう

きょうかしょ 46〜51ページ　こたえ 17ページ

きほん 1 ながさを くらべる ことが できますか。

☆ えを みて、あから えで こたえましょう。

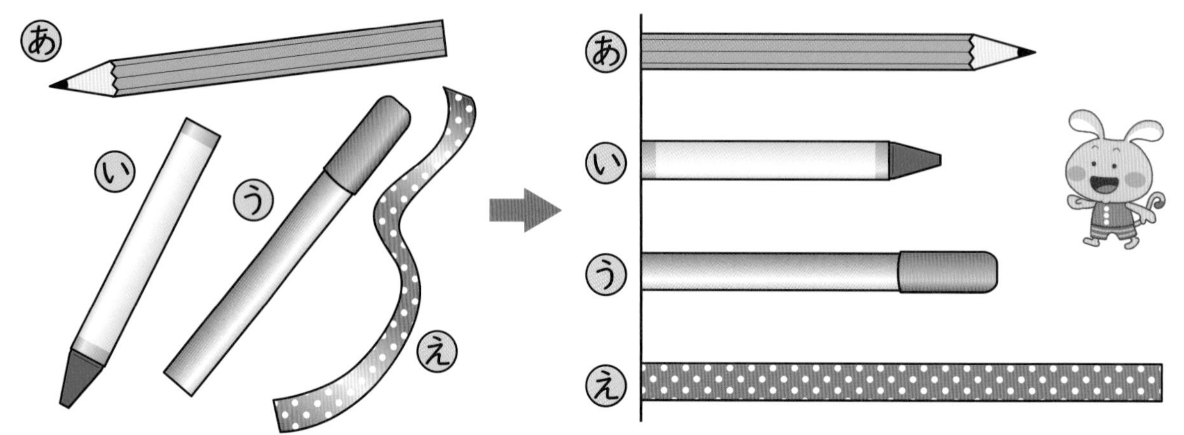

❶ いちばん ながい もの (　　)

❷ いちばん みじかい もの (　　)

さんこう
ぴんと のばしたり、はしを そろえたり して くらべよう。

1 あ、いの どちらが ながいですか。 きょうかしょ 48ページ1

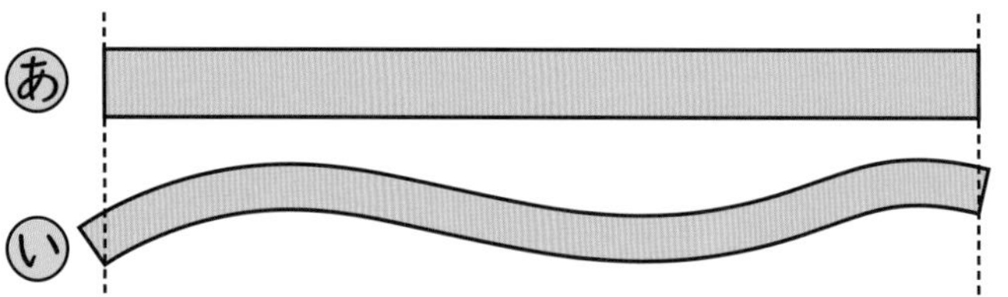

(　　)

2 たてと よこの どちらが ながいですか。 きょうかしょ 49ページ2

❶

(　　)

❷

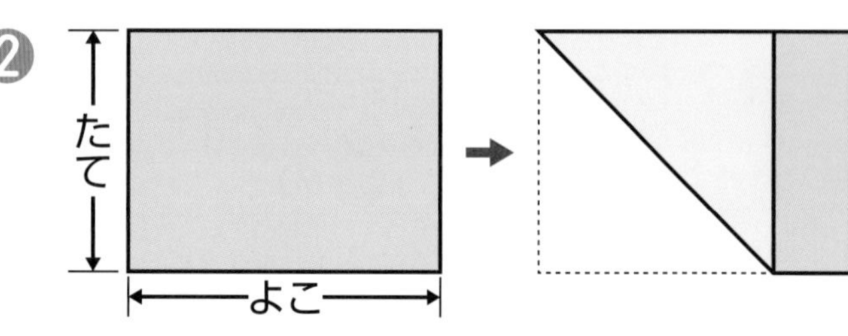

(　　)

さんすうはかせ
きみの ふでばこには なんぼんの えんぴつが はいって いるかな。
つくえの うえに たてて ながさくらべを して みよう。

きほん2 てえぷを つかって ながさを くらべられますか。

☆ つくえの よこの ながさと どあの はばを、てえぷに ながさを うつしとって、くらべます。あ、いの どちらが ながいですか。

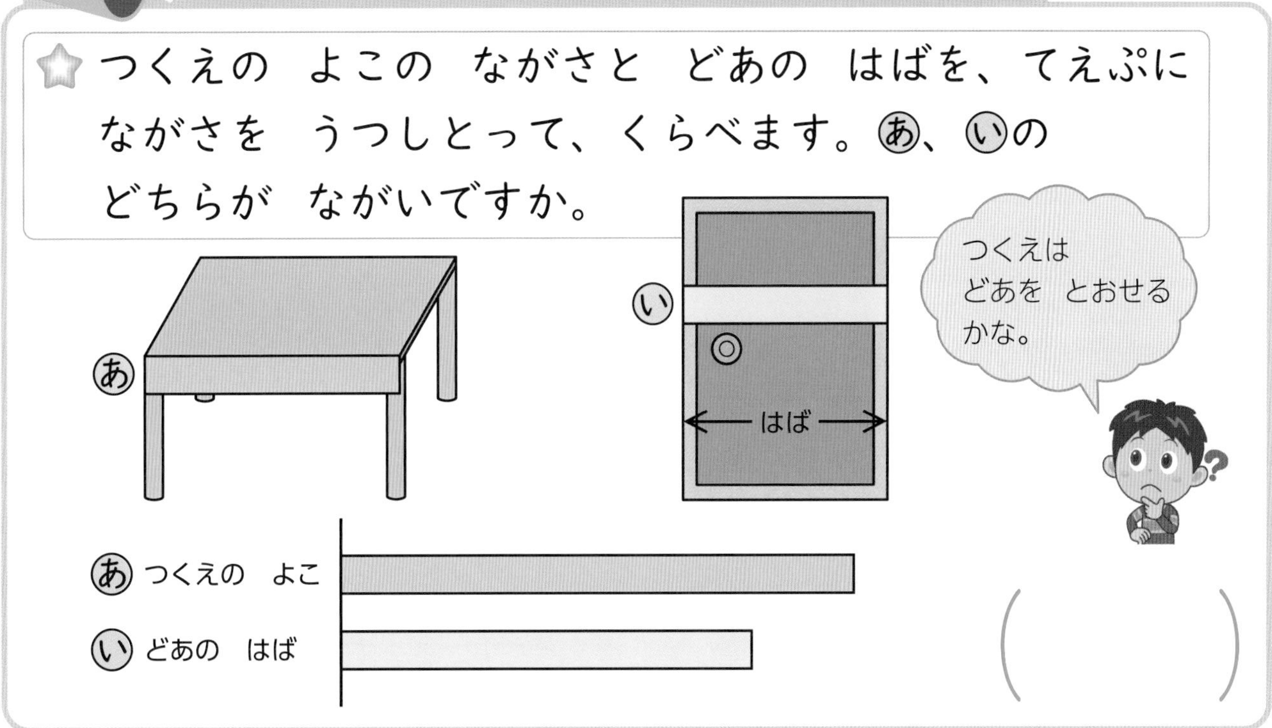

（　　　）

3 いちばん ながいのは あ、い、うの どれですか。

きょうかしょ 50ページ4

（　　　）

4 あ、いの どちらが ながいですか。

きょうかしょ 51ページ6

❶

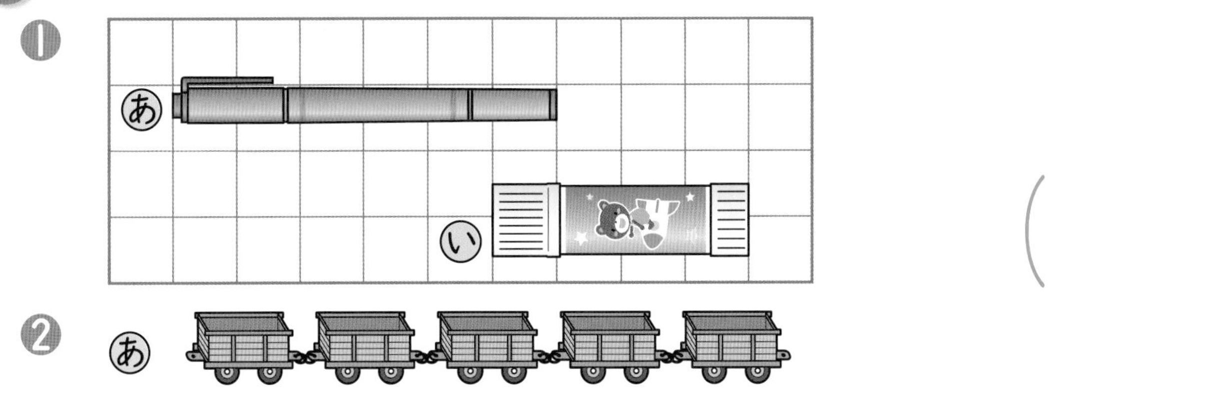

（　　　）

❷

（　　　）

おうちのかたへ　比べるものを直接並べたり、重ねたりして比べる直接比較と、テープなどにうつして比べる間接比較、長さをいくつ分かで比べる任意単位による比較を学びます。

かさくらべ
きほんのワーク

もくひょう
いれものに はいる みずの かさを くらべよう。

おわったら シールを はろう

きょうかしょ 52〜53ページ こたえ 17ページ

きほん 1 どちらが おおいか わかりますか。

☆ あ、いの どちらが おおく はいりますか。

( )

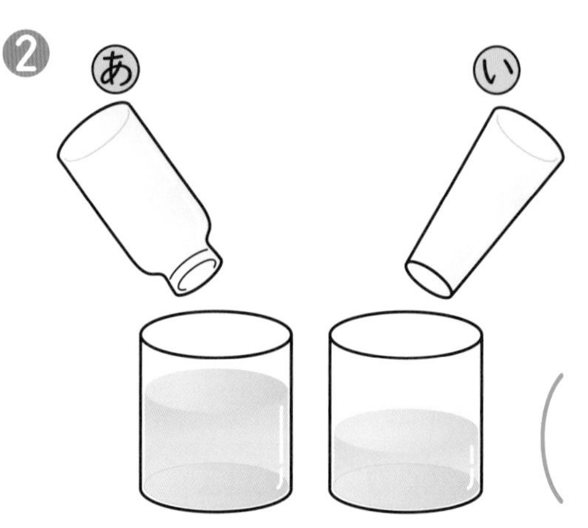

( )

1 みずが おおく はいる じゅんに かきましょう。

きょうかしょ 53ページ 3 4

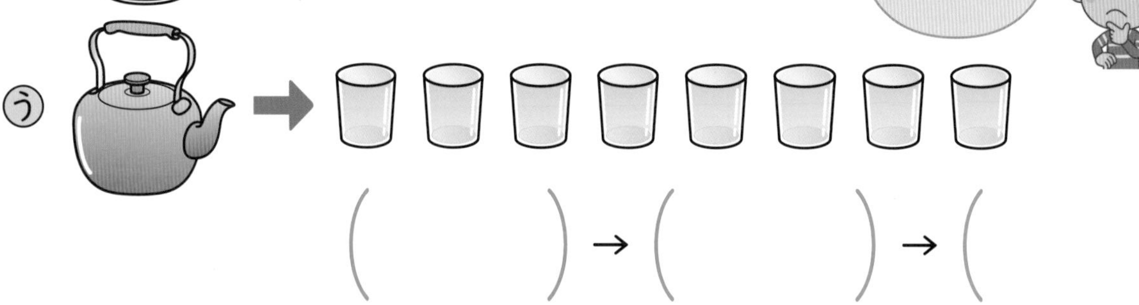

( ) → ( ) → ( )

2 あ、いの どちらの はこが おおきいですか。 きょうかしょ 53ページ 5

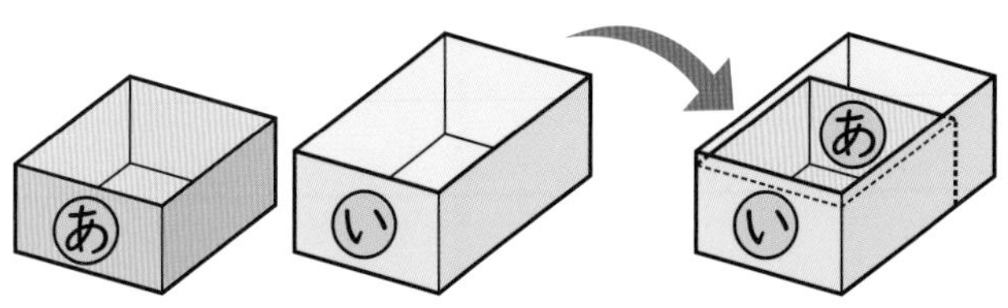

( )

おうちのかたへ
水を移しかえて比べる比較と、コップ何杯分で比べる比較を学びます。
コップ何杯分の考え方は、かさの単位の学習につながります。

まとめのテスト

きょうかしょ 46～53ページ　こたえ 18ページ

じかん 20ぷん　とくてん　/100てん　おわったら シールを はろう

1 ながい じゅんに かきましょう。〔25てん〕

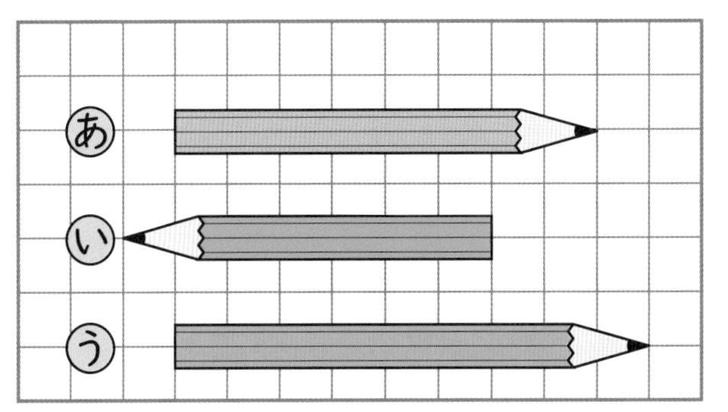

(　　)→(　　)→(　　)

2 はいって いる みずが おおい じゅんに かきましょう。〔25てん〕

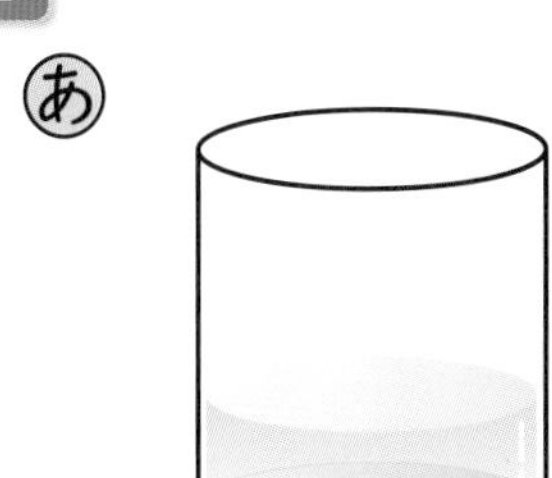

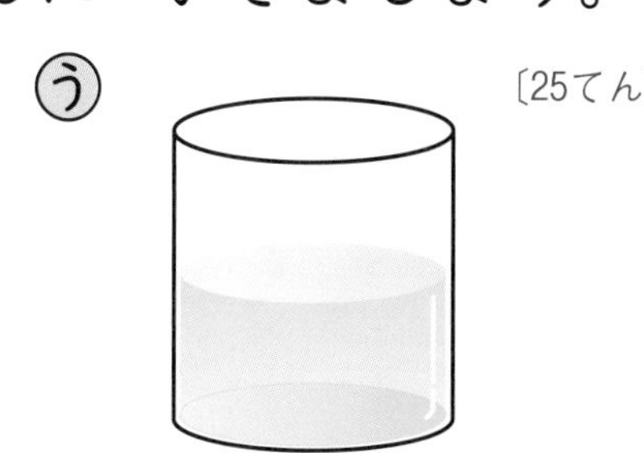

どれが いちばん おおいかな。

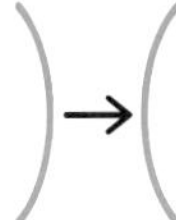

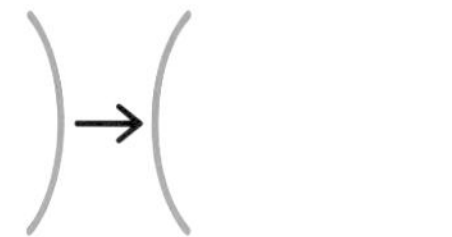

(　　)→(　　)→(　　)

3 よくでる みずが おおく はいるのは あ、いの どちらですか。1つ25〔50てん〕

❶

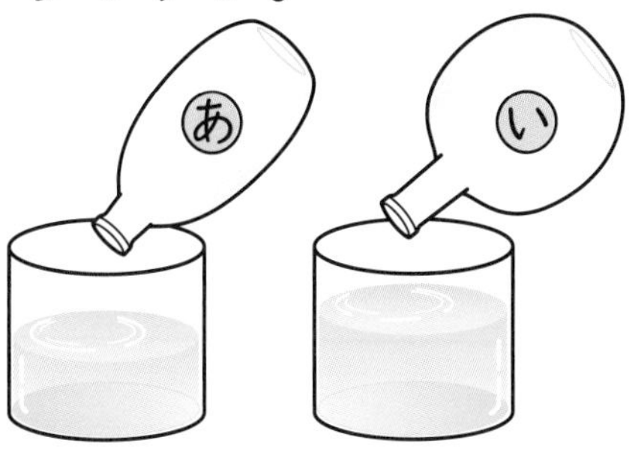

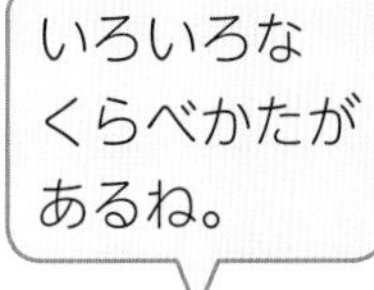

(　　)

❷

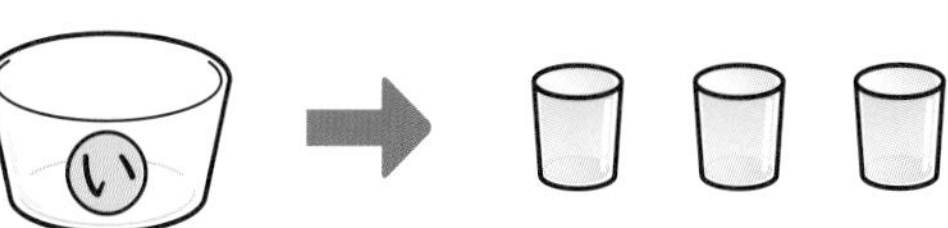

(　　)

□ ながさを くらべる ことが できたかな？
□ いれものに はいる みずの かさを くらべる ことが できたかな？

べんきょうした 日　月　日

3つの かずの けいさん [その1]

もくひょう
3つの かずの たしざん、ひきざんを しろう。

おわったら シールを はろう

きほんのワーク

きょうかしょ 54～56ページ　こたえ 19ページ

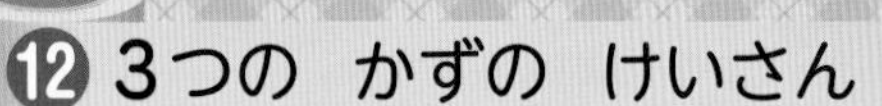

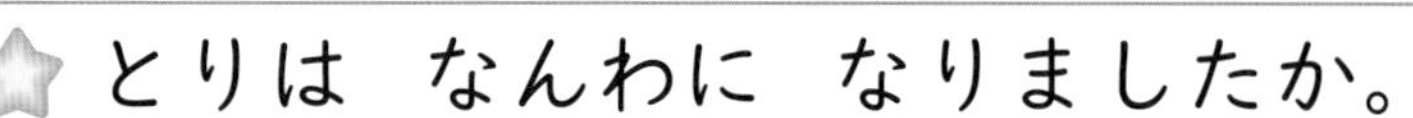

きほん1 3つの かずの たしざんが わかりますか。

☆ とりは なんわに なりましたか。
□に はいる かずを かきましょう。

3わ います。

2わ きました。

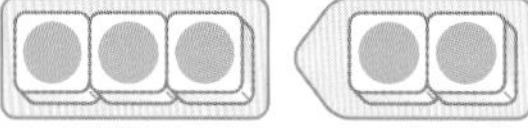

1わ きました。

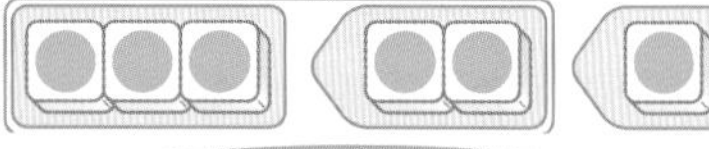

しき 3＋□＋□＝□

1つの しきに かく ことが できます。

3＋2の こたえに 1を たせば いいね。

こたえ □わ

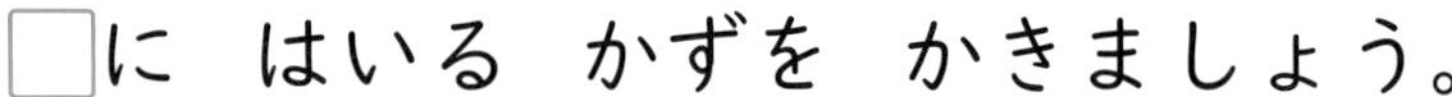

1 いぬは なんびきに なりましたか。
□に はいる かずを かきましょう。

きょうかしょ 54ページ1

2ひき います。

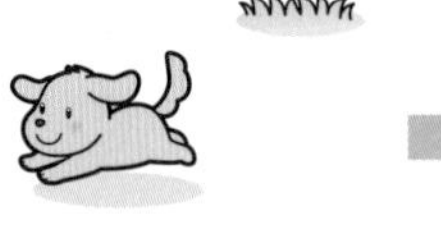

1ぴき きました。

4ひき きました。

しき 2＋□＋□＝□

こたえ □ひき

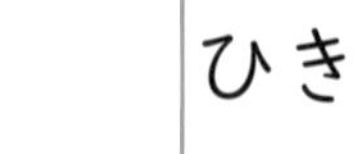

2 たしざんを しましょう。

きょうかしょ 55ページ2

❶ 3＋4＋1＝□

❷ 4＋2＋4＝□

❸ 9＋1＋2＝□

❹ 4＋6＋10＝□

さんすうはかせ
3つの かずの けいさんは、まえから じゅんに けいさんするよ。
3＋2＋1なら、はじめに 3＋2を けいさんするんだ。

きほん2 3つの かずの ひきざんが わかりますか。

☆かえるは なんびき のって いますか。
□に はいる かずを かきましょう。

7ひき のって います。　2ひき おりました。　1ぴき おりました。

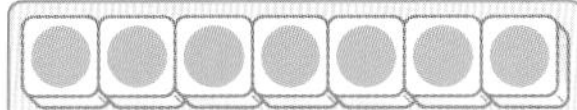
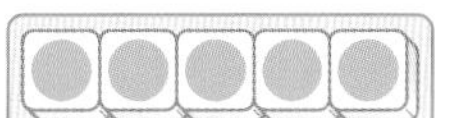
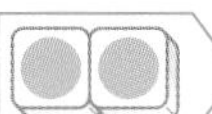
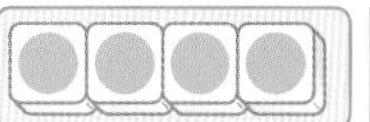
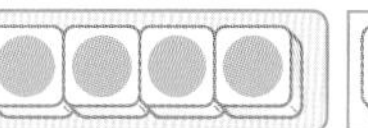
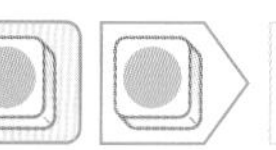
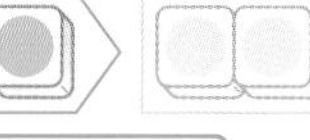

しき 7－□－□＝□　こたえ □ ひき

ひきざんも 1つの しきに かけるね。

7－2の こたえから 1を ひけば いいんだよ。

3 とりは なんわ とまって いますか。
□に はいる かずを かきましょう。

きょうかしょ 56ページ3

8わ います。　3わ とんで いきました。　2わ とんで いきました。

しき 8－□－□＝□　こたえ □ わ

4 ひきざんを しましょう。

きょうかしょ 56ページ4

❶ 7－3－1＝□
❷ 10－2－3＝□
❸ 13－3－4＝□
❹ 17－7－6＝□

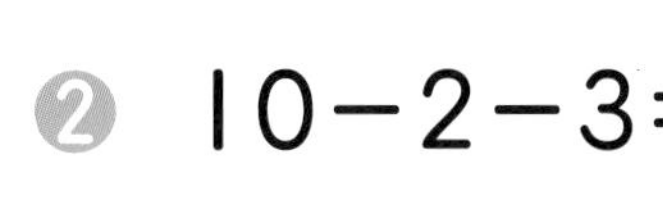
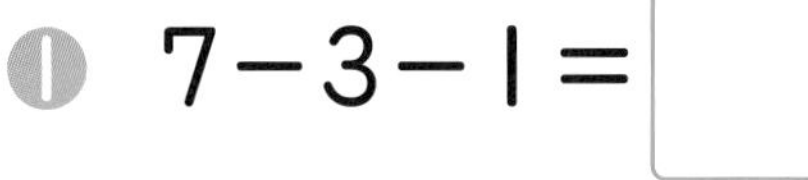

❸13－3＝10
10から 4を
ひけば いいね。

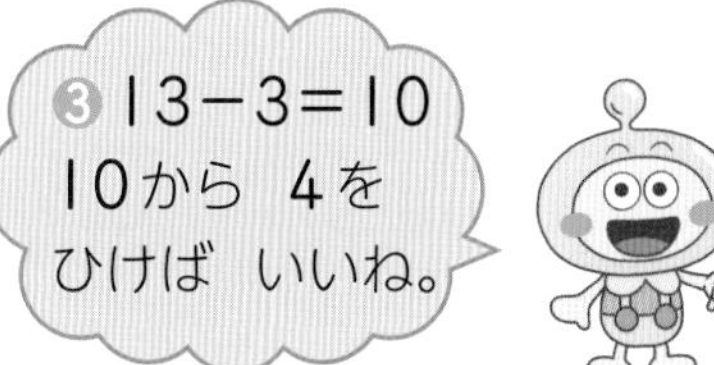

おうちのかたへ　3つの数の計算を学習します。これまでは2つの数を計算してきましたが、3つの数でも同じように計算できることを知り、その方法を身につけましょう。

べんきょうした 日 月 日

3つの かずの けいさん [その2]

きほんのワーク

もくひょう
たしざんと ひきざんが まじった 3つの かずの けいさんを しよう。

おわったら シールを はろう

きょうかしょ 57～58ページ　こたえ 19ページ

きほん 1 たしざんと ひきざんの まじった しきが かけますか。

☆ りすは なんびきに なりましたか。
□に はいる かずを かきましょう。

4ひき のって います。　2ひき おりました。　3びき のりました。

しき 4－□＋□＝□　こたえ □ひき

たしざんと ひきざんの まじった けいさんも 1つの しきに かけるね。

4－2の こたえに 3を たせば いいね。

1 りんごは なんこに なりましたか。
□に はいる かずを かきましょう。

きょうかしょ 57ページ5

10こ あります。　8こ あげました。　4こ もらいました。

しき 10－□＋□＝□

こたえ □こ

2 けいさんを しましょう。

きょうかしょ 57ページ67

❶ 5－3＋2＝□　❷ 10－9＋4＝□

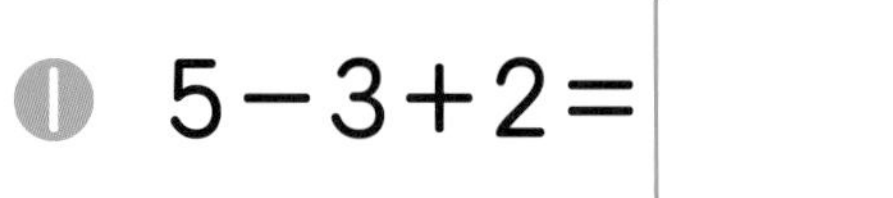

❸ 14－4＋3＝□　❹ 17－6＋5＝□

さんすうはかせ
「＝」の きごうは いぎりすの れこうどと いう ひとが つかいはじめたんだって。はじめ、2ほんの せんは いまより もっと ながかったよ。

きほん2 たしざんと ひきざんの まじった しきが かけますか。

☆ ぺんぎんは なんわに なりましたか。
□に はいる かずを かきましょう。

5わ います。

4わ きました。

2わ かえりました。

5＋

−

＝□

わ

おはなしの じゅんばんに
しきに かけば いいね。

5＋4の こたえから
2を ひけば いいね。

3 たまごは なんこに なりましたか。
□に はいる かずを かきましょう。

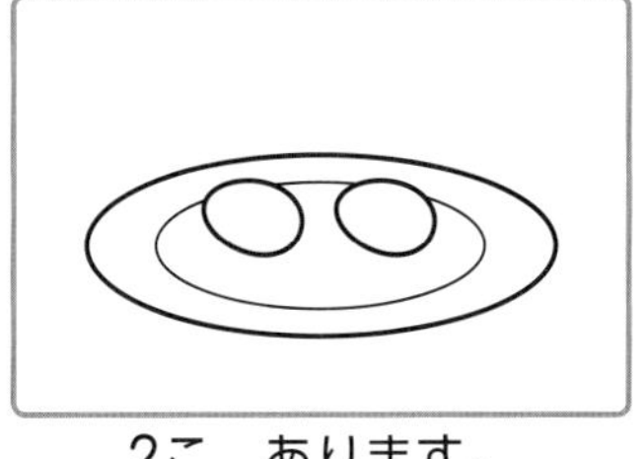
2こ あります。

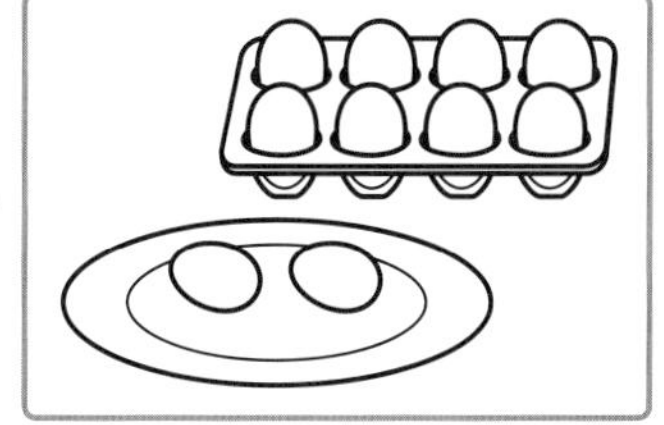
8こ もらいました。

3こ つかいました。

しき 2＋□−□＝□　　こたえ □こ

4 けいさんを しましょう。

❶ 6＋2−1＝□　　❷ 3＋7−4＝□

❸ 10＋6−3＝□　　❹ 13＋5−7＝□

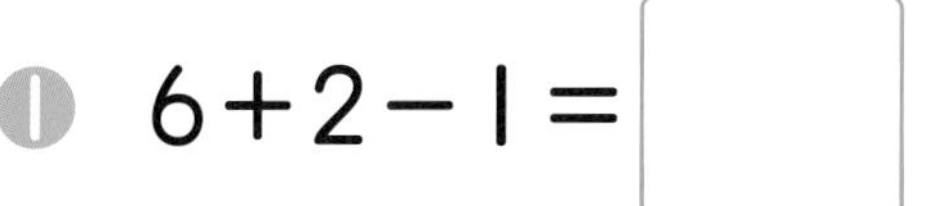

3つの数の計算のうち、たし算とひき算がまじったものを学習します。理解しにくいときには、ブロックなどを使い、「増えたり、減ったり」することをイメージしましょう。

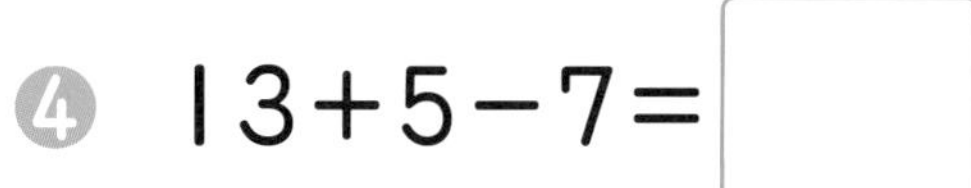

べんきょうした 日　　月　　日

れんしゅうのワーク

きょうかしょ 54〜58ページ　こたえ 20ページ

できた かず　/15もん 中

おわったら シールを はろう

1 しきの かきかた

えの おはなしに あう しきを ●—● で むすびましょう。□に こたえも かきましょう。

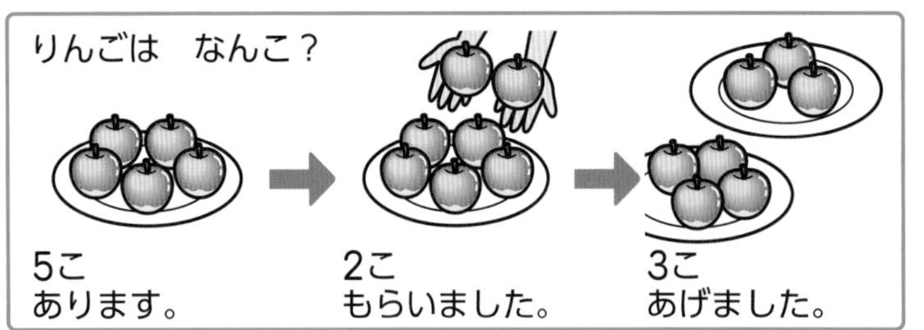

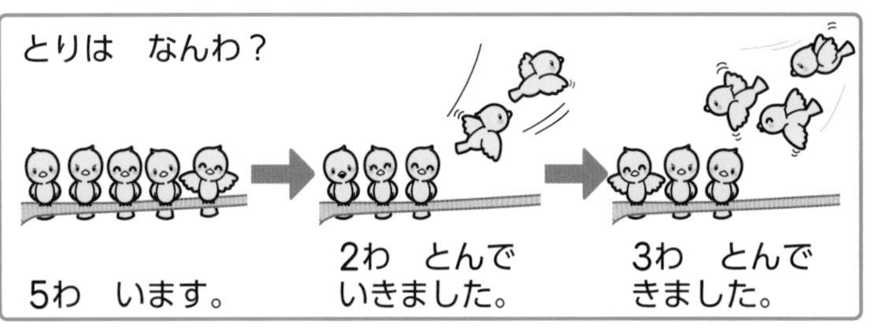

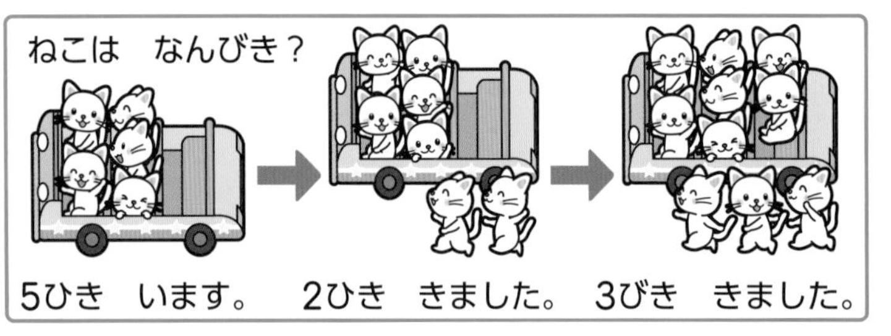

・ 5+2+3= □

・ 5−2+3= □

・ 5+3+1= □

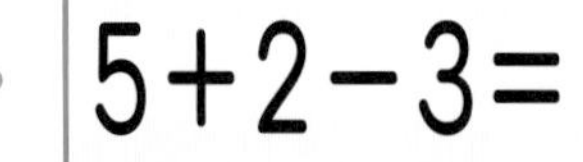
・ 5+2−3= □

2 3つの かずの けいさん

けいさんを しましょう。

❶ 4+5+1= □　　❷ 6+4+5= □

❸ 8−2−3= □　　❹ 17−7−6= □

❺ 6−2+3= □　　❻ 10−6+2= □

❼ 18−4+3= □　　❽ 2+8−4= □

できるナビ　3つの かずの けいさんは まえから じゅんに すれば いいよ。ひきざんの しきの ときに ちゅういしよう。

まとめのテスト

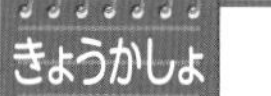

きょうかしょ 54〜58ページ　こたえ 20ページ

じかん 20ぷん

とくてん　/100てん

おわったら シールを はろう

1 よくでる かめは　なんびきに　なりましたか。
1つの　しきに　かいて　こたえましょう。　1つ10〔20てん〕

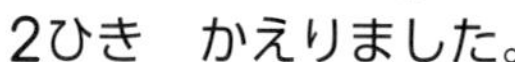

3びき　います。　→　1ぴき　きました。　→　2ひき　かえりました。

しき

こたえ □ ひき

2 おにぎりは　なんこ　のこりましたか。
1つの　しきに　かいて　こたえましょう。　1つ10〔20てん〕

10こ　あります。　→　2こ　たべました。　→　3こ　たべました。

しき

こたえ □ こ

3 けいさんを　しましょう。　1つ10〔60てん〕

❶ 3+2+4= □　　❷ 8+2+7= □

❸ 9−3−2= □　　❹ 16−6−3= □

❺ 8−7+5= □　　❻ 15+3−6= □

ふろくの「計算れんしゅうノート」12・13ページを やろう！

チェック✓

□1つの　しきに　かく　ことが　できたかな？
□3つの　かずの　けいさんが　できたかな？

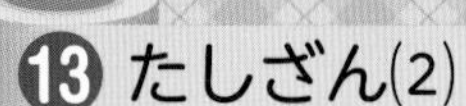
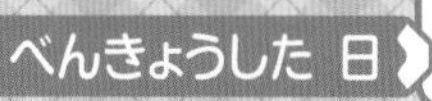

べんきょうした 日　　月　　日

たしざん(2) [その1]

きほんのワーク

もくひょう

8＋いくつ、
7＋いくつの
たしざんを しよう。

おわったら
シールを
はろう

きょうかしょ 60～62ページ　こたえ 21ページ

きほん1 8＋いくつの たしざんが わかりますか。

☆ 8＋3の けいさんの しかたを かんがえます。
□に はいる かずを かきましょう。

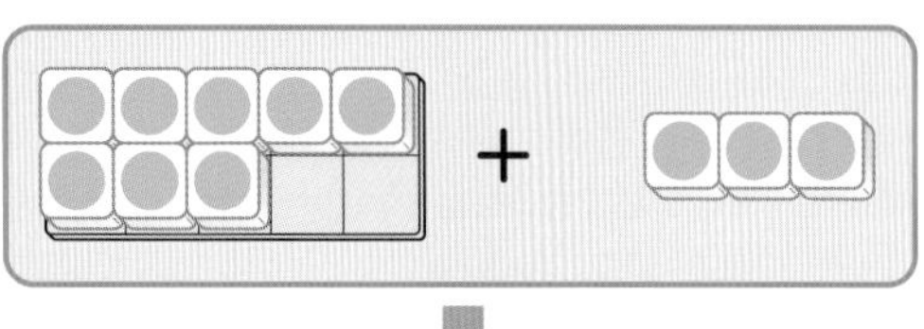

10を つくるには、あと □を たせば よいです。

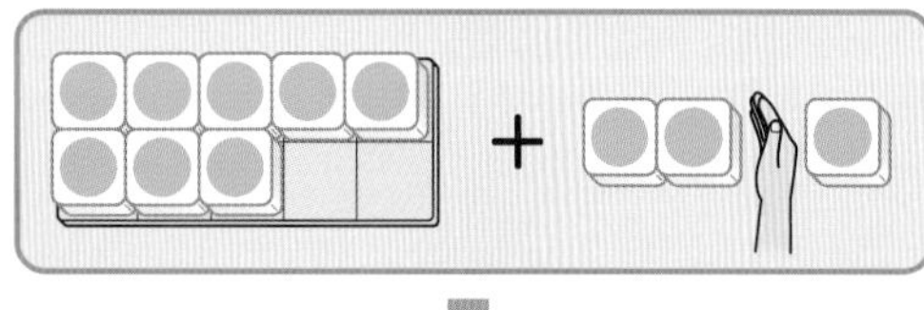

3を 2と □に わけます。

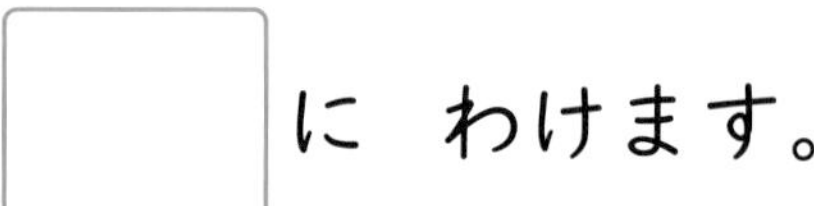

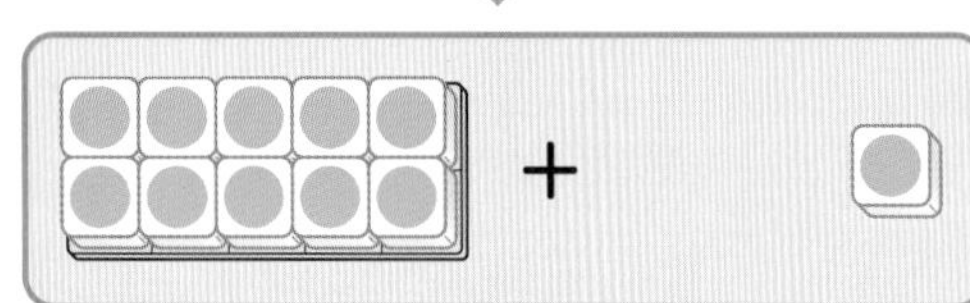

8に 2を たすと 10です。
10と 1で □です。

1 ずを みて、たしざんを しましょう。

きょうかしょ 60～62ページ

❶ 8＋4＝□

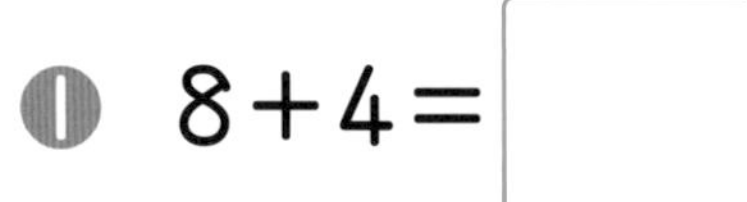

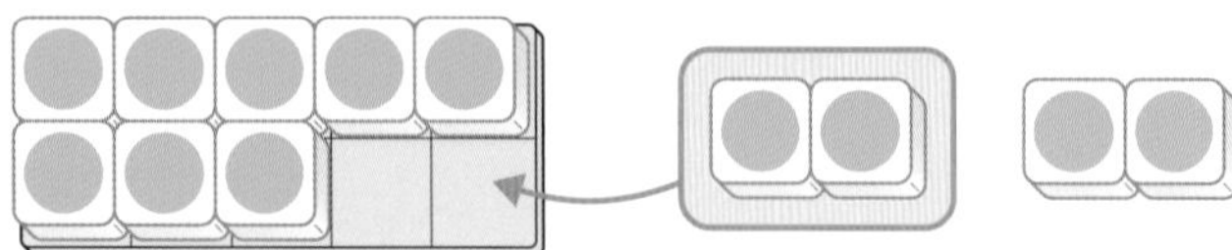

8に 2を たして 10
のこりは いくつかな。

❷ 7＋5＝□

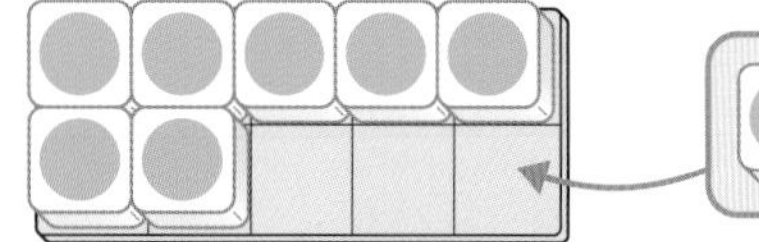
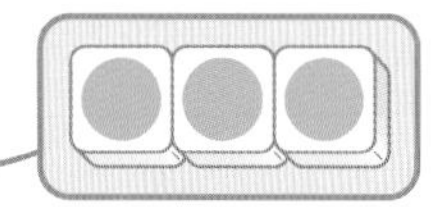
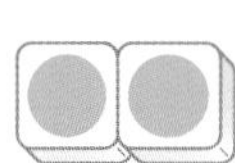

7に いくつを たすと
10に なるかな。

たしざんでは 10の まとまりを つくる ことが だいじだよ。
あわせて 10に なる くみあわせを すらすら いえるように して おこう。

きほん2 8＋いくつ、7＋いくつの　たしざんが　わかりますか。

☆ ◯に　はいる　かずを　かいて、
たしざんの　しかたを　せつめいしましょう。

❶ 8＋6＝14
⑩ ②　④

・8に ◯ を　たして　10
10と ◯ で　14

❷ 7＋4＝11
⑩ ③　①

・7に ◯ を　たして　10
10と ◯ で　11

2 ◯と □に　はいる　かずを　かきましょう。

きょうかしょ 60～62ページ

❶ 8＋5＝□
⑩ ②　③

❷ 8＋7＝□
⑩ ②　⑤

❸ 7＋7＝□
⑩ ◯　④

❹ 7＋6＝□
⑩ ◯　◯

3 たしざんを　しましょう。

きょうかしょ 60～62ページ

❶ 8＋6＝□　❷ 8＋8＝□　❸ 7＋9＝□

❹ 8＋9＝□　❺ 7＋7＝□　❻ 7＋8＝□

おうちのかたへ
くり上がりのあるたし算の学習をします。初めは、たす数（＋の後の数）を2つに分けて10をつくる「加数分解」のやり方を学びます。

べんきょうした 日　月　日

たしざん(2) [その2]

きほんのワーク

もくひょう

6＋いくつ、
9＋いくつの
たしざんを しよう。

おわったら シールを はろう

きょうかしょ 63〜64ページ　こたえ 21ページ

きほん 1 6＋いくつの たしざんが わかりますか。

☆ ◯に はいる かずを かいて、
たしざんの しかたを せつめいしましょう。

❶ 6＋5＝11

⑩ ④ ①

・5を ◯ と ◯ に わける。

6に ◯ を たして 10

10と ◯ で 11

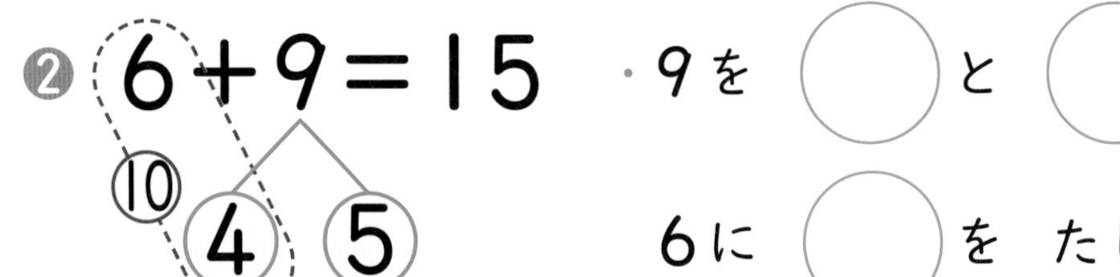

❷ 6＋9＝15

⑩ ④ ⑤

・9を ◯ と ◯ に わける。

6に ◯ を たして 10

10と ◯ で 15

1 たしざんを しましょう。

きょうかしょ 63ページ5

❶ 8＋5＝□　❷ 8＋7＝□　❸ 8＋8＝□

❹ 7＋6＝□　❺ 7＋8＝□　❻ 7＋9＝□

❼ 6＋6＝□　❽ 6＋7＝□　❾ 6＋8＝□

さんすうはかせ

6は あと いくつで 10に なるかな。9は あと いくつで 10に なるかな。
かずを みたら、あと いくつで 10に なるかが ぱっと おもいつくように しよう。

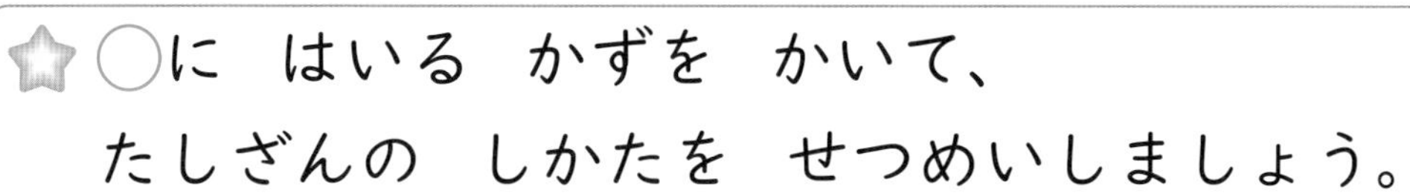

☆○に　はいる　かずを　かいて、
たしざんの　しかたを　せつめいしましょう。

❶ 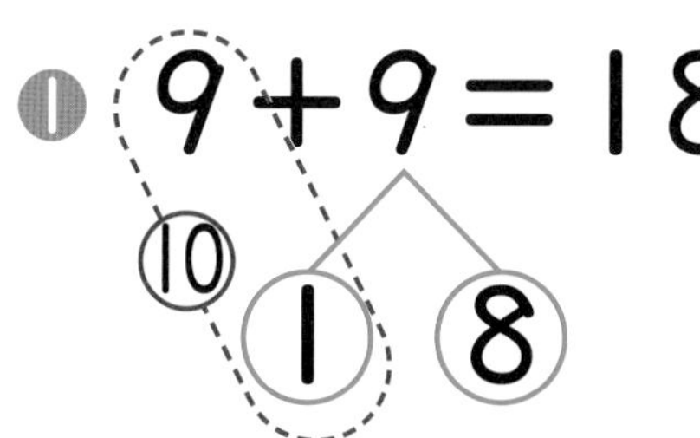

10と　○　で　18

❷ 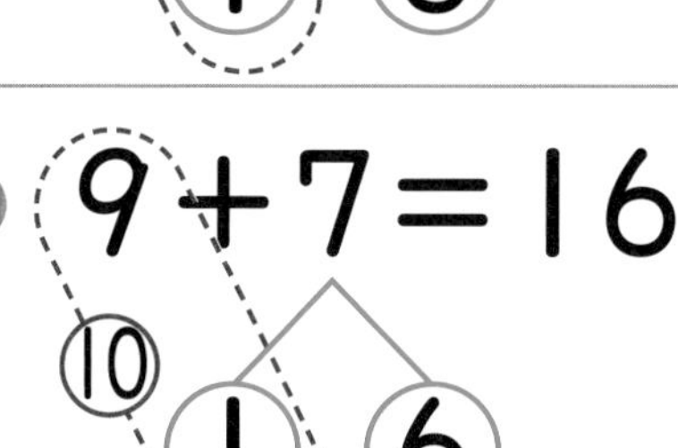

10と　○　で　16

2 たしざんを　しましょう。

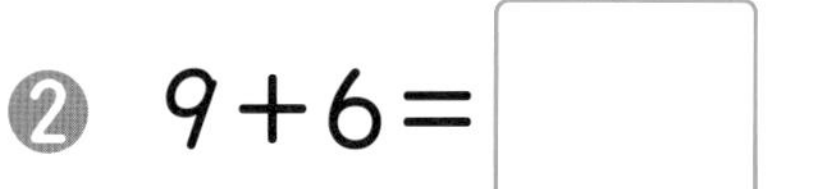

きょうかしょ　64ページ8

❶ 9＋5＝□　❷ 9＋6＝□　❸ 9＋8＝□

❹ 8＋4＝□　❺ 8＋6＝□　❻ 8＋9＝□

❼ 7＋4＝□　❽ 7＋5＝□　❾ 7＋7＝□

❿ 6＋5＝□　⓫ 6＋7＝□　⓬ 6＋8＝□

3 あかい　ふうせんが　7こ、あおい　ふうせんが　6こ
あります。あわせて　なんこ　ありますか。

きょうかしょ　64ページ9

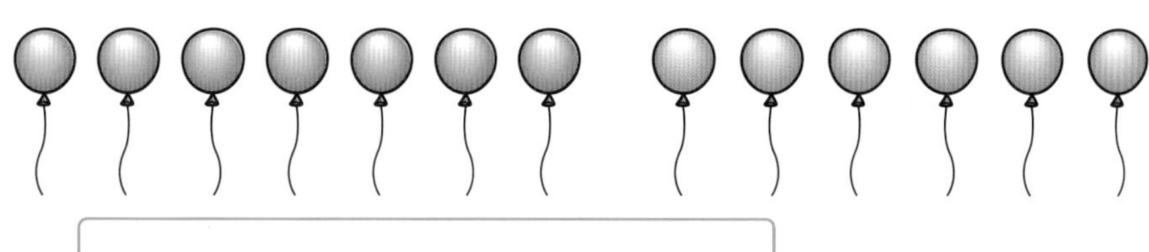

おうちのかたへ　ぜひ、お子さんと「たして10ゲーム」をしてみてください。お子さんが「3」と言ったら「7」、つぎはおうちの方が「6」と出題するように、交互に言い合います。

べんきょうした 日　　月　　日

たしざん(2) ［その3］

きほんのワーク

もくひょう
たしざんの かあどを つかって、けいさんに なれよう。

おわったら シールを はろう

きょうかしょ 65〜67ページ　こたえ 22ページ

きほん 1 4+9を 2つの やりかたで けいさんできますか。

☆ 4+9の けいさんを ❶、❷の やりかたで かんがえましょう。

❶ 4を 10に する。

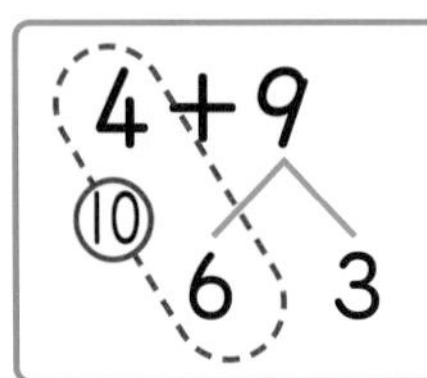

4に □ を たして 10

10と □ で □

❷ 9を 10に する。

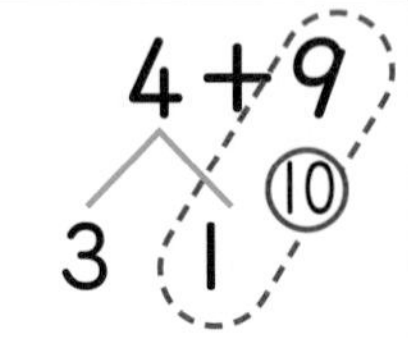

9に □ を たして 10

10と □ で □

1 3+8を 2つの やりかたで けいさんしましょう。 きょうかしょ 65ページ

❶ 3+8= □

7 ○

❷ 3+8= □

1 ○

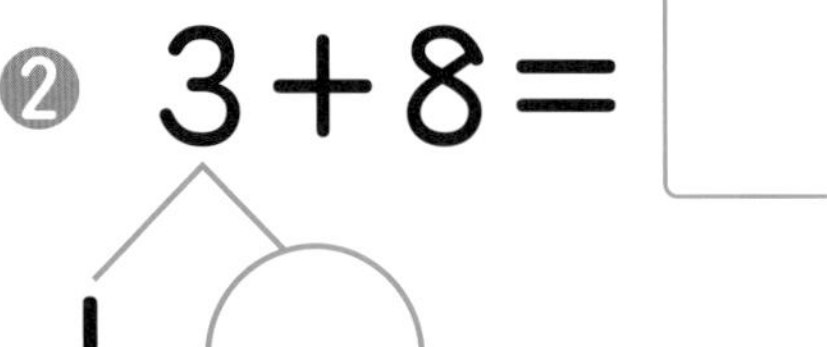

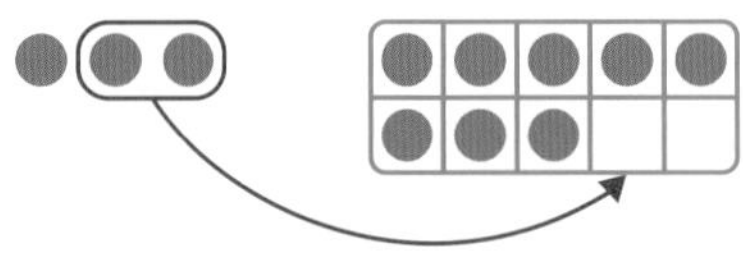

2 たしざんを しましょう。 きょうかしょ 65ページ11

❶ 2+9= □　❷ 3+9= □　❸ 4+8= □

❹ 5+8= □　❺ 4+7= □　❻ 5+6= □

❼ 4+9= □　❽ 5+7= □　❾ 5+9= □

さんすうはかせ
+の まえの かずを わけて 10を つくる やりかたと、
+の あとの かずを わけて 10を つくる やりかたが あるよ。

きほん 2 おなじ こたえの しきが わかりますか。

☆ こたえが おなじに なる かあどを あつめて います。あいて いる かあどに はいる しきを かきましょう。

こたえ〔14〕	こたえ〔15〕	こたえ〔16〕	こたえ〔17〕
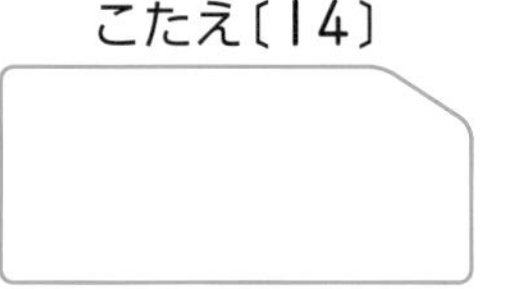	6＋9	7＋9	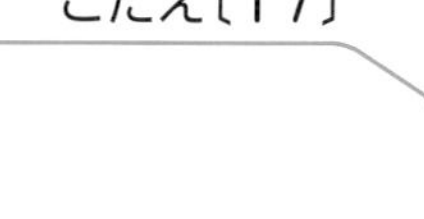
6＋8			9＋8
	8＋7	9＋7	
8＋6			
9＋5			

この かあどから えらぼう。

5＋9	7＋8	8＋9
9＋6	7＋7	8＋8

3 こたえが おおきい ほうに ○を つけましょう。

きょうかしょ 66ページ 1

❶ 7＋8　8＋8　❷ 4＋9　6＋6

❸ 5＋6　9＋5　❹ 9＋6　7＋4

4 こたえが 12の かあどを ならべました。あいて いる かあどに はいる かずや しきを かきましょう。 きょうかしょ 66ページ 1

3＋9 → 4＋□ → 5＋7 → □ → □ → 8＋4 → 9＋3

おうちのかたへ　たし算のカードを使って、答えが同じになる式を見つけます。数の並び方のきまり、たす数とたされる数（＋(たす)の前の数）の関係に目を向けるようにしましょう。

れんしゅうのワーク

きょうかしょ 60〜69ページ　こたえ 23ページ

べんきょうした 日　月　日

できた かず　/15もん 中

おわったら シールを はろう

1 たしざんの しかた　□に はいる かずを かきましょう。

❶
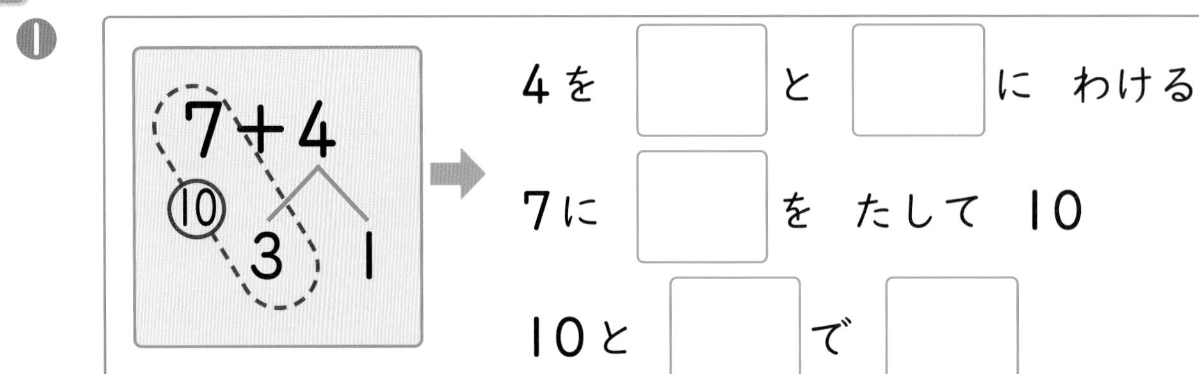

❷
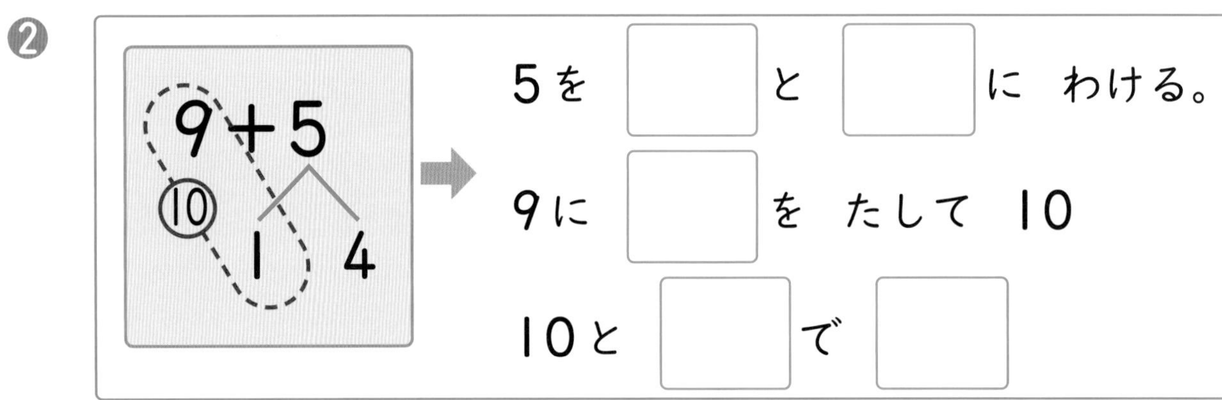

2 たしざんの かあど　□に はいる かずを かいて、こたえが 11に なる かあどを つくりましょう。

❸ 4+□

チャレンジ! 3 たしざん　8+6の しきに なる もんだいを つくりましょう。

どんな もんだいに なったかな？

〔　　　　　　　　　　〕

できるナビ　❸ ひだりの すいそうに めだかが 8ひき、みぎの きんぎょばちに めだかが 6ぴき いるね。これを もとに もんだいを つくろう。

べんきょうした 日　　月　　日

まとめのテスト

じかん 20ぷん

とくてん　　/100てん

おわったら シールを はろう

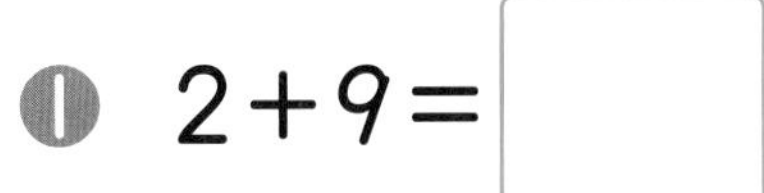

1 よくでる たしざんを しましょう。

1つ5〔60てん〕

❶ 2+9=□　　❷ 7+8=□

❸ 5+6=□　　❹ 8+3=□

❺ 6+9=□　　❻ 3+8=□

❼ 9+5=□　　❽ 5+8=□

❾ 4+7=□　　❿ 8+9=□

⓫ 9+4=□　　⓬ 7+6=□

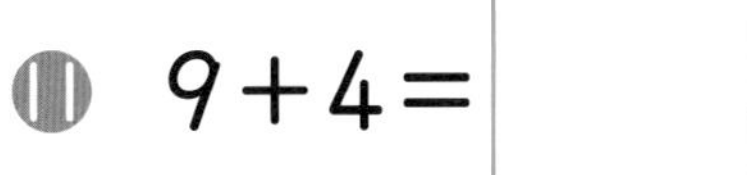

2

おやの　きりんが　4とう　います。こどもの　きりんが　8とう　います。きりんは、ぜんぶで　なんとう　いますか。

しき

1つ10〔20てん〕

こたえ（　　　）

3

きんぎょを　7ひき　かって　います。4ひき　もらいました。きんぎょは、ぜんぶで　なんびきに　なりましたか。

しき

1つ10〔20てん〕

こたえ（　　　）

ふろくの「計算れんしゅうノート」14～18ページを　やろう！

□10の　まとまりを　つくる　ことが　できたかな？
□たしざんの　けいさんが　できるように　なったかな？

べんきょうした 日　月　日

もくひょう

いろいたや ぼうを つかって かたちを つくろう。

おわったら シールを はろう

かたちづくり

きほんのワーク

きょうかしょ 70〜74ページ　こたえ 23ページ

きほん 1 なんまいの いろいたで できたか わかりますか。

☆ の いろいた 6まいで できた ものを あから きで こたえましょう。

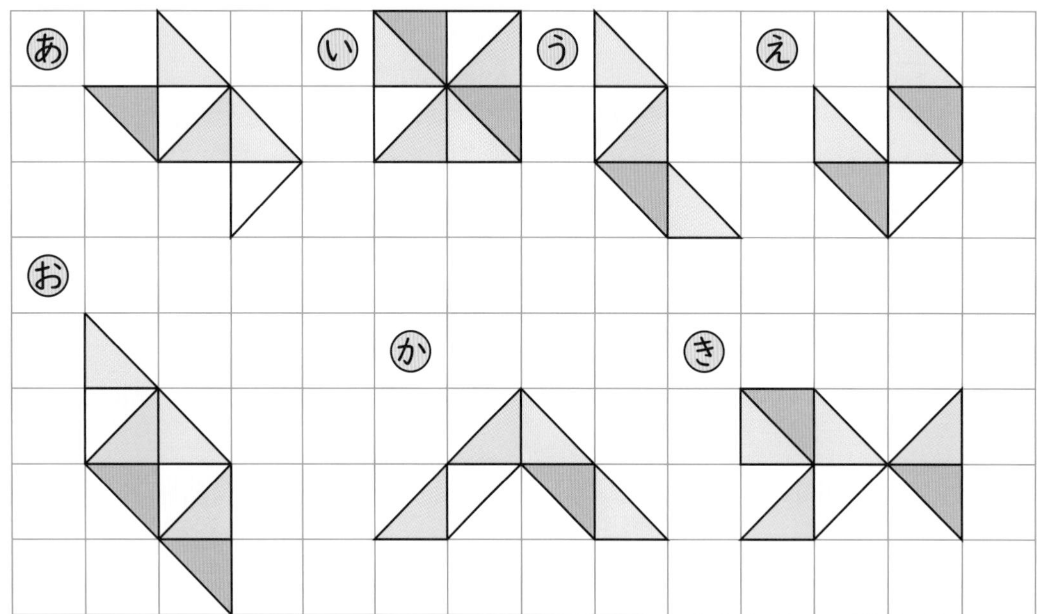

6まいで できた ものは 3つ あるよ。

（　　、　　、　　）

1 ・と ・を せんで つないで、れいと おなじ かたちを つくりましょう。

きょうかしょ 73ページ4

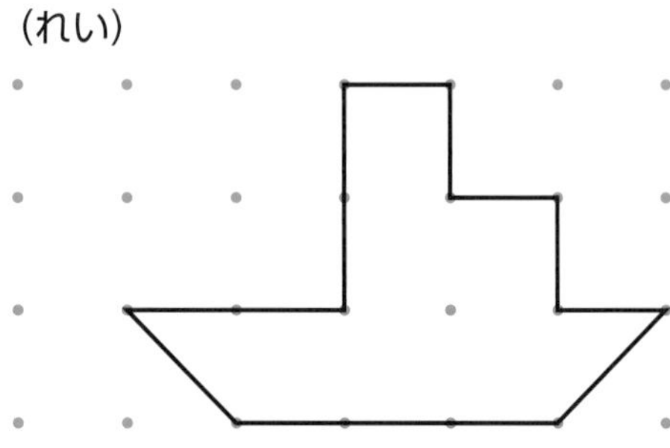

おうちのかたへ　色板の数を考えたり、点をつないで形を作ったりする活動を通して、図形の力を伸ばすのがねらいです。

まとめのテスト

じかん 20ぷん　とくてん　/100てん　おわったら シールを はろう

きょうかしょ 70～74ページ　こたえ 23ページ

1 したの　かたちは、あの　いろいたが　なんまいで　できますか。　1つ10〔30てん〕

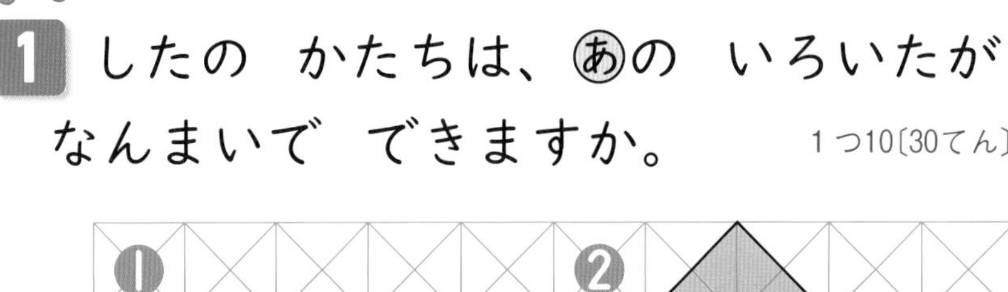

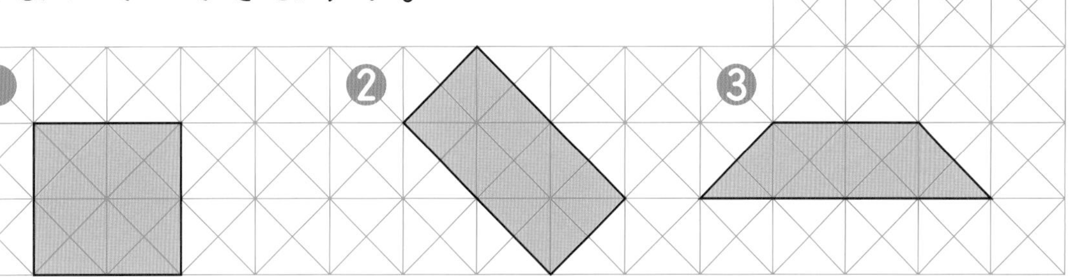

❶ □まい　❷ □まい　❸ □まい

2 はじめの　かたちから、いろいたを　1まいだけ　うごかして、❶～❸の　かたちに　かえました。それぞれ　どの　いたを　うごかしましたか。　1つ10〔30てん〕

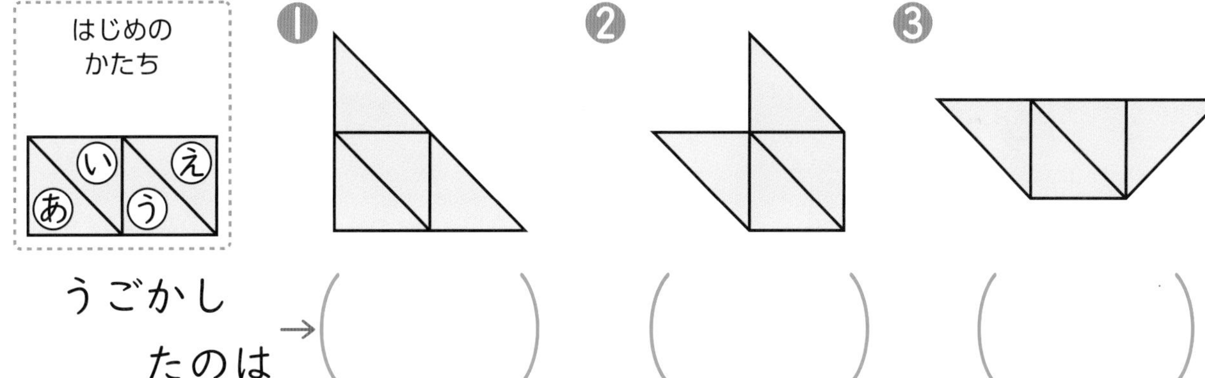

うごかしたのは→（　　）（　　）（　　）

3 ぼうを　ならべて　したの　かたちを　つくります。ぼうは　なんぼん　つかいますか。　1つ20〔40てん〕

❶

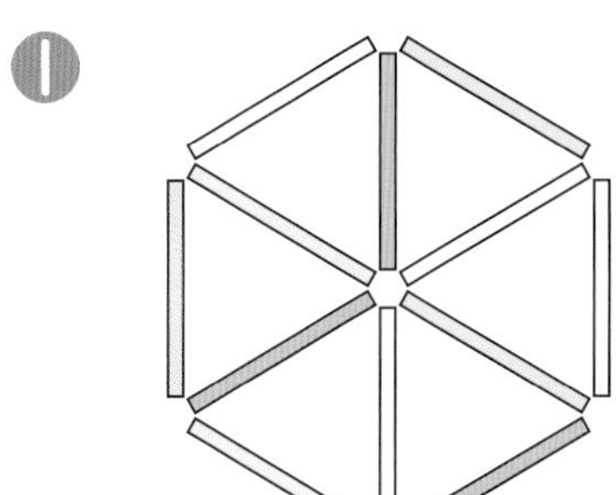

❷

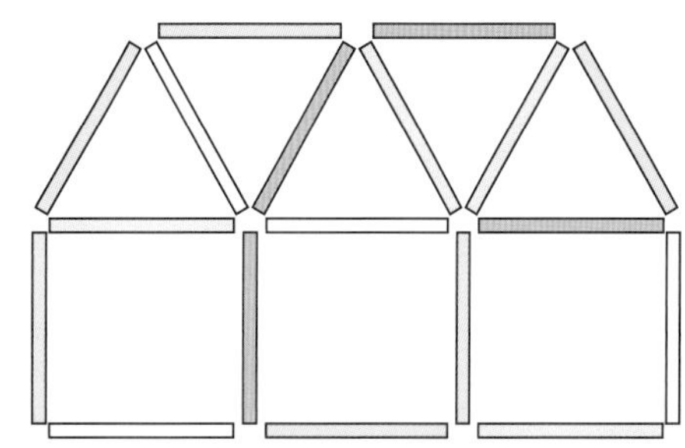

□ほん　□ほん

□いろいたを　ならべて　かたちづくりが　できたかな？
□ぼうを　ならべて　かたちづくりが　できたかな？

ひきざん(2) [その1]

きほんのワーク

もくひょう
9や 7を ひく ひきざんを しよう。

おわったら シールを はろう

きょうかしょ 76〜78ページ　こたえ 24ページ

きほん 1 9を ひく ひきざんが わかりますか。

☆ 14−9の けいさんの しかたを かんがえます。
□に はいる かずを かきましょう。

1 14は □ と 4です。

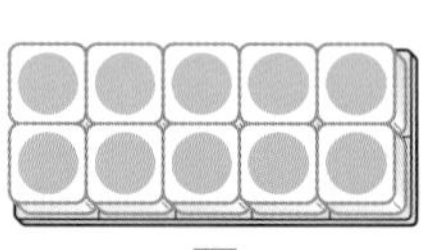
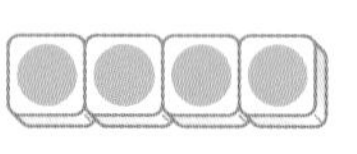

2 10から 9を ひくと □

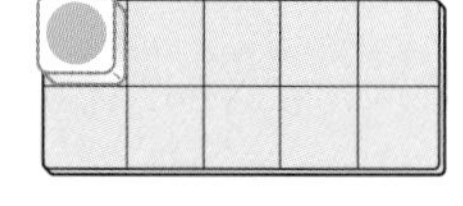
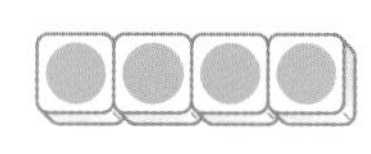

3 1と 4を あわせて □

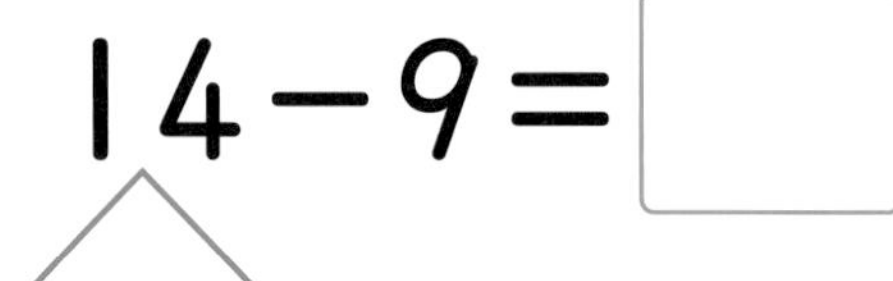

4から 9は ひけない から、1のように 14を わけて かんがえるよ。

1 ○と □に はいる かずを かきましょう。

きょうかしょ 77ページ

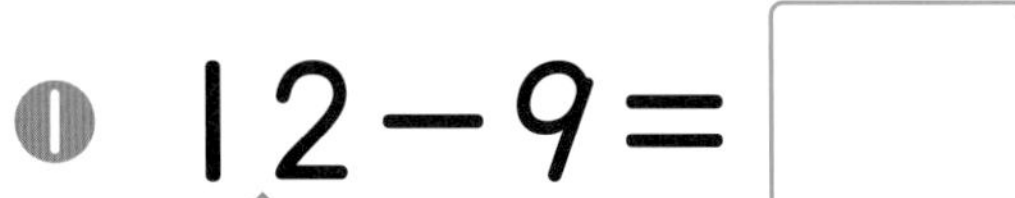

・12は ○ と ○ です。

10から 9を ひいて ○

1と ○ で 3

・15は ○ と ○ です。

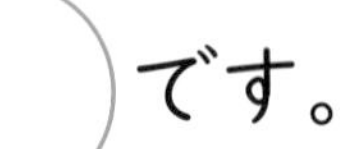

10から 9を ひいて ○

1と ○ で 6

−の まえの かずを 10と いくつに わけて かんがえよう。
わからない ときは ぶろっくを うごかしながら かんがえて みようね。

きほん 2　7を ひく ひきざんが わかりますか。

☆ 11−7の けいさんの しかたを かんがえます。
□に はいる かずを かきましょう。

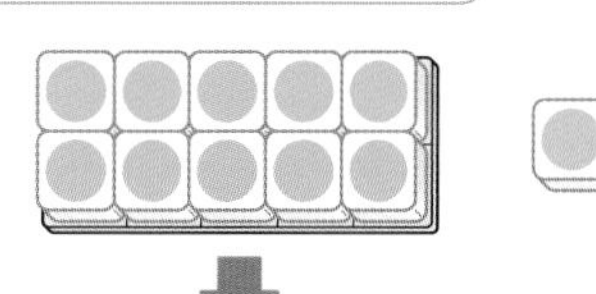

1 11は □ と 1です。

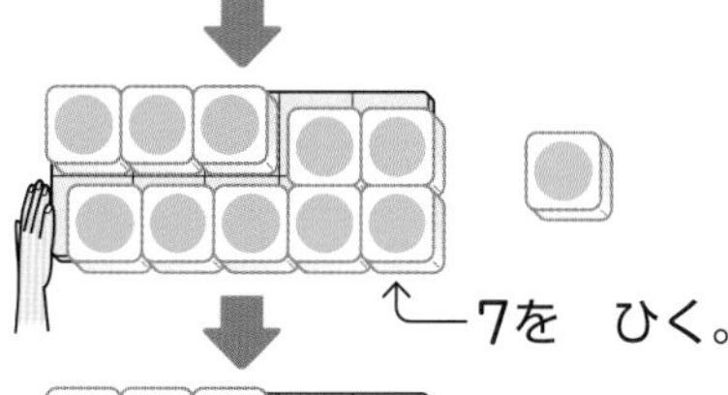

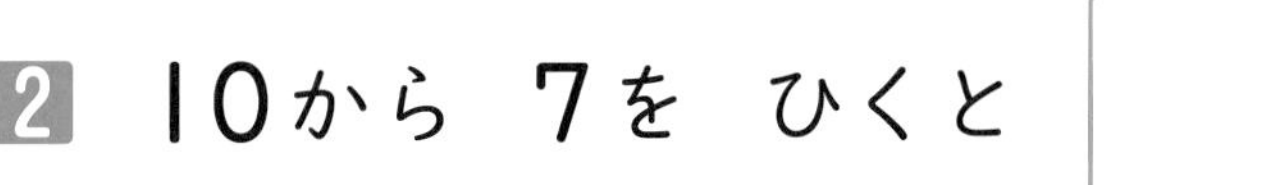

2 10から 7を ひくと □

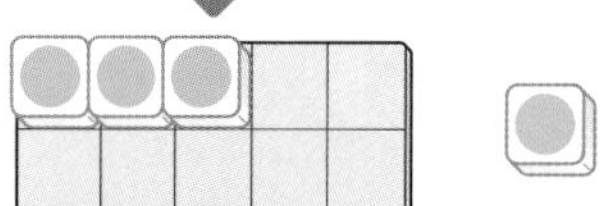

3 3と 1を あわせて □

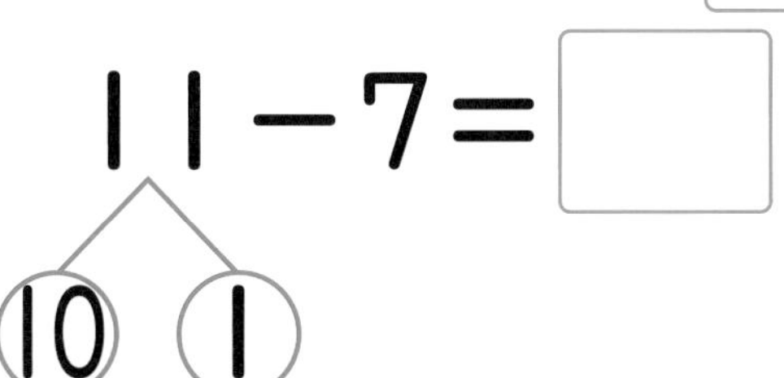

11−7=□
(10)(1)

2 ○と □に はいる かずを かきましょう。

きょうかしょ 78ページ

1 12−7=□
(10)(2)

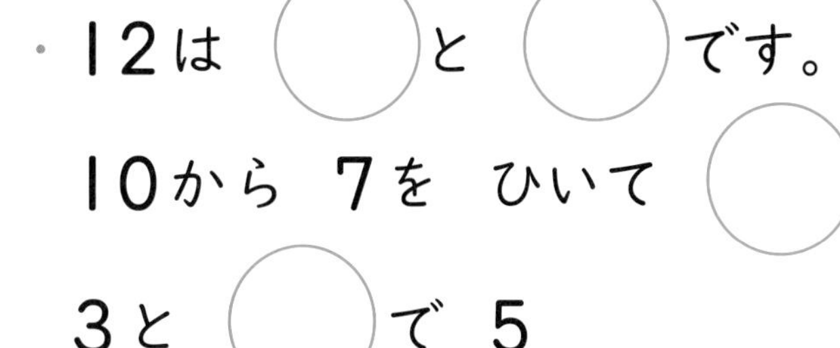

・12は ○ と ○ です。
10から 7を ひいて ○
3と ○ で 5

2 15−7=□
(10)(5)

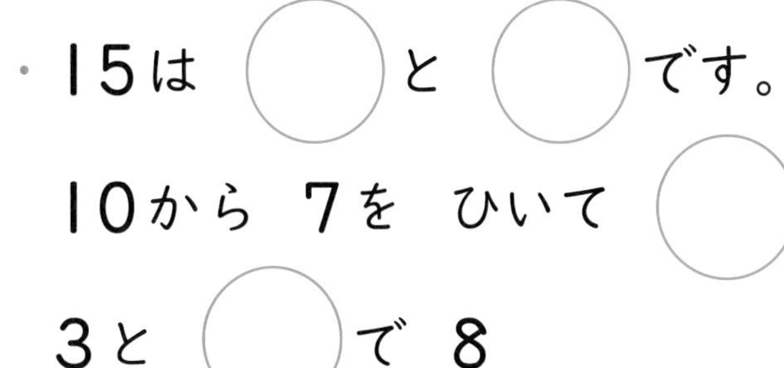

・15は ○ と ○ です。
10から 7を ひいて ○
3と ○ で 8

3 14−7=□
(10)(4)

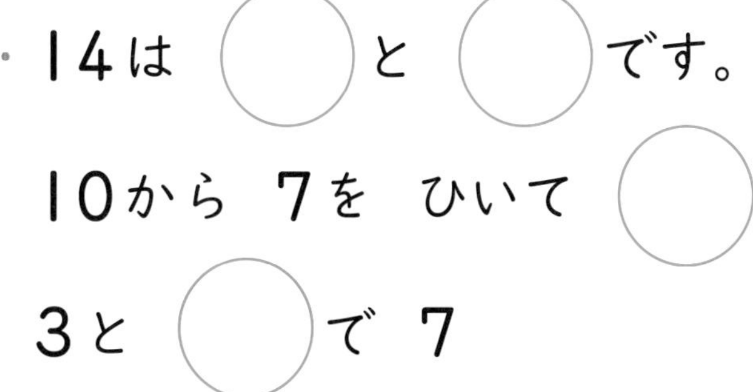

・14は ○ と ○ です。
10から 7を ひいて ○
3と ○ で 7

おうちのかたへ　9や7をひくひき算で、くり下がりのあるひき算を学習します。
ひかれる数(−の前の数)を10といくつに分けてから考えましょう。

べんきょうした 日　　月　　日

ひきざん(2) ［その2］

きほんのワーク

もくひょう
6や 8を ひく
ひきざんを しよう。

おわったら シールを はろう

きょうかしょ 79～80ページ　こたえ 24ページ

きほん 1　6を ひく ひきざんが わかりますか。

☆ ◯に はいる かずを かいて、
ひきざんの しかたを せつめいしましょう。

❶ 11－6＝5　・◯から 6を ひいて 4

4と ◯で 5

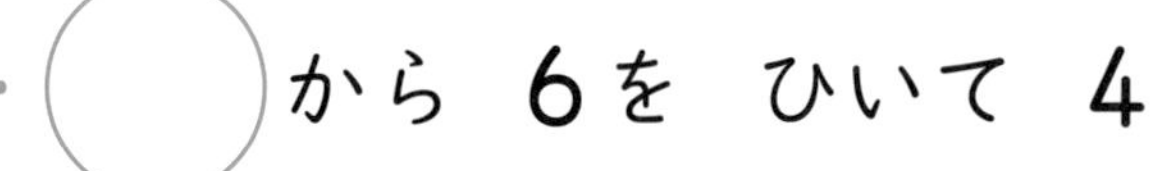

❷ 13－6＝7　・◯から 6を ひいて 4

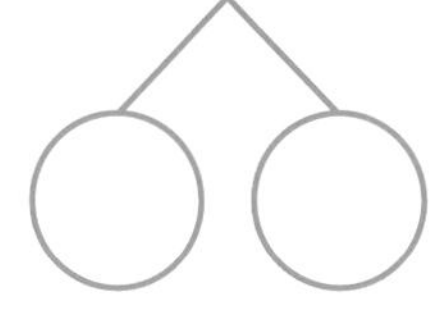

4と ◯で 7

1 ひきざんを しましょう。

きょうかしょ 79ページ5

❶ 13－9＝□　❷ 14－9＝□　❸ 11－9＝□

❹ 16－9＝□　❺ 14－7＝□　❻ 15－7＝□

❼ 12－7＝□　❽ 11－7＝□　❾ 15－6＝□

❿ 11－6＝□　⓫ 14－6＝□　⓬ 12－6＝□

さんすうはかせ
ひきざんの しかたを こえに だして せつめいして ごらん。こえに だして せつめいすると とっても よく わかるよ。おうちの ひとに きいて もらおう。

きほん2 8を ひく ひきざんが わかりますか。

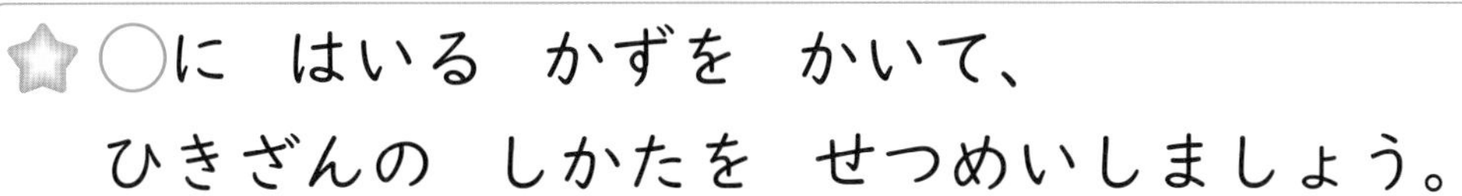

☆○に はいる かずを かいて、
ひきざんの しかたを せつめいしましょう。

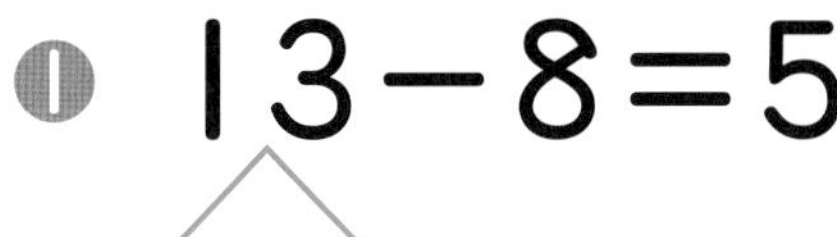

❶ 13−8＝5　・⑩から 8を ひいて 2

⑩ ③　　2と ③で 5

❷ 11−8＝3　・○から 8を ひいて 2

○ ○　　2と ○で 3

2 ひきざんを しましょう。

きょうかしょ 80ページ8

❶ 12−9＝□	❷ 15−9＝□	❸ 18−9＝□
❹ 15−8＝□	❺ 16−8＝□	❻ 17−8＝□
❼ 12−7＝□	❽ 13−7＝□	❾ 15−7＝□
❿ 12−6＝□	⓫ 15−6＝□	⓬ 14−6＝□

3 あかい はなが 6ぽん、しろい はなが 13ぼん さいて います。どちらの ほうが なんぼん おおいですか。

きょうかしょ 80ページ9

しき □

こたえ □い はなの ほうが □ほん おおい。

おうちのかたへ　6や8をひくひき算で、くり下がりのあるひき算を学習します。
ひかれる数を10といくつに分けてから考えましょう。

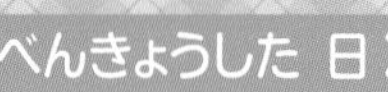

月　日

ひきざん(2) [その3]

きほんのワーク

もくひょう
ひきざんの かあどを つかって、けいさんに なれよう。

おわったら シールを はろう

きょうかしょ 81～85ページ　こたえ 25ページ

きほん 1　11－3を 2つの やりかたで けいさんできますか。

☆ 11－3の けいさんを ❶、❷の やりかたで かんがえましょう。

❶ 11を 10と 1に わける。

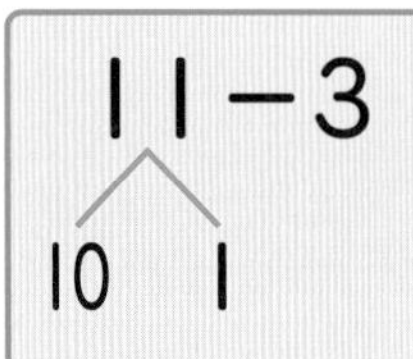

10から □ を ひいて 7

7と □ で □

❷ 3を 1と 2に わける。

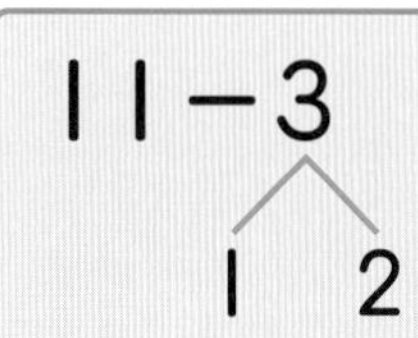

□ から 1を ひいて 10

□ から 2を ひいて 8

1 13－5を 2つの やりかたで けいさんしましょう。

きょうかしょ 81ページ

❶ 13－5＝□

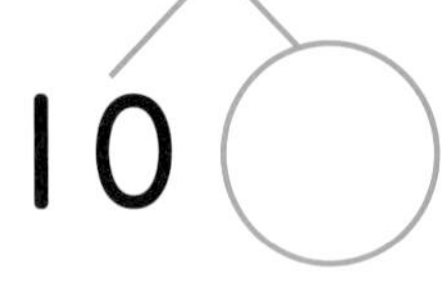

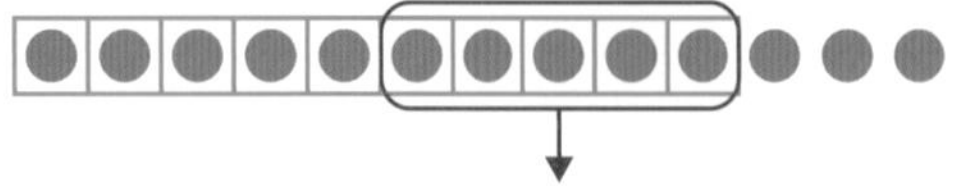

❷ 13－5＝□

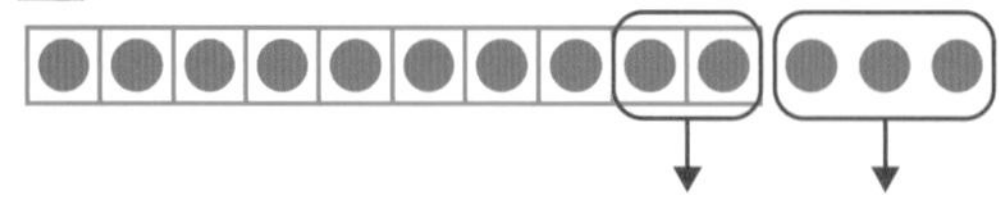

2 ひきざんを しましょう。

きょうかしょ 81ページ11

❶ 11－2＝□　❷ 12－3＝□　❸ 11－4＝□

❹ 13－4＝□　❺ 11－5＝□　❻ 14－5＝□

きみは ラッキー7と いう ことばを きいた ことが ないかな？ 7は せかいの いろいろな くにで 「せいなる すうじ」と して たいせつに されて いるんだって。

きほん2 おなじ こたえの しきが わかりますか。

こたえが おなじに なる かあどを あつめて います。
あいて いる かあどに はいる しきを かきましょう。

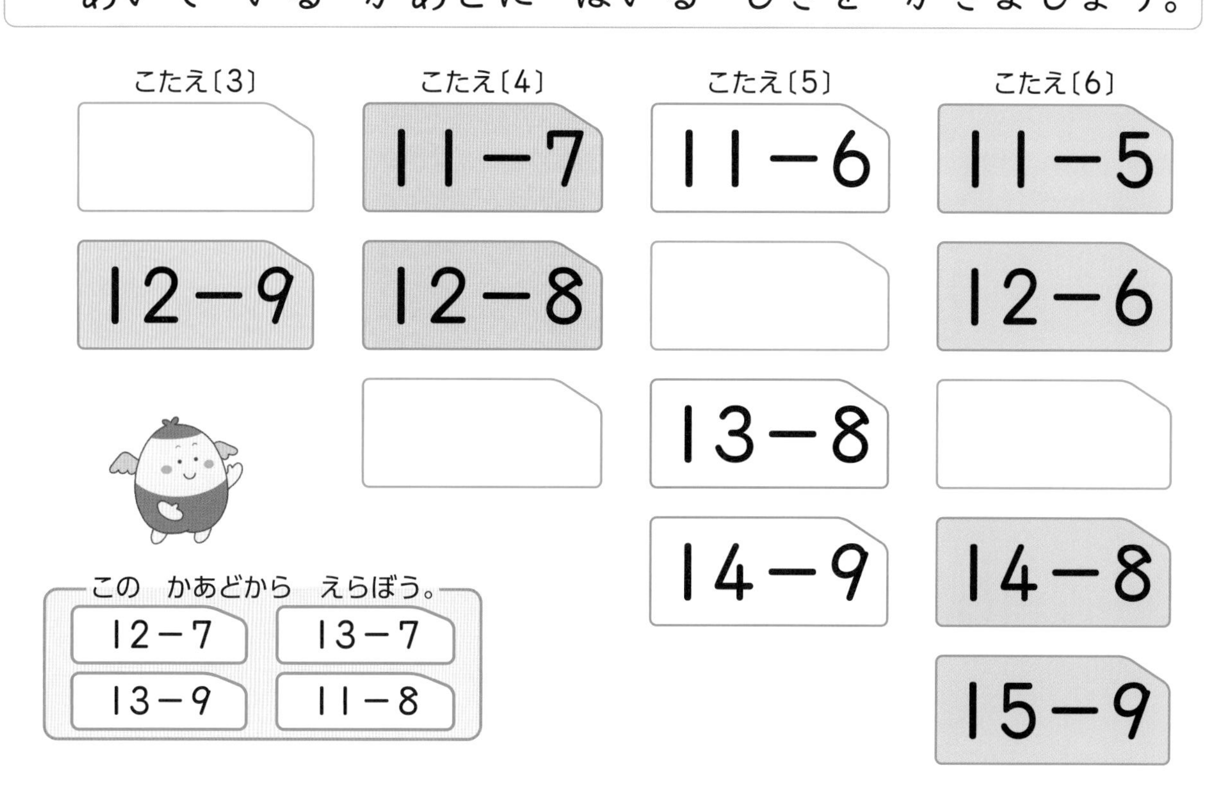

3 □に はいる かずを かいて、こたえが 7に なる かあどを つくりましょう。 きょうかしょ 83ページ2

❶ 12−□
❷ 14−□
❸ □−8
❹ □−6

4 こたえが 8の かあどを ならべました。あいて いる かあどに はいる かずや しきを かきましょう。 きょうかしょ 83ページ2

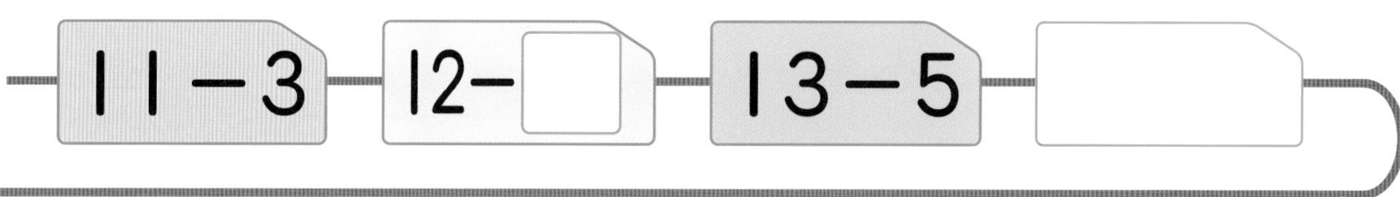

15−7　□　17−9

おうちのかたへ　ひき算のカードを使って、答えが同じになる式を見つけます。数の並び方のきまり、ひく数（ー(ひく)の後の数）とひかれる数の関係に目を向けるようにしましょう。

べんきょうした 日　月　日

れんしゅうのワーク

きょうかしょ 76〜87ページ　こたえ 26ページ

できた かず　/15もん 中

おわったら シールを はろう

1 ひきざんの しかた　□に はいる かずを かきましょう。

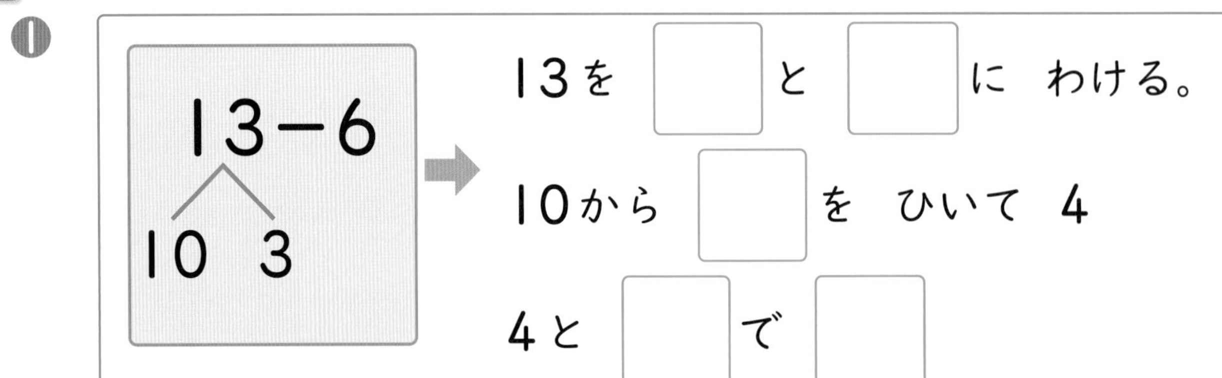

❶ 13−6（10 3）→ 13を □ と □ に わける。
10から □ を ひいて 4
4と □ で □

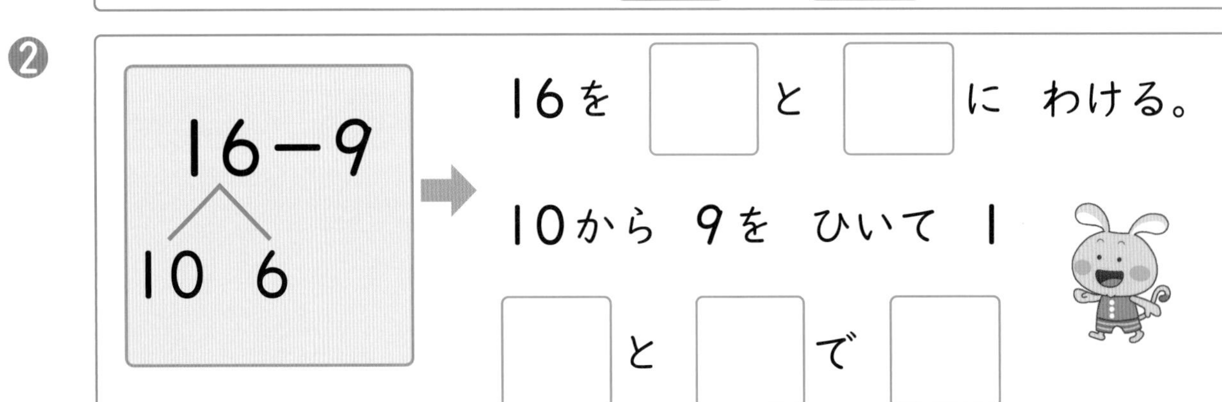

❷ 16−9（10 6）→ 16を □ と □ に わける。
10から 9を ひいて 1
□ と □ で □

2 ひきざんの かあど　□に はいる かずを かいて、こたえが 9に なる かあどを つくりましょう。

❶ 11−□　❷ □−4
❸ 15−□　❹ □−3

3 ひきざん　13−5の しきに なる もんだいを つくりましょう。

[　　　　　　　　　　]

できるナビ
❸ りんごは 13こ あるね。やじるしを みると 5この りんごが なく なるみたいだ。これを もとに もんだいを つくろう。

まとめのテスト

とくてん　/100てん

おわったら シールを はろう

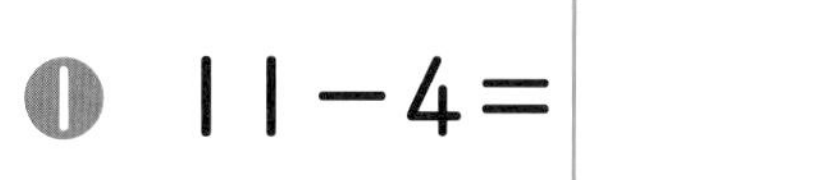

1 よくでる ひきざんを　しましょう。　1つ5〔60てん〕

❶ 11−4=□　　❷ 12−7=□

❸ 13−7=□　　❹ 11−6=□

❺ 17−8=□　　❻ 14−5=□

❼ 12−8=□　　❽ 16−7=□

❾ 15−7=□　　❿ 13−9=□

⓫ 18−9=□　　⓬ 14−8=□

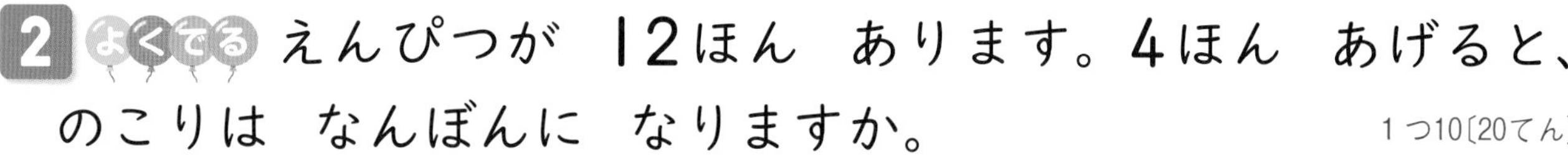

2 よくでる えんぴつが　12ほん　あります。4ほん　あげると、のこりは　なんぼんに　なりますか。　1つ10〔20てん〕

しき

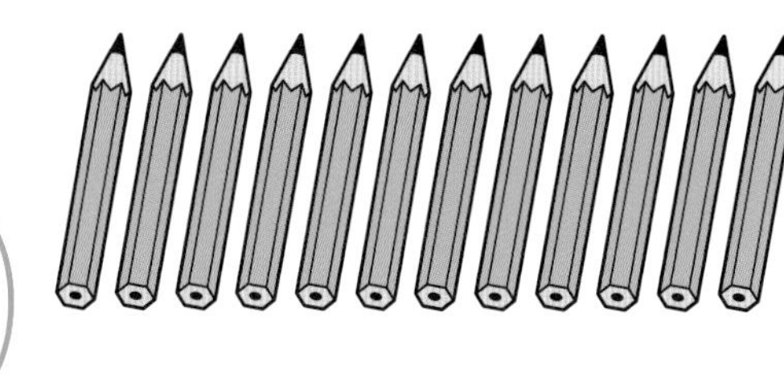

こたえ（　　　　）

3 あかい　いろがみが　16まい、あおい　いろがみが　8まい　あります。どちらの　ほうが　なんまい　おおいですか。1つ10〔20てん〕

しき

こたえ（＿＿＿い　いろがみの　ほうが　＿＿＿まい　おおい。）

ふろくの「計算れんしゅうノート」19～23ページを　やろう！

□10と　いくつに　わける　ことが　できたかな？
□ひきざんの　けいさんが　できるように　なったかな？

べんきょうした 日 月 日

0の たしざんと ひきざん

きほんのワーク

もくひょう
0の たしざんと ひきざんの やりかたを しろう。

おわったら シールを はろう

きょうかしょ 88〜89ページ こたえ 27ページ

きほん 1 0の たしざんが わかりますか。

☆ あわせて いくつですか。
□に はいる かずを かきましょう。

❶ 3 ●●● 0 $3 + \square = \square$

❷ 2 ●● 1 ● $2 + \square = \square$

❸ 0 4 ●●●● $\square + \square = \square$

1 ちがいは いくつですか。

□に はいる かずを かきましょう。 きょうかしょ 89ページ3

❶   $4 - \square = \square$

❷  3 ●●● $\square - \square = \square$

❸  2 ●● $\square - \square = \square$

おおきい かずから ちいさい かずを ひこう。

2 ぷりんが 4こ あります。4こ たべると、のこりは なんこですか。

きょうかしょ 89ページ3

しき

こたえ（　　　）こ

おうちのかたへ 0をたす、0にたす、0をひく、ひくと0になる、…の意味を確認しましょう。特に0+0や0−0には戸惑うかもしれません。

まとめのテスト

じかん 20ぷん　とくてん　/100てん　おわったら シールを はろう

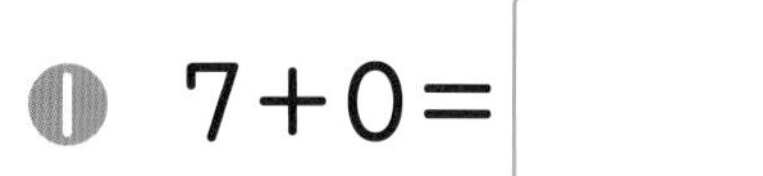

1 よくでる けいさんを　しましょう。

1つ5〔40てん〕

❶ $7+0=$ □　❷ $8+0=$ □

❸ $0+3=$ □　❹ $0+0=$ □

❺ $5-5=$ □　❻ $6-0=$ □

❼ $3-0=$ □　❽ $0-0=$ □

2 こたえが　おなじ　かあどを　•—•で　むすびましょう。

1つ10〔40てん〕

4+3 •	• 10−1
6+0 •	• 7−0
0+9 •	• 8−2
0+0 •	• 9−9

3 よくでる りんごが　8こ　あります。

8こ　たべると、のこりは　なんこですか。

しき

1つ10〔20てん〕

こたえ（　　　）こ

□0の　けいさんの　いみが　わかったかな？
□0の　けいさんが　できるように　なったかな？

べんきょうした 日　月　日

ものと ひとの かず なんばんめ

きほんのワーク

もくひょう
ものと ひとの かず、なんばんめが わかるように しよう。

おわったら シールを はろう

きょうかしょ 90〜93ページ　こたえ 27ページ

きほん 1 ものと ひとの かずの ちがいを かんがえよう。

☆ あめが 13こ あります。8にんの こどもに 1こずつ くばると、なんこ のこりますか。

くばった あめは なんこに なるかな。

しき　　　こたえ　　こ

1 5にんが いちりんしゃに のります。いちりんしゃは あと 2だい あります。いちりんしゃは ぜんぶで なんだい ありますか。

きょうかしょ 90ページ2

しき　　　こたえ　　だい

2 いすが 7きゃく あります。12にんで いすとりげえむを します。いすに すわれない ひとは なんにんですか。

きょうかしょ 90ページ1

しき

こたえ　　にん

さんすうはかせ　さんすうの もんだいを よんだら、ばめんを そうぞうして みよう。えの ついて いない 2の もんだいは 7つの いすを 12にんで とろうと する いめえじが わいたかな。

きほん2 なんばんめが　わかりますか。

☆ ひとりずつ　じゅんに　いすに　すわります。
みつきさんの　まえに　6にん　います。みつきさんは　まえから　なんばんめの　いすに　すわりますか。

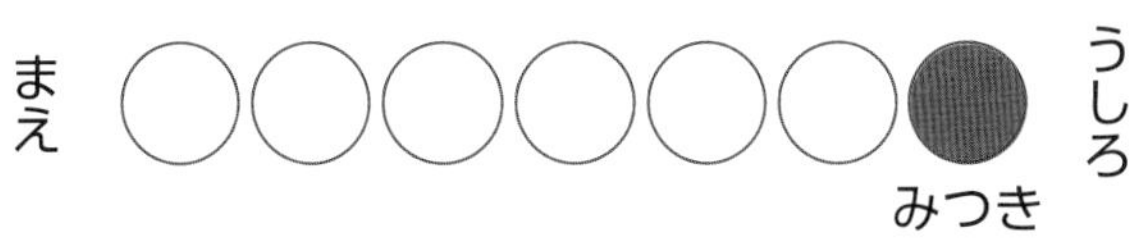

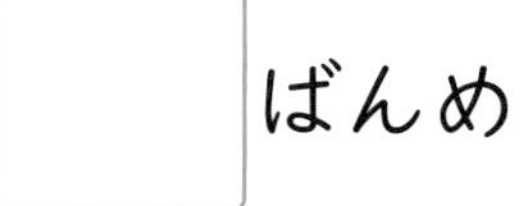

3 はるまさんは　まえから　8ばんめに　ならんで　います。
はるまさんの　まえには　なんにん　いますか。 きょうかしょ 91ページ2

□にん

4 りくさんは　まえから　4ばんめに　ならんで　います。
りくさんの　うしろには　8にん　います。みんなで　なんにん　ならんで　いますか。 きょうかしょ 92ページ3

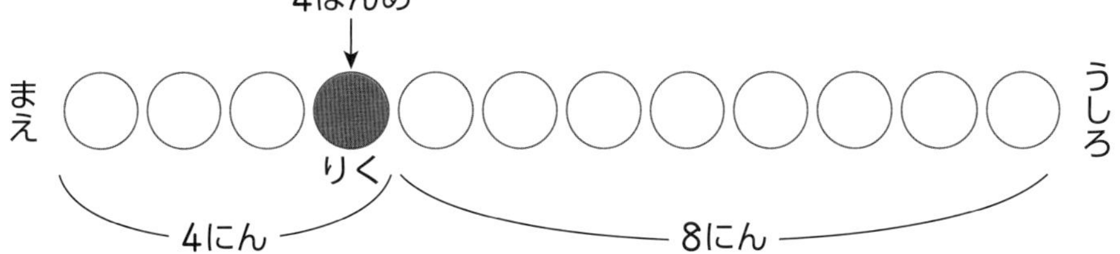

しき □　　こたえ □にん

5 10にん　ならんで　います。れなさんは　まえから　3ばんめに　います。れなさんの　うしろには　なんにん　いますか。 きょうかしょ 93ページ4

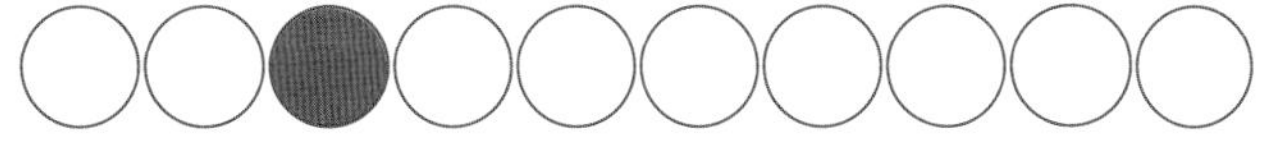

□にん

おうちのかたへ　文章を読んだらすぐに立式を促すのではなく、場面をイメージする習慣を身につけましょう。場面を絵に描いたり、○で整理したりすると理解しやすくなります。

まとめのテスト

じかん 20ぷん　とくてん /100てん　おわったら シールを はろう

きょうかしょ 90〜93ページ　こたえ 28ページ

1 えんぴつが 15ほん あります。8にんの こどもに 1ぽんずつ くばると、なんぼん のこりますか。 1つ20〔40てん〕

しき

こたえ（　　　）

2 よくでる しゃしんを とります。7きゃくの いすに ひとりずつ すわり、うしろに 4にん たちます。なんにんで しゃしんを とりますか。 1つ20〔40てん〕

しき

こたえ（　　　）

3 ひとりずつ じゅんに いすに すわって いきます。りんさんは まえから 9ばんめの いすに すわりました。りんさんの まえには なんにん すわって いますか。

〔20てん〕

（　　　）

□ばめんを いめえじする ことが できたかな？
□○を つかって かんがえる ことが できたかな？

べんきょうした日　　月　　日

まなびのワーク

おわったら シールを はろう

きょうかしょ　94～95ページ　　こたえ　28ページ

きほん1　しじを　だして　うごかすことが　できますか。

☆ うえに　すすむ と みぎに　すすむ を　つかって、□から ★を　うごかします。

❶ ★を　（パイナップル）に　うごかすには、㋐、㋑の　どちらの しじを　すれば　いいですか。

㋐
うえに　すすむ
うえに　すすむ
みぎに　すすむ

㋑
うえに　すすむ
みぎに　すすむ
みぎに　すすむ

（　　　　）

❷ つぎの　しじで、★は　どの　たべものの　ところに うごきますか。

うえに　すすむ
みぎに　すすむ
みぎに　すすむ
うえに　すすむ

（　　　　）

★を　いろいろな ところに　うごかして みよう。

おうちのかたへ　数を使って物の位置を表す方法を考えることで、プログラミング的思考力を養います。
１つの物の位置について、色々な表し方を考えてみましょう。

べんきょうした 日　月　日

かずの かぞえかた
かずの かきかた
きほんのワーク

もくひょう
20より 大(おお)きい かずの かぞえかたや かきかたを しろう。

おわったら シールを はろう

きょうかしょ 98～101ページ　こたえ 29ページ

きほん1 20より 大きい かずを かく ことが できますか。

☆  の かずを、すうじで かきましょう。

10が 2こで □

20と 3で にじゅうさんと いいます。

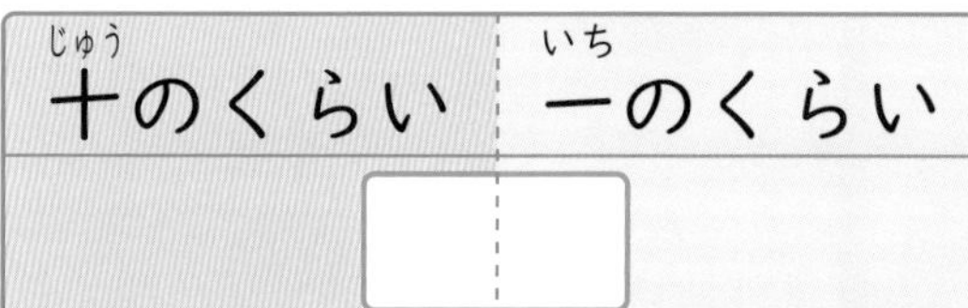

十(じゅう)のくらい	一(いち)のくらい
□	□

ちゅうい
10の たばの かずは 十のくらいに、ばらの かずは 一のくらいに かきましょう。

1 かずを すうじで かきましょう。 

きょうかしょ 100ページ1

❶ 

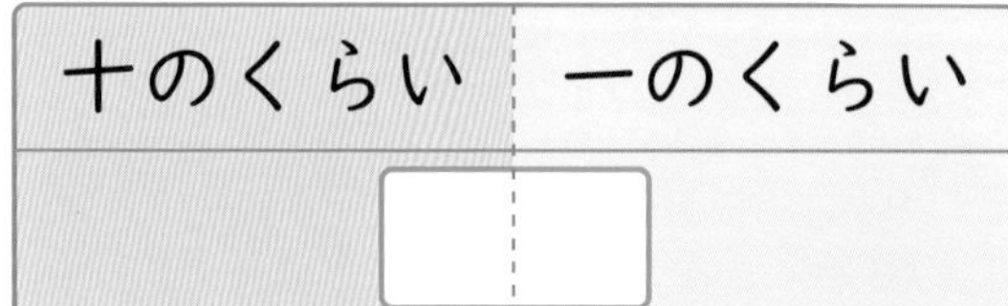

十のくらい	一のくらい
□	□

❷ 

十のくらい	一のくらい
□	□

2 かずを すうじで かきましょう。 

きょうかしょ 98～99ページ

❶ 

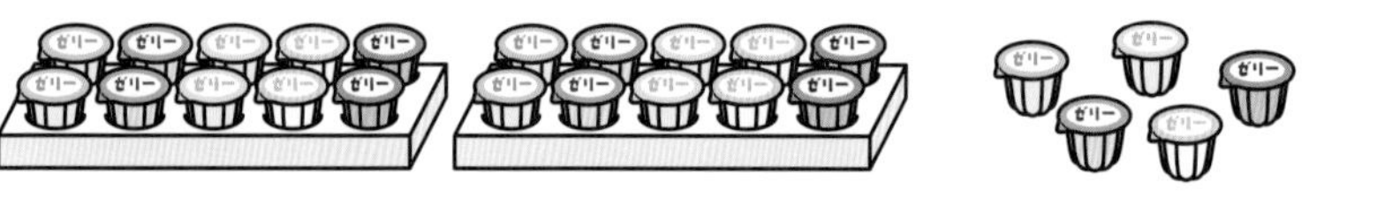

 こ

❷ 

 こ

さんすうはかせ
きみの すきな かずは なに？ にほんじんは むかしから 8と いう かずが すきだよ。かんじの 「八(はち)」が すえひろがりで えんぎが いいからなんだって。

きほん2 かずの しくみが わかりますか。

☆ □に はいる かずを かきましょう。

❶ 十のくらいが 3、一のくらいが 8の かずは □

❷ 10 が 7つと | が 3つで □

10の まとまりと
1が いくつかと
かんがえれば いいね。

十のくらい	一のくらい
7	3

3 □に はいる かずを かきましょう。

きょうかしょ 101ページ5

❶ 10が 2つと 1が 6つで □

❷ 10が 8つと 1が 1つで □

❸ 10が 4つで □

❹ 10が 9つで □

10の まとまりで
かんがえるんだね。

4 □に はいる かずを かきましょう。

きょうかしょ 101ページ7

❶ 43は 10が □ つと 1が □ つ

❷ 69は 10が □ つと 1が □ つ

❸ 70は 10が □ つ

❹ 80は 10が □ つ

❹も ❸と おなじように
かんがえるんだね。

おうちのかたへ

十進法の考えで数を表します。十のまとまりがいくつで、一がいくつあるかを考えます。
3❸❹、4❸❹は一がない(一の位が0になる)ので、少し難しいかもしれません。

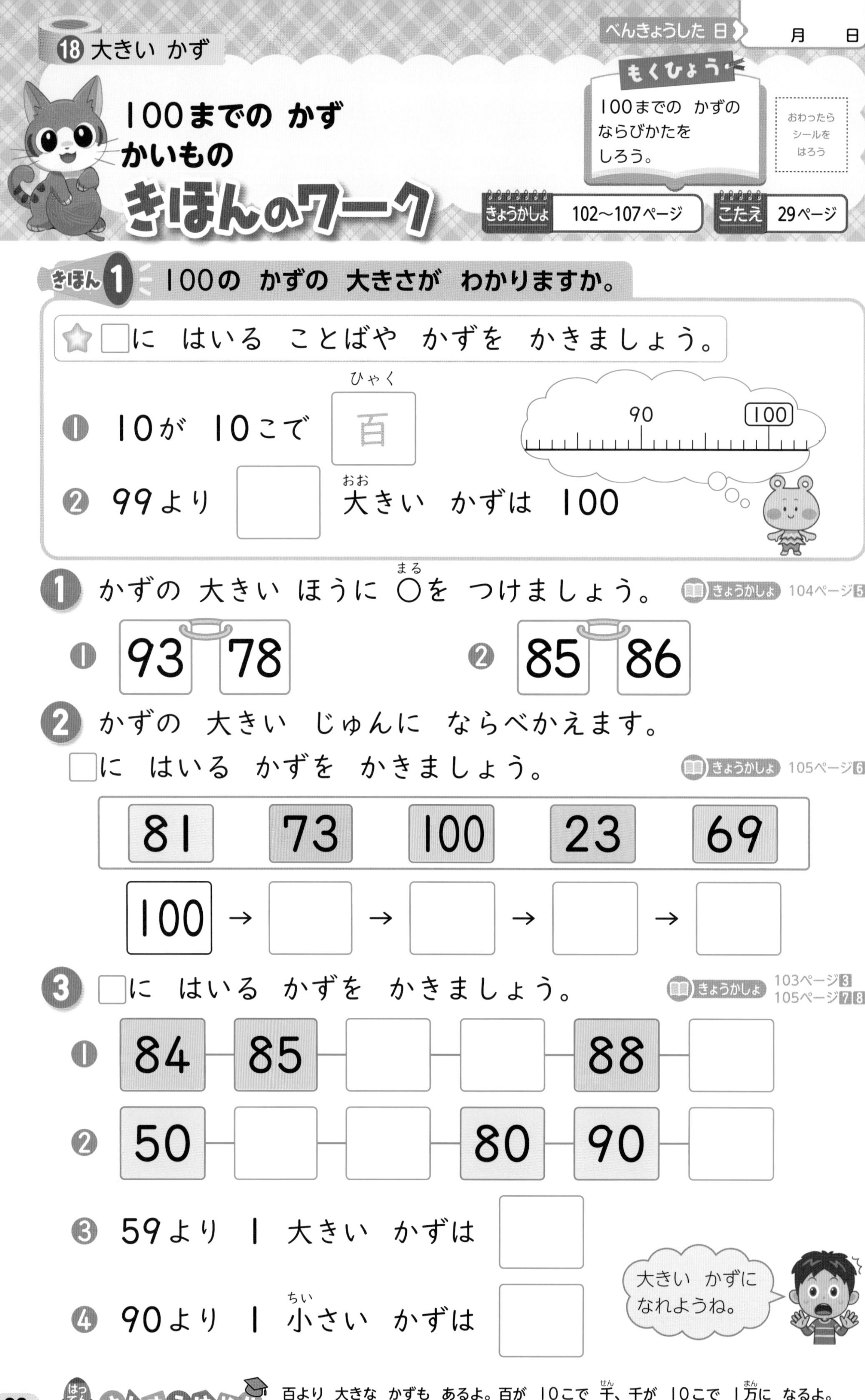

べんきょうした 日　月　日

100までの かず
かいもの
きほんのワーク

もくひょう
100までの かずの ならびかたを しろう。

おわったら シールを はろう

きょうかしょ 102〜107ページ　こたえ 29ページ

きほん 1 100の かずの 大きさが わかりますか。

☆ □に はいる ことばや かずを かきましょう。

❶ 10が 10こで 百（ひゃく）

❷ 99より □ 大（おお）きい かずは 100

1 かずの 大きい ほうに ○（まる）を つけましょう。 きょうかしょ 104ページ5

❶ 93 78　❷ 85 86

2 かずの 大きい じゅんに ならべかえます。
□に はいる かずを かきましょう。 きょうかしょ 105ページ6

81　73　100　23　69

100 → □ → □ → □ → □

3 □に はいる かずを かきましょう。 きょうかしょ 103ページ3 105ページ78

❶ 84 — 85 — □ — □ — 88 — □

❷ 50 — □ — □ — 80 — 90 — □

❸ 59より 1 大きい かずは □

❹ 90より 1 小（ちい）さい かずは □

はっでん さんすうはかせ 百より 大きな かずも あるよ。百が 10こで 千（せん）、千が 10こで 1万（まん）に なるよ。しって いるかな。

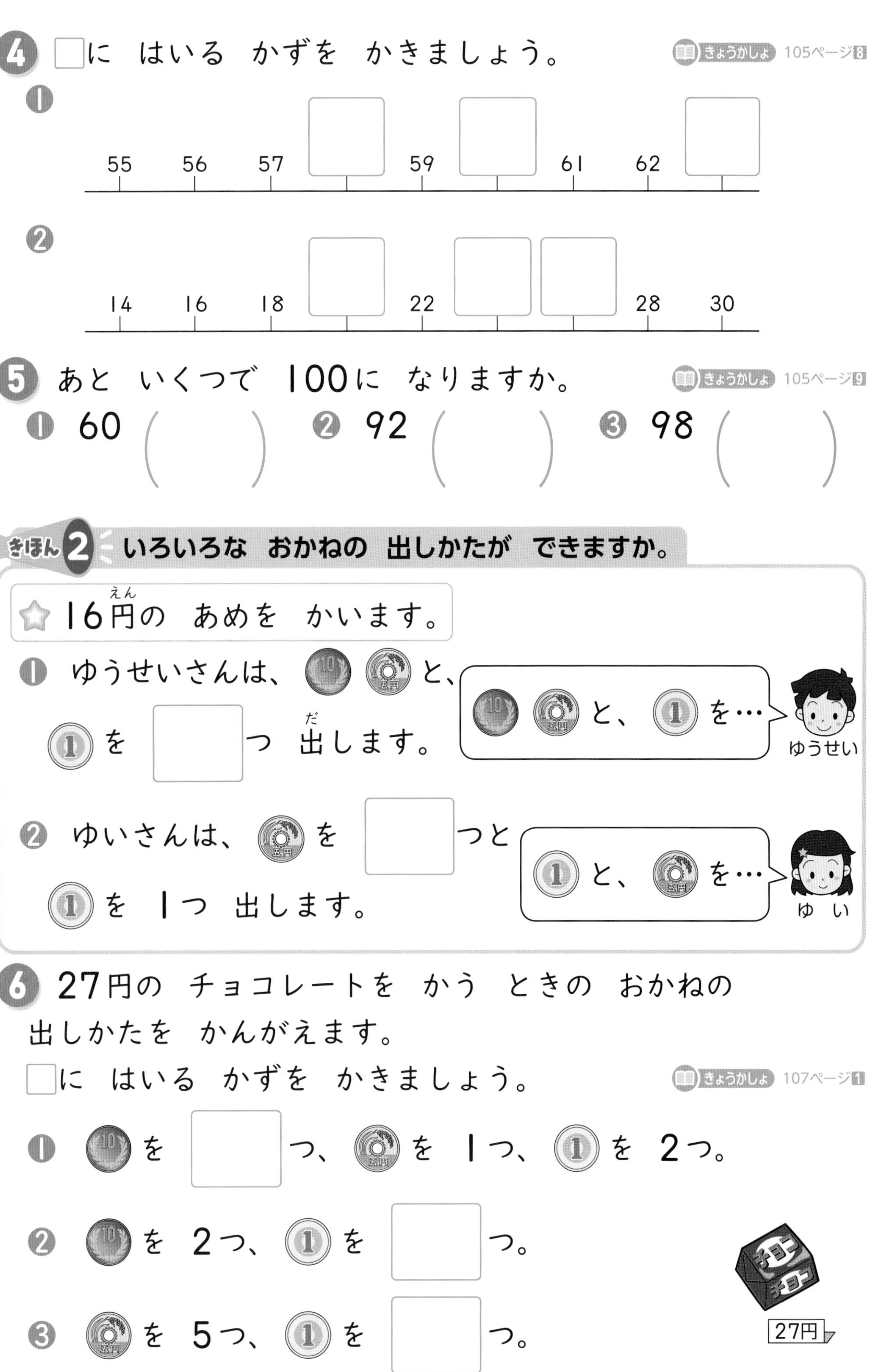

4 □に はいる かずを かきましょう。 きょうかしょ 105ページ8

❶ 55 56 57 □ 59 □ 61 62 □

❷ 14 16 18 □ 22 □ □ 28 30

5 あと いくつで 100に なりますか。 きょうかしょ 105ページ9

❶ 60（　　） ❷ 92（　　） ❸ 98（　　）

きほん2 いろいろな おかねの 出しかたが できますか。

☆ 16円の あめを かいます。

❶ ゆうせいさんは、10円と5円と、1円を □つ 出します。

❷ ゆいさんは、5円を □つと 1円を 1つ 出します。

6 27円の チョコレートを かう ときの おかねの 出しかたを かんがえます。
□に はいる かずを かきましょう。 きょうかしょ 107ページ1

❶ 10円を □つ、5円を 1つ、1円を 2つ。

❷ 10円を 2つ、1円を □つ。

❸ 5円を 5つ、1円を □つ。

おうちのかたへ 100までの数の並び方、数の大きさを学習します。数字では大きさを理解しづらいお子さんも、お金だとイメージがわきやすいようです。

べんきょうした 日　　月　　日

100を こえる かず

きほんのワーク

もくひょう

100を こえる かずの かきかたや 大(おお)きさを しろう。

おわったら シールを はろう

きょうかしょ 108〜109ページ　こたえ 30ページ

きほん 1 100を こえる かずの かきかたが わかりますか。

☆ なん本(ぼん) ありますか。

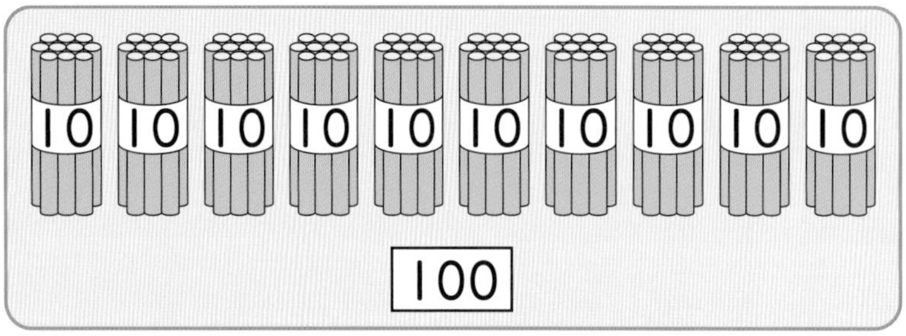

❶ ひゃく じゅうよん □　こたえ 114本(ほん)

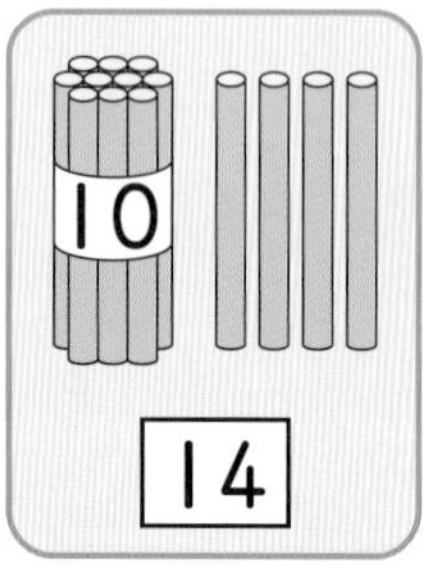

❷ ひゃく にじゅう □　こたえ 120本(ぽん)

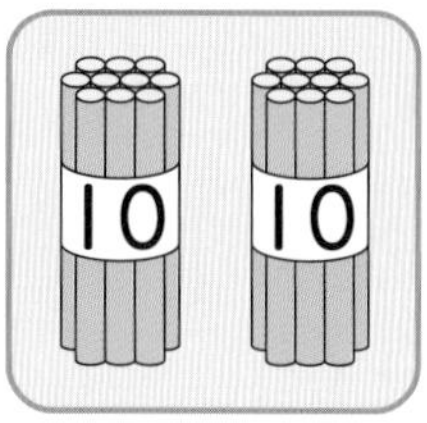

1 なんまい ありますか。　きょうかしょ 108ページ1

❶ 

□ まい

❷ □ まい

❸ □ まい

100より 大きい かずを かずのせんで みて みよう。かずのせんでは みぎに いくほど かずが 大きく なっていくよ。

きほん2 100より 大きい かずが わかりますか。

☆ すうじで かきましょう。

❶ 100より 15 大きい かず [ ]

❷ 110より 10 小さい かず [ ]

❸ 120より 3 大きい かず [ ]

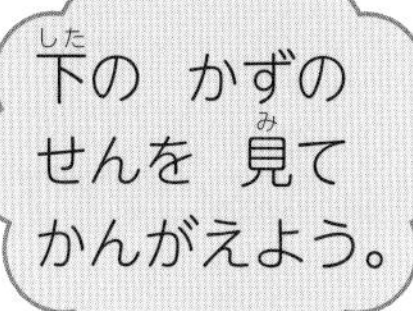

70 80 90 100 110 120

2 □に はいる かずを かきましょう。

きょうかしょ 109ページ2

81	82	83	84		86	87	88	89	90
91		93	94	95	96	97		99	
101	102	103	104	105		107	108	109	110
111		113	114	115	116	117		119	120
			124						

3 100円で、かえる ものは どれですか。

きょうかしょ 109ページ3

えんぴつ

68円

ノート

105円

のり
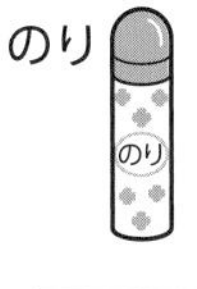

103円

けしゴム

58円

(　　　　)と (　　　　)の どちらか 1つ。

おうちのかたへ
100という数を学んだ上で、120程度までの数を学習していきます。数の線についても興味・関心を持つようにしましょう。2年生では、1000、10000を学習します。

1 かずの ならびかた □に はいる かずを かきましょう。

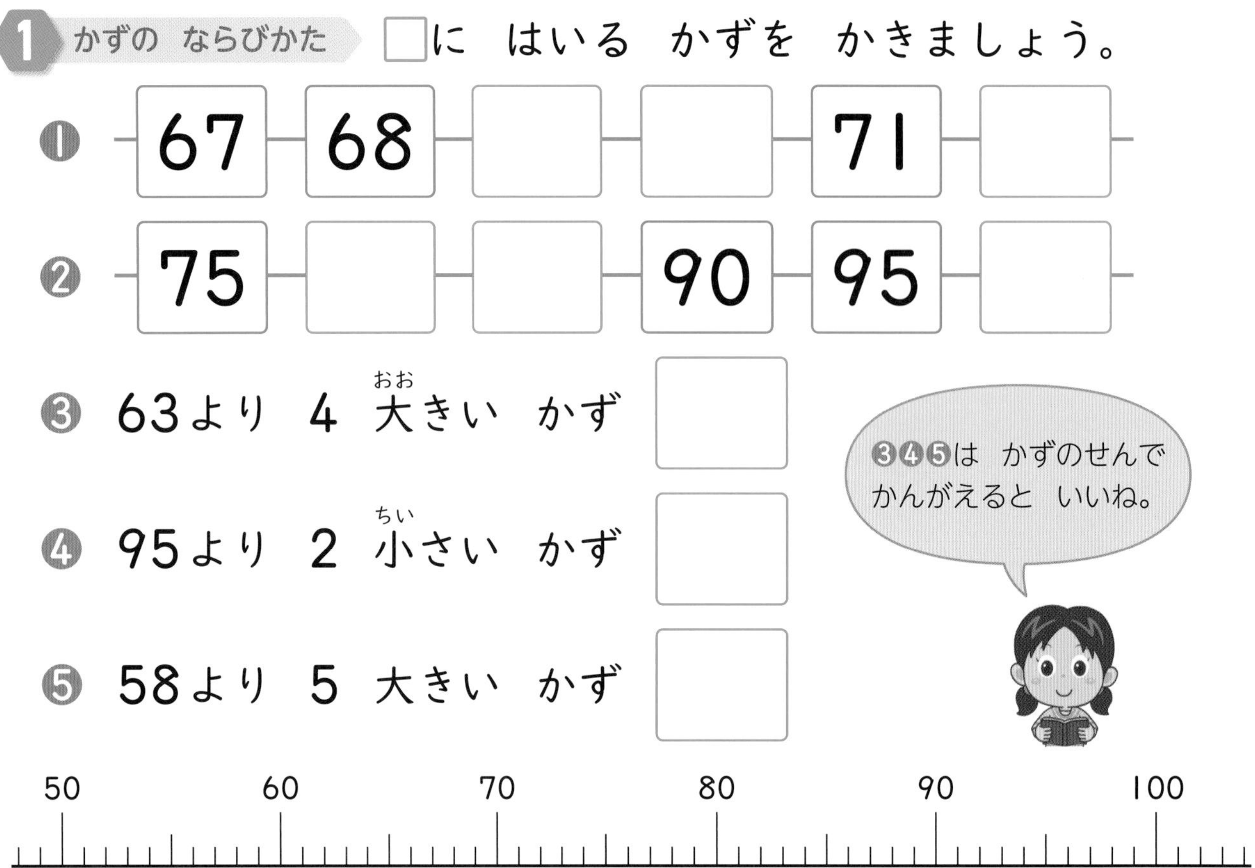

2 かずの 大きさ かずの 大きい じゅんに ならべかえます。
□に はいる かずを かきましょう。

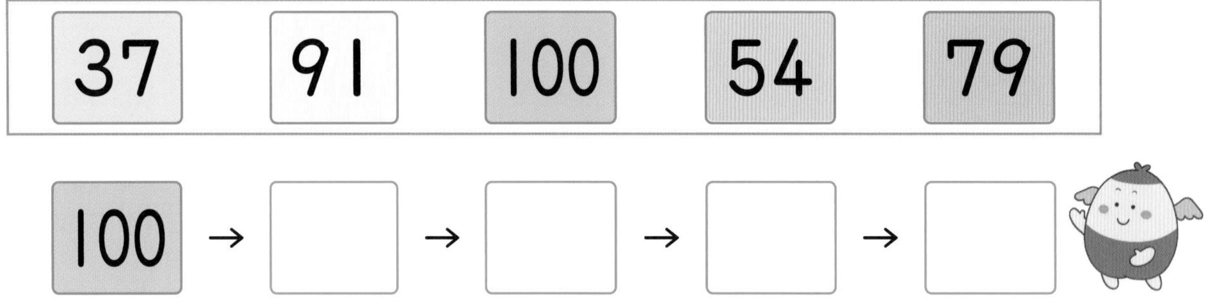

3 大きい かず 大きい ほうに ○を つけましょう。

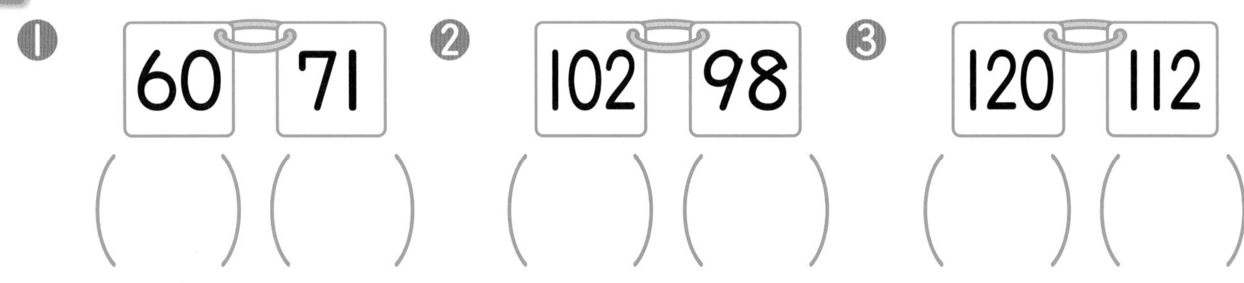

できるナビ 「63より 4 大きい かず」や「95より 2 小さい かず」は、かずのせんを 見ながら かんがえると いいよ。

まとめのテスト

きょうかしょ 98〜111ページ　こたえ 30ページ

じかん 20ぷん　とくてん /100てん　おわったら シールを はろう

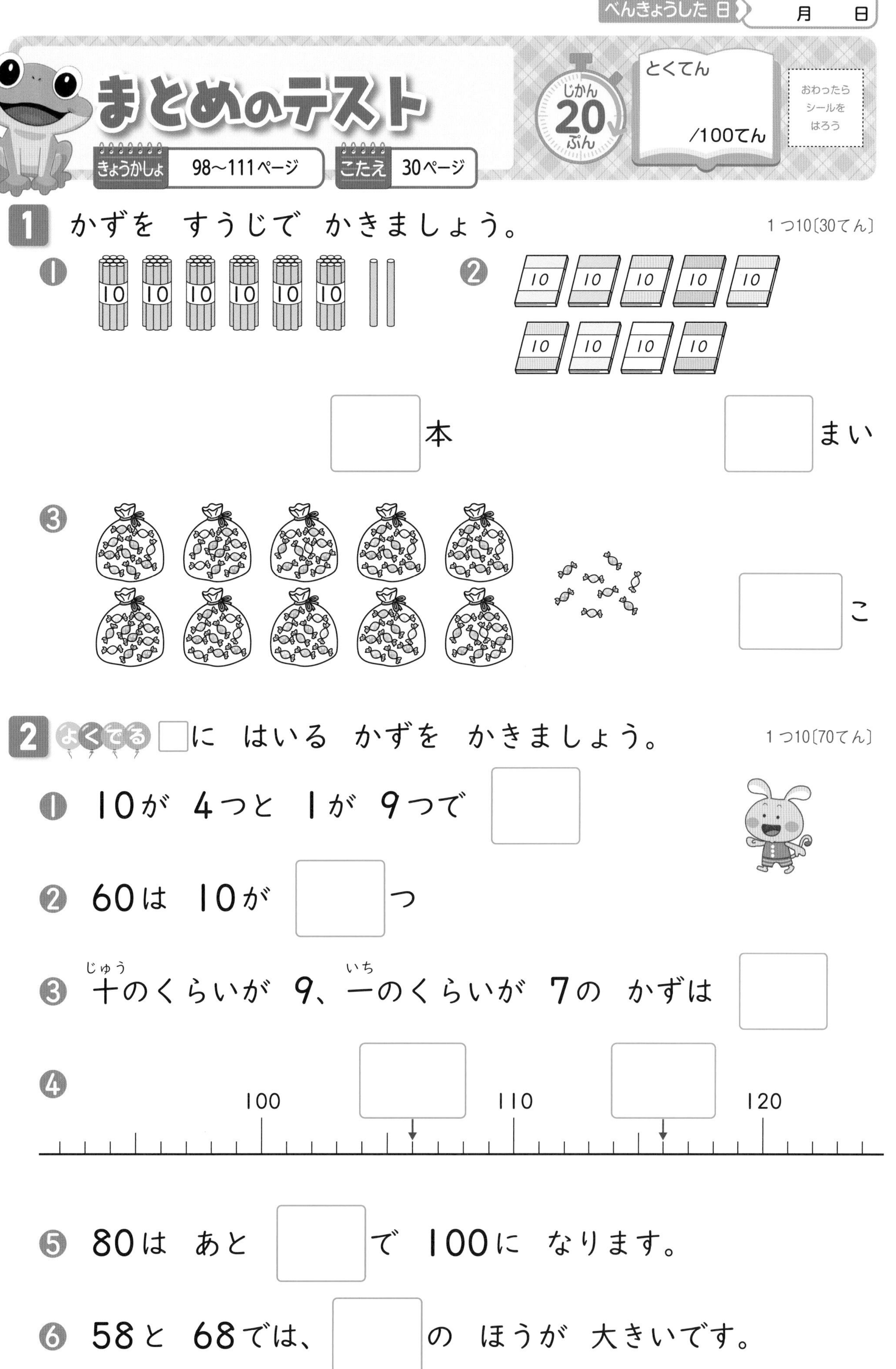

1 かずを すうじで かきましょう。 1つ10〔30てん〕

❶ □本

❷ □まい

❸ □こ

2 よくでる □に はいる かずを かきましょう。 1つ10〔70てん〕

❶ 10が 4つと 1が 9つで □

❷ 60は 10が □つ

❸ 十（じゅう）のくらいが 9、一（いち）のくらいが 7の かずは □

❹ 100　□　110　□　120

❺ 80は あと □で 100に なります。

❻ 58と 68では、□の ほうが 大きいです。

チェック
□20より 大きい かずを あらわす ことが できたかな？
□20より 大きい かずの ならびかたが わかったかな？

べんきょうした 日　月　日

なんじなんぷん
きほんのワーク

もくひょう
とけいの よみかた（なんじなんぷん）を しろう。

おわったら シールを はろう

きょうかしょ 112〜114ページ　こたえ 31ページ

きほん1 とけいの よみかたが わかりますか。

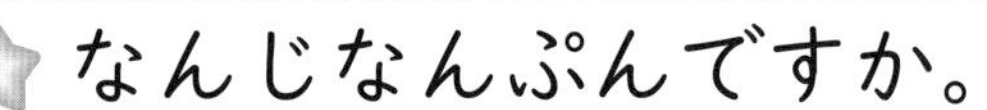
☆ なんじなんぷんですか。

みじかい はりが
7と 8の あいだ→7じ
ながい はりが 3→15ふん

［　］じ［　］ふん

みじかい はりで なんじ、
ながい はりで なんぷんを
よむんだね。

1 なんじなんぷんですか。

きょうかしょ 112ページ1 113ページ2 3

❶

みじかい はりが
3と 4の あいだ
だから…。

（　　　）

❷

ながい はりは
2から 2つ
すすんで…。

（　　　）

❸

はんの ことを
30ぷんとも
いうね！

（　　　）

❹

（　　　）

1じかんは 60ぷん、1ぷんは 60びょう（あとで ならうよ）。
びょうと ふんは、60ごとに いいかたが かわるね。

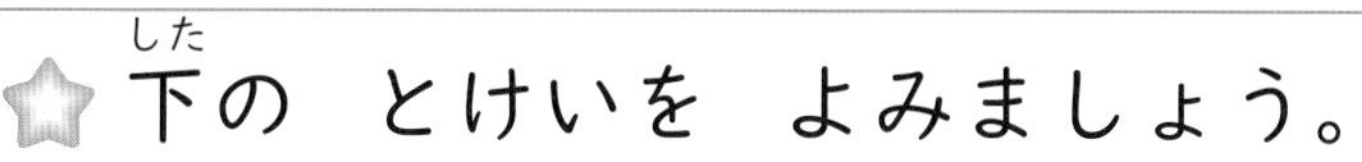

☆ 下(した)の とけいを よみましょう。

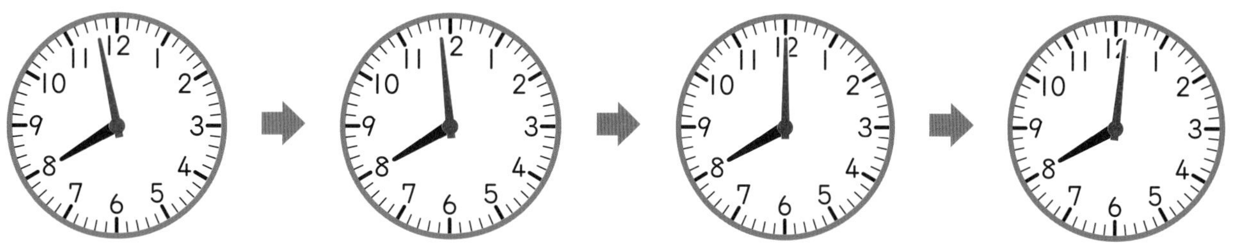

7じ □ ふん ➡ 7じ59ふん ➡ □ じ ➡ 8じ □ ぷん

ながい はりの
1目(め)もりは 1ぷんだよ。

1ぷんずつ
すすんで いるね。

2 なんじなんぷんですか。 きょうかしょ 114ページ5

1

2

(　　　　)　(　　　　)

3 おなじ ものを ●—● で むすびましょう。 きょうかしょ 114ページ6

4:10　4:50　5:50　10:25

おうちのかたへ　時計を何時何分まで読めるようにします。日常生活の中で、時計を見ることを習慣づけるようにしましょう。

べんきょうした 日　月　日

れんしゅうのワーク

きょうかしょ 112～114ページ　こたえ 31ページ

できた かず　/10もん 中

おわったら シールを はろう

1 とけいの よみかた　なんじなんぷんですか。

❶ ❷ ❸

(　　　)(　　　)(　　　)

2 とけいの はり　ながい はりを かきましょう。

❶ 1じ45ふん　❷ 9じ20ぷん　❸ 6じ3ぷん

3 なんじなんぷん　おなじ ものを ●―●で むすびましょう。

6:15　8:15　7:15　9:15

できるナビ　はりの ある とけいの ほかに、デジタルの とけいも あるよ。いろいろな とけいを よめるように なろう。

まとめのテスト

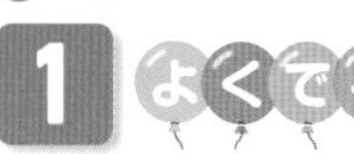

きょうかしょ 112～114ページ　こたえ 32ページ

とくてん　/100てん

おわったら シールを はろう

1 よくでる なんじなんぷんですか。

1つ10〔60てん〕

（　　　）　（　　　）

（　　　）　（　　　）

（　　　）　（　　　）

2 ながい はりを かきましょう。

1つ20〔40てん〕

❶ 3じ44ぷん　❷ 8じ7ふん

ふろくの「計算れんしゅうノート」27ページを やろう！

□ ながい はりで なんぷんが よめるように なったかな？
□ なんじなんぷんを よむ ことが できたかな？

べんきょうした 日　月　日

もくひょう
おなじ かずずつ わけて みよう。

おわったら シールを はろう

おなじ かずずつ

きょうかしょ 115ページ　こたえ 32ページ

きほん 1 わけかたが わかりますか。

☆ えんぴつが 6本(ぽん) あります。3人(にん)で おなじ かずずつ わけると、1人(ひとり)に なん本(ぼん)ずつですか。

1 ● を おいて かんがえます。

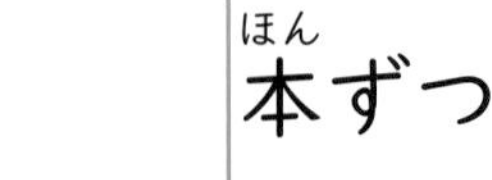

□ 本(ほん)ずつ

2 しきに かいて たしかめましょう。

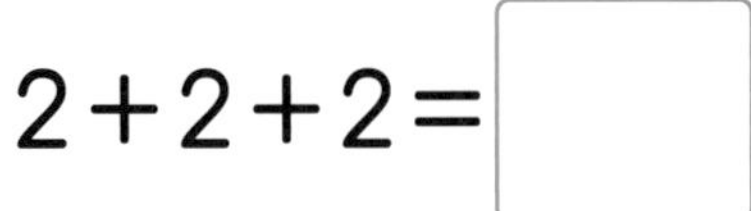

$2+2+2=$ □

1 いちごが 12こ あります。3人で おなじ かずずつ わけると、1人に なんこずつですか。 きょうかしょ 115ページ1

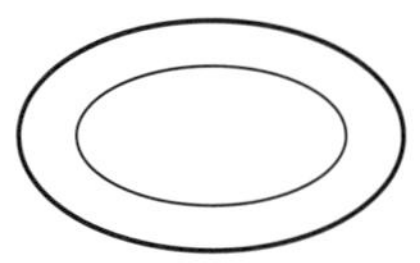
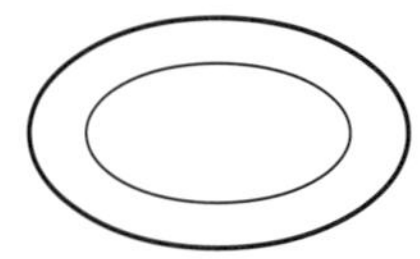
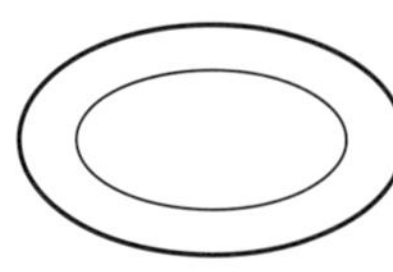

← えに かいて かんがえましょう。

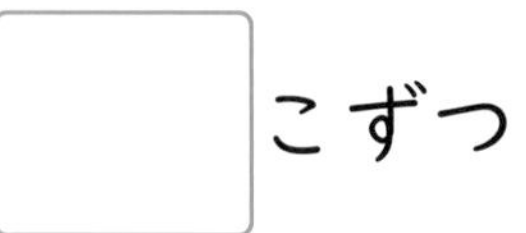

□ こずつ

2 ケーキが 8こ あります。 きょうかしょ 115ページ2

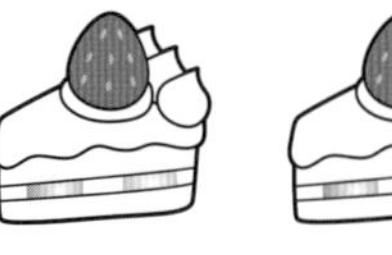

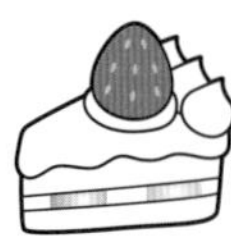

1人に 2こずつ わけると、なん人に わけられますか。

（ケーキを 2こずつ ○で かこみましょう。）

□ 人

おうちのかたへ
かけ算、わり算のもとになる学習です。
理解しづらいときには、ブロックなど具体物を使ってみましょう。

じかん 20ぷん

とくてん　　/100てん

おわったら シールを はろう

きょうかしょ 115ページ　こたえ 32ページ

1 よくでる りんごが 8こ あります。4人で おなじ かずずつ わけると、1人に なんこずつですか。〔20てん〕

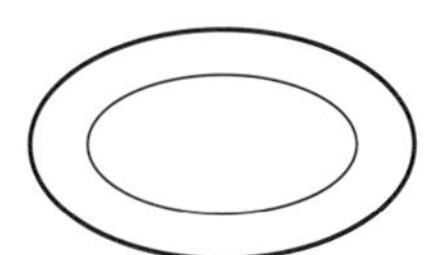

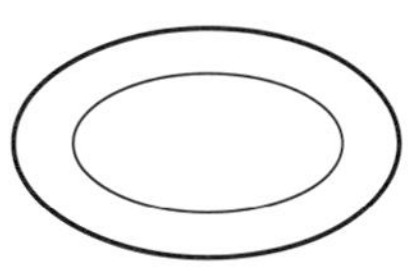

← えに かいて かんがえましょう。

(　　　)

2 よくでる クッキーが 10まい あります。1人に 2まいずつ わけると、なん人に わけられますか。〔20てん〕

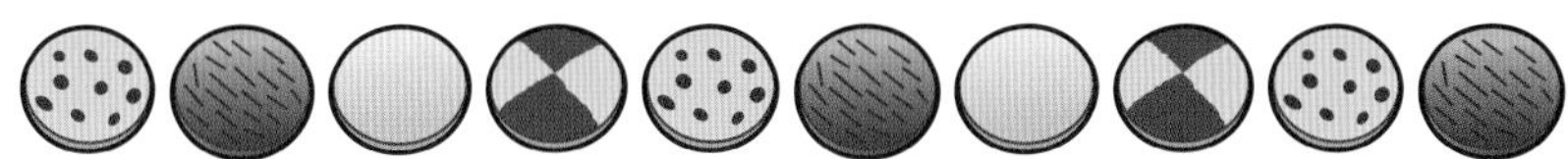

(　　　)

3 いろがみが 15まい あります。1人に 5まいずつ わけると、なん人に わけられますか。〔20てん〕

(　　　)

4 プリン 6こを おなじ かずずつ わけます。1つ20〔40てん〕

❶ 2人(ふたり)では 1人に なんこずつですか。

(　　　)

❷ 3人では 1人に なんこずつですか。

(　　　)

□おなじ かずずつ わける ことが できたかな？
□みんなで なかよく わける ことが できたかな？

べんきょうした 日　　月　　日

まなびのワーク たすのかな ひくのかな

おわったら シールを はろう

きょうかしょ 116～117ページ　こたえ 33ページ

きほん 1 しきの わけを かく ことが できますか。

☆ こうえんで、5人(にん)で あそんで いました。そこへ ともだちが 8人 きました。みんなで なん人に なりましたか。

❶ しきに かいて、こたえを もとめましょう。

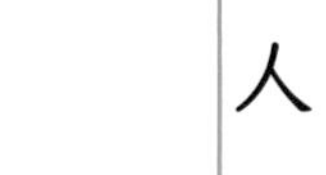

しき □ ＝ □　　こたえ □人

❷ □に はいる ことばや かずを かきましょう。

5＋8に なる わけは、はじめ □人 いて、

あとから □人 やって きて、□からです。

ことばを かこう。

1 たまごが 6こ ありました。あとから 7こ かって きました。ぜんぶで なんこに なりましたか。 きょうかしょ 116ページ1

❶ しきに かいて、こたえを もとめましょう。

しき □ ＝ □　　こたえ □こ

❷ □に はいる ことばや かずを かきましょう。

6＋7に なる わけは、はじめ □こ あって、

あとから □こ かって きて、□からです。

どんな ことばが はいるかな。

たしざんか ひきざんか わからない ときは、ブロックを つかったり ○(まる)を かいたり して かんがえると いいよ。

きほん2 たしざんか ひきざんか わかりますか。

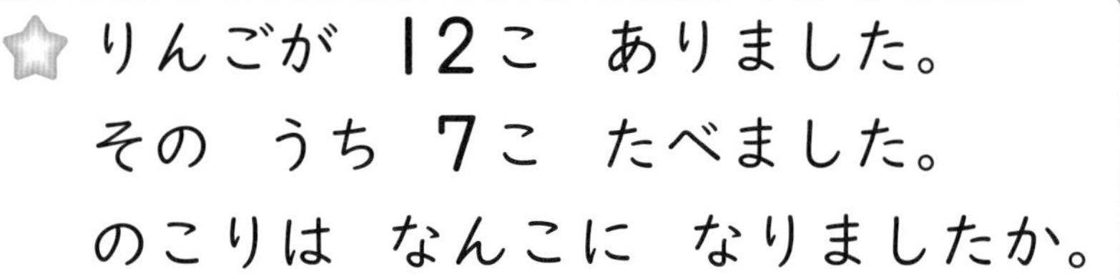

☆ りんごが 12こ ありました。
その うち 7こ たべました。
のこりは なんこに なりましたか。

❶ しきに かいて、こたえを もとめましょう。

しき ＿＿＿＿ = ＿＿

こたえ ＿＿ こ

❷ □に はいる ことばや かずを かきましょう。

12−7に なる わけは、はじめ ＿＿ こ あって、

その うち ＿＿ こ たべて、＿＿ からです。

（どんな ことばが はいるかな。）

2 青(あお)い えんぴつが 8本(ほん)、赤(あか)い えんぴつが 6本(ぽん) あります。

きょうかしょ 117ページ 2 3

❶ ぜんぶで なん本(ぼん) ありますか。

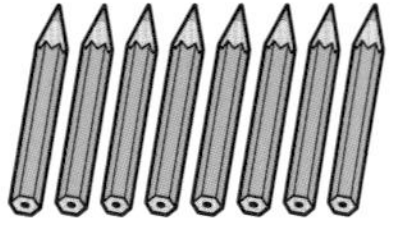

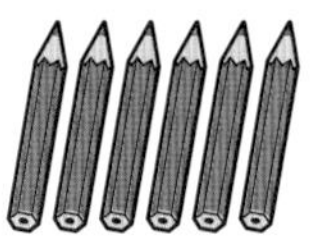

しき ＿＿＿＿

こたえ ＿＿ 本

❷ どちらが なん本 おおいですか。

しき ＿＿＿＿

こたえ ＿＿ い えんぴつが ＿＿ 本 おおい。

おうちのかたへ
これまで学習した、たし算、ひき算の応用問題です。
たし算とひき算のどちらを使うか、式をつくった理由もいえるようにしましょう。

べんきょうした 日　　月　　日

100までの かずの けいさん ［その1］

もくひょう
100までの かずの たしざん、ひきざんを しよう。

おわったら シールを はろう

きほんのワーク

きょうかしょ 120～121ページ　こたえ 34ページ

きほん1 なん十の けいさんが できますか。

☆ たしざんと ひきざんを しましょう。

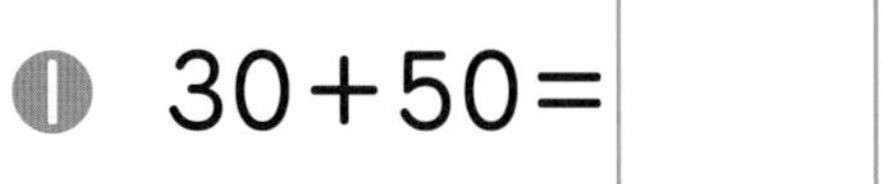

❶ 30＋50＝□

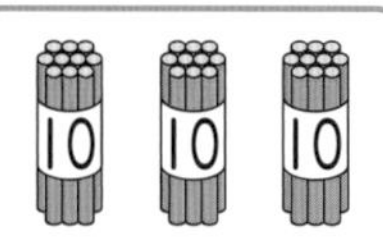
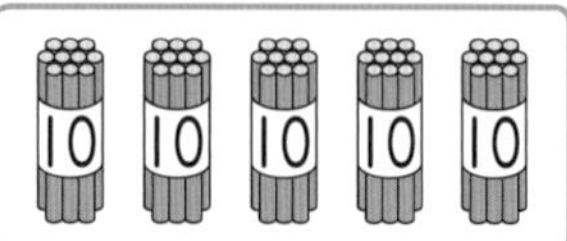

❷ 80－30＝□

1 たしざんを しましょう。

きょうかしょ 120ページ2

❶ 30＋20＝□　❷ 20＋50＝□

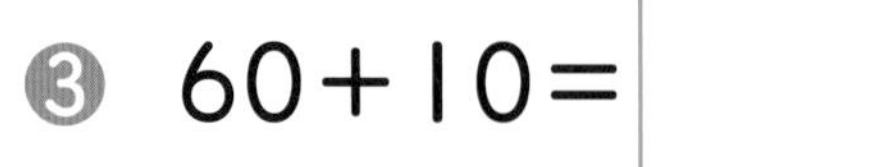

❸ 60＋10＝□　❹ 50＋30＝□

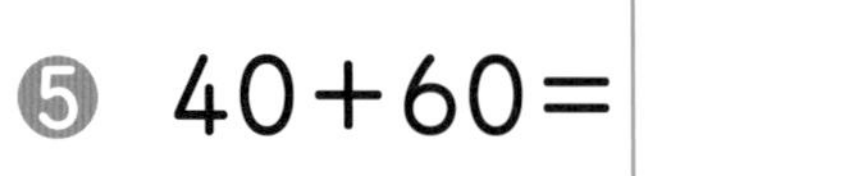

❺ 40＋60＝□　❻ 30＋70＝□

2 ひきざんを しましょう。

きょうかしょ 120ページ4

❶ 40－10＝□　❷ 60－20＝□

❸ 30－10＝□　❹ 50－30＝□

❺ 80－60＝□　❻ 90－40＝□

❼ 100－20＝□　❽ 100－50＝□

さんすうはかせ
10の まとまりを つかって かんがえて みよう。
30＋20は、10の まとまりが 3つと 2つだから、あわせて 5つだね。

きほん 2 大きい かずの けいさんが できますか。

☆ たしざんと ひきざんを しましょう。

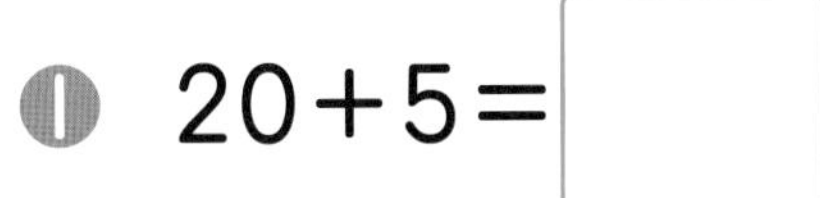

❶ $20+5=$ □

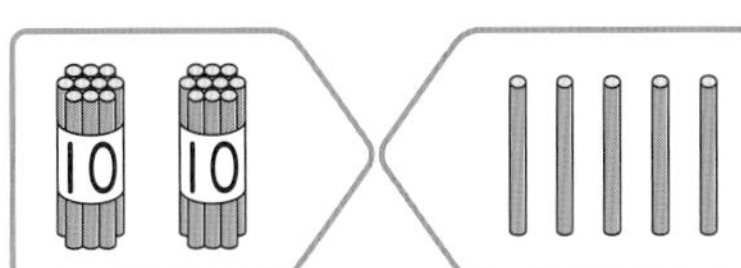

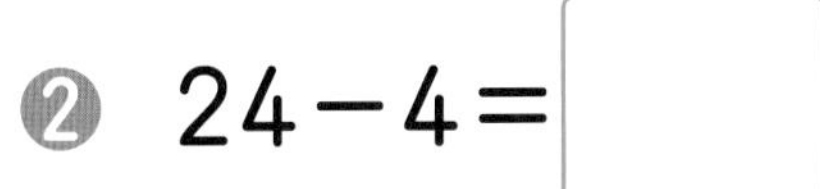

❷ $24-4=$ □

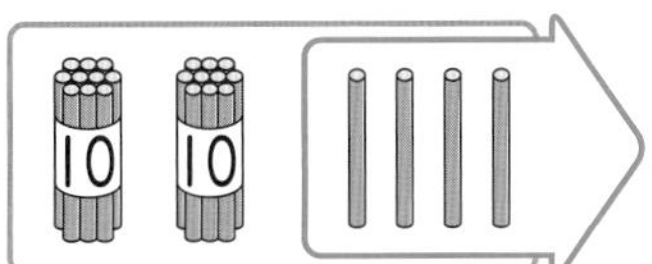

3 たしざんを しましょう。

きょうかしょ 121ページ6

❶ $20+4=$ □　　❷ $30+7=$ □

❸ $60+5=$ □　　❹ $50+6=$ □

❺ $40+2=$ □　　❻ $90+3=$ □

❼ $80+4=$ □　　❽ $70+7=$ □

4 ひきざんを しましょう。

きょうかしょ 121ページ8

❶ $28-8=$ □

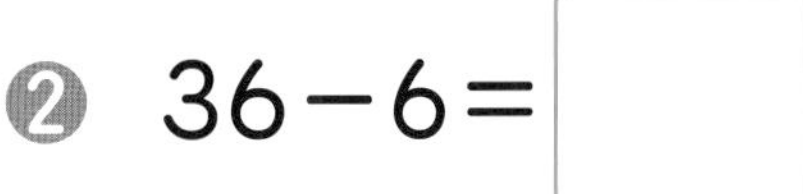

❷ $36-6=$ □

❸ $52-2=$ □　　❹ $43-3=$ □

❺ $67-7=$ □　　❻ $84-4=$ □

❼ $71-1=$ □　　❽ $99-9=$ □

おうちのかたへ
2けたのたし算、ひき算を学習します。
10のまとまりで計算できる(何十)±(何十)の計算をきちんと理解することが大切です。

べんきょうした 日　　月　　日

100までの かずの けいさん [その2]

もくひょう
100までの かずの たしざん、ひきざんを しよう。

おわったら シールを はろう

きほんのワーク

きょうかしょ 122～123ページ　こたえ 34ページ

きほん 1 大きい かずの けいさんが できますか。

☆ たしざんと ひきざんを しましょう。

❶ 24＋3＝□

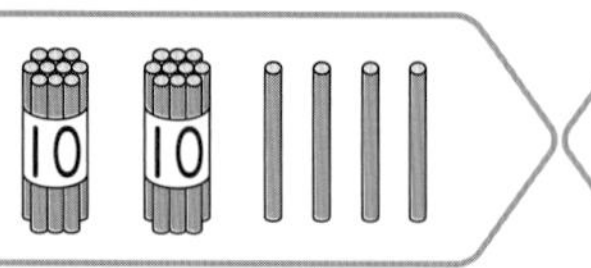

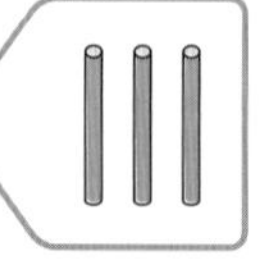

❷ 28－4＝□

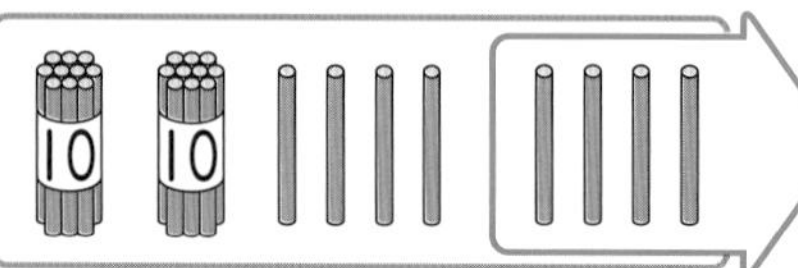

1 たしざんを しましょう。

きょうかしょ 122ページ10

❶ 21＋5＝□　❷ 85＋2＝□

❸ 46＋2＝□　❹ 51＋7＝□

❺ 73＋6＝□　❻ 92＋1＝□

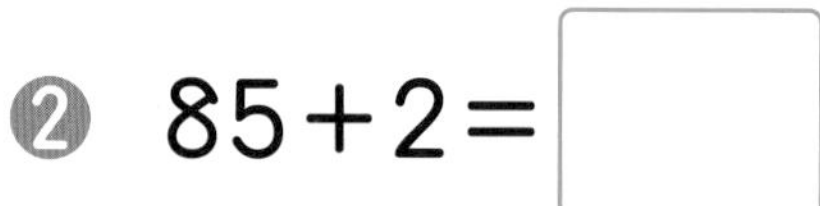

2 ひきざんを しましょう。

❶ 29－7＝□　❷ 38－3＝□

❸ 75－2＝□　❹ 48－5＝□

❺ 57－4＝□　❻ 69－6＝□

❼ 89－8＝□　❽ 96－4＝□

おうちのかたへ
たし算やひき算の筆算は、2年生で学習します。
ここでは、10のまとまりと1とに分けて考えます。

まとめのテスト

きょうかしょ 120〜123ページ　こたえ 35ページ

とくてん /100てん

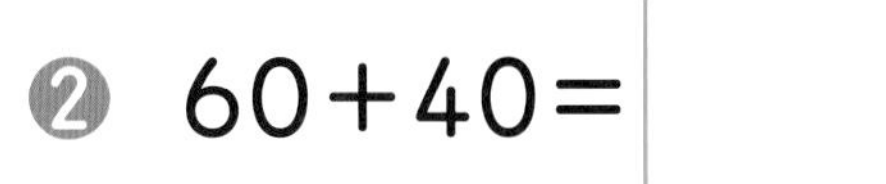

1 よくでる けいさんを しましょう。　1つ5〔60てん〕

❶ 70+20=
❷ 60+40=
❸ 40−20=
❹ 90−30=
❺ 30+2=
❻ 70+4=
❼ 63−3=
❽ 49−9=
❾ 45+4=
❿ 31+8=
⓫ 79−1=
⓬ 97−2=

2  と  で、あわせて なん円(えん)ですか。　1つ10〔20てん〕

しき

こたえ (　　　)

3 よくでる 赤(あか)い いろがみが 48まい、きいろい いろがみが 6まい あります。赤い いろがみの ほうが なんまい おおいですか。　1つ10〔20てん〕

しき

こたえ (　　　)

べんきょうした 日　月　日

おおい ほう すくない ほう

きほんのワーク

もくひょう
おおい すくないを しきに あらわして かんがえてみよう。

おわったら シールを はろう

きょうかしょ 124〜125ページ　こたえ 35ページ

きほん1 かずの ちがいを しきに あらわせますか。

☆ たまいれを しました。赤(あか)ぐみは 7こ はいりました。白(しろ)ぐみは、それより 2こ おおかったそうです。白ぐみは なんこ はいりましたか。

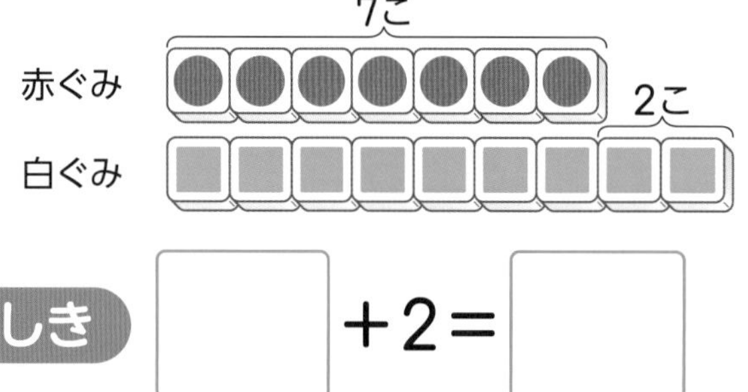

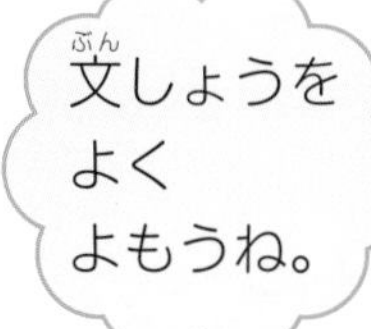

しき □+2=□　　こたえ □こ

1 ゆいさんは あめを 6こ もって います。けんとさんは、ゆいさんより 3こ おおく もって います。けんとさんは なんこ もって いますか。

きょうかしょ 124ページ 1 2

しき □+□=□　　こたえ □こ

2 赤い チューリップが 13本(ぼん) さいて います。きいろい チューリップは、それより 5本(ほん) すくないそうです。きいろい チューリップは なん本 さいて いますか。

きょうかしょ 125ページ 3 4

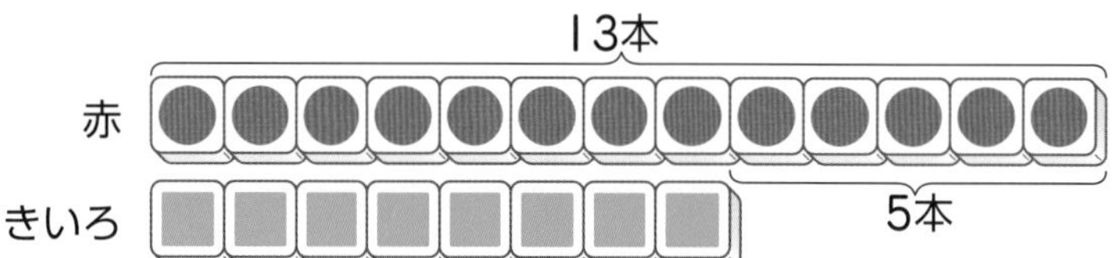

しき □　　こたえ □本

おうちのかたへ
差を使って、大きい方を求める（求大）と、小さい方を求める（求小）を学びます。場面をイメージし、式にかいて求められるようにしましょう。

1 よくでる　みかんを　9こ　かいました。りんごは、みかんより　3こ　すくなかったそうです。りんごは　なんこ　かいましたか。

1つ15〔30てん〕

しき

こたえ（　　　　）

2 わなげを　しました。れなさんは　5こ　いれました。たいがさんは、れなさんより　6こ　おおかったそうです。たいがさんは　なんこ　いれましたか。

1つ15〔30てん〕

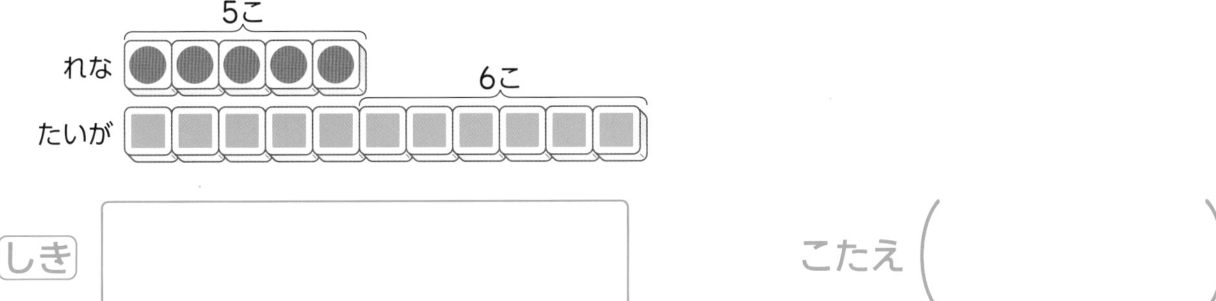

しき　　　　　こたえ（　　　　）

3 おりがみを　おって　いました。そうまさんは　なんこ　おりましたか。

1つ20〔40てん〕

しき　　　　　こたえ（　　　　）

- □かずの　ちがいを　しきに　あらわす　ことが　できたかな？
- □文を　よく　よんで　しきに　あらわす　ことが　できたかな？

べんきょうした 日　月　日

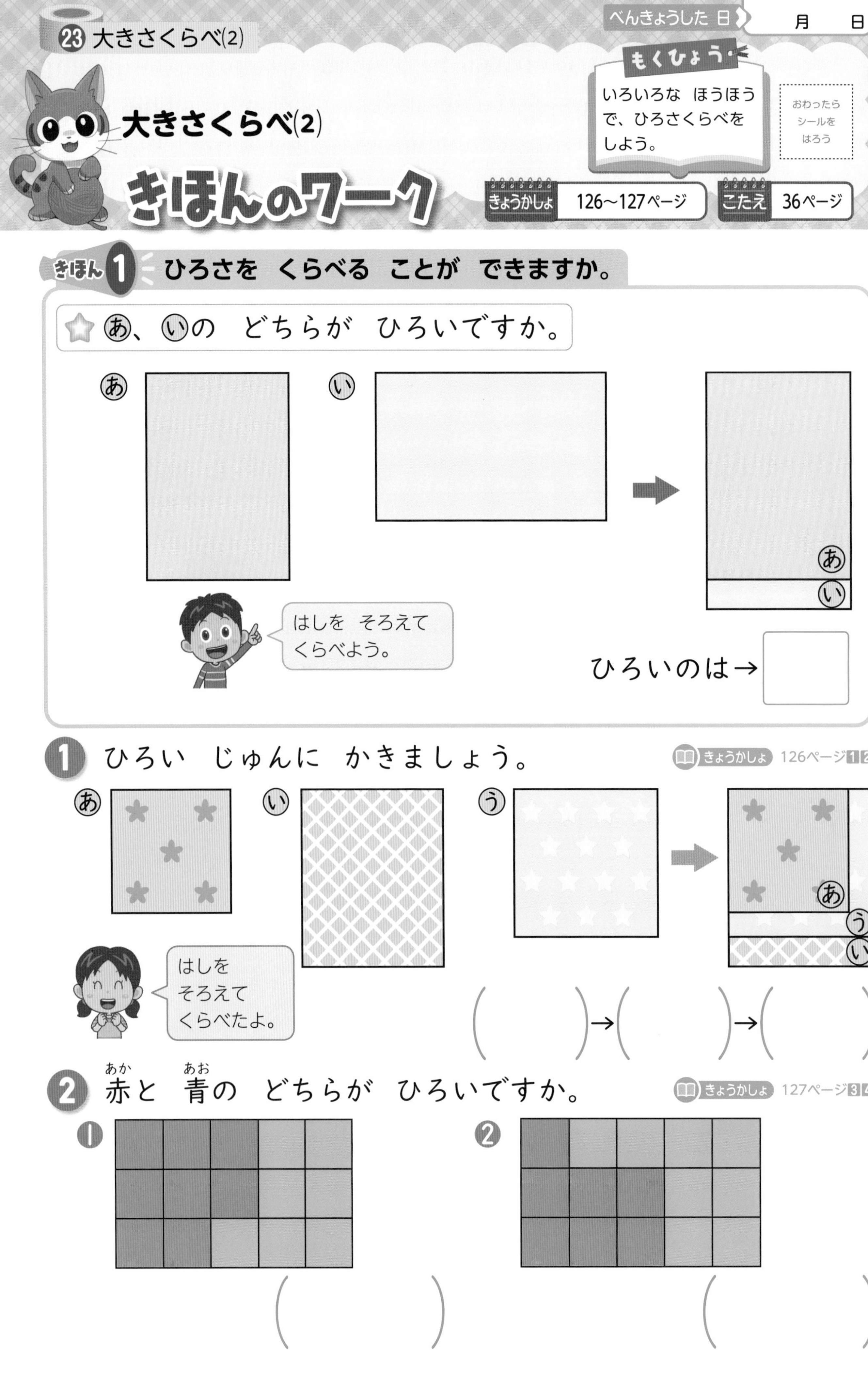

おうちのかたへ　広さ（面積）について学習します。シートやハンカチなどを重ねて比べる方法と、ますの数を数えて比べる方法を学びます。

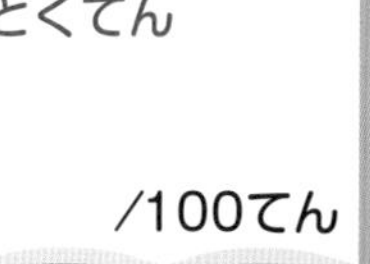

とくてん　　/100てん

おわったら シールを はろう

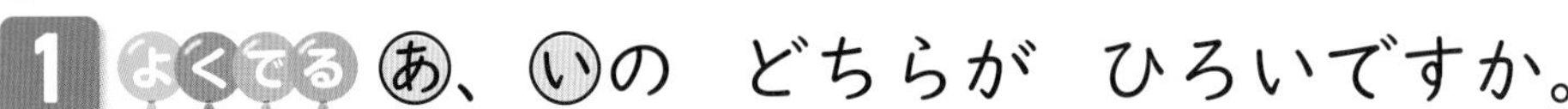

1 よくでる あ、いの　どちらが　ひろいですか。　1つ20〔40てん〕

① あ

い

(　　　　)

② あ

い

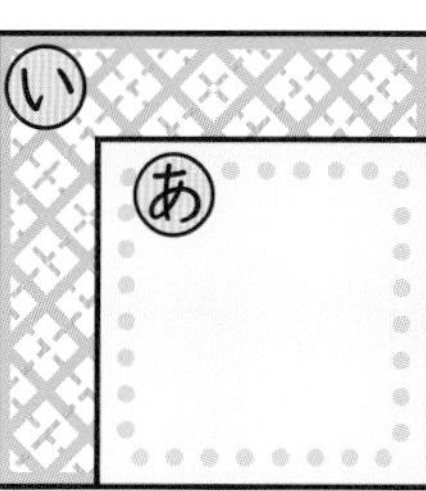

(　　　　)

2 あ、いの　どちらが　ひろいですか。　〔20てん〕

あ

い

(　　　　)

3 赤と　青の　どちらが　ひろいですか。　1つ20〔40てん〕

①

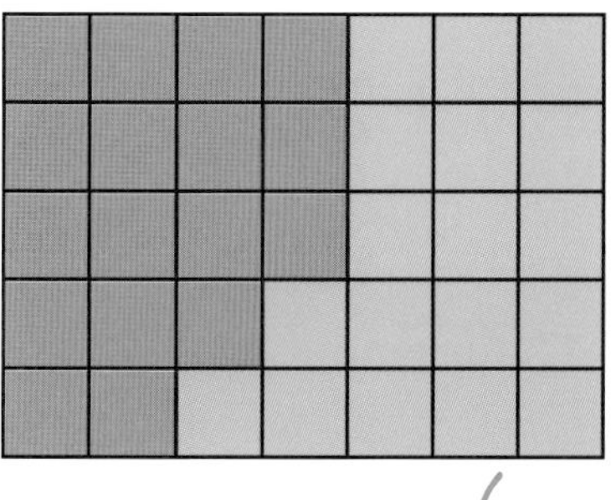

(　　　　)

②

(　　　　)

□ひろさくらべを　する　ことが　できたかな？
□ますの　いくつぶんで　くらべる　ことが　できたかな？

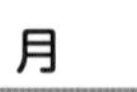

● もう すぐ 2年生

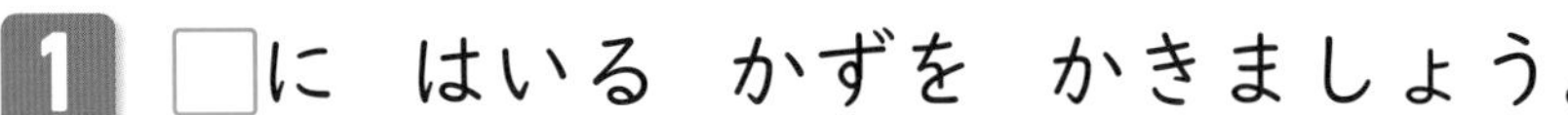

じかん 20ぷん

とくてん　/100てん

おわったら シールを はろう

まとめのテスト①

1 □に はいる かずを かきましょう。　1つ4〔8てん〕

❶ 10が 4つと 1が 8つで □

❷ 10が 10こで □

2 □に はいる かずを かきましょう。　1つ4〔24てん〕

❶

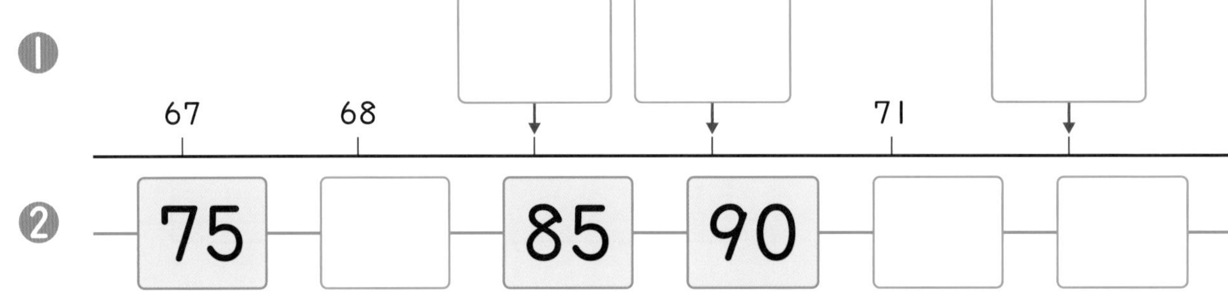

❷ 75 — □ — 85 — 90 — □ — □

3 大（おお）きい ほうに ○（まる）を つけましょう。　1つ4〔8てん〕

❶ 26　32　　❷ 101　110

4 けいさんを しましょう。　1つ5〔60てん〕

❶ 5+7=□　　❷ 9−3=□

❸ 8+0=□　　❹ 16−9=□

❺ 7+3+8=□　　❻ 15−5−3=□

❼ 11+2−5=□　　❽ 10−7+2=□

❾ 13+4=□　　❿ 88−8=□

⓫ 70+30=□　　⓬ 100−40=□

□かずの　大きさが　わかったかな？
□たしざんと　ひきざんが　できたかな？

じかん 20ぷん

とくてん　　/100てん

おわったら シールを はろう

きょうかしょ 132～133ページ　こたえ 37ページ

1 どちらが　ながいですか。〔15てん〕

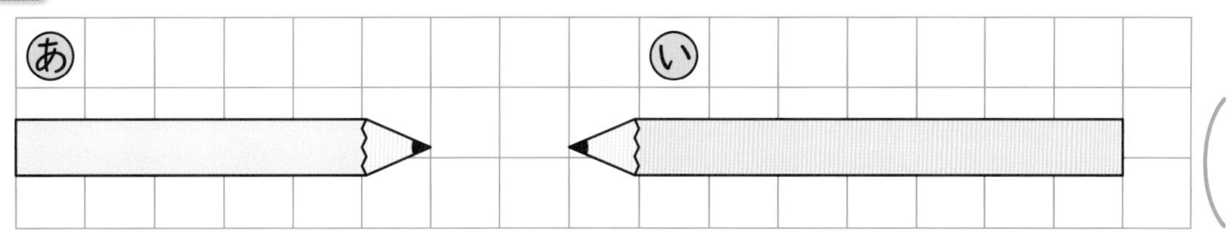

(　　　　)

2 どちらが　おおく　はいりますか。〔15てん〕

あ  

い  

(　　　　)

3 赤(あか)と　青(あお)の　どちらが　ひろいですか。〔20てん〕

(　　　　)

4 とけいを　よみましょう。1つ15〔30てん〕

❶ 

(　　　　)

❷ 

(　　　　)

5 (三角形)を　なんまい　つかうと　できますか。1つ10〔20てん〕

❶ (　　　)まい

❷ (　　　)まい

□大きさくらべを　する　ことが　できたかな？
□とけいの　よみかたが　わかったかな？

べんきょうした 日　　月　　日

まとめのテスト③

きょうかしょ 134～135ページ　こたえ 37ページ

じかん 20ぷん　とくてん　/100てん　おわったら シールを はろう

1 なわとびで　あおいさんは　30かい　とびました。
おにいさんは、あおいさんより　9かい　おおく　とびました。
おにいさんは　なんかい　とびましたか。　1つ15〔30てん〕

しき

こたえ　□かい

2 はやとさんは　おこづかいを　100円（えん）　ためようと
して　います。いままでに　70円　ためました。
あと　なん円　ためれば　よいですか。　1つ20〔40てん〕

しき 

こたえ　□円

3 カルタとりを　しました。ももかさんは　25まい
とりました。りくさんは、それより　4まい　すくなかった
そうです。りくさんは　なんまい　とりましたか。　1つ15〔30てん〕

しき

こたえ　□まい

ふろくの「計算れんしゅうノート」28・29ページを　やろう！

□もんだいを　よく　よんで　しきが　つくれたかな？
□たしざんと　ひきざんの　どちらを　つかうか　わかったかな？

●べんきょうした日　　月　　日

実力はんていテスト 夏休みのテスト②

なまえ　　とくてん　　/100てん

おわったら シールを はろう

きょうかしょ　㋜10〜48ページ 2〜27ページ　こたえ　38ページ

1 たしざんを　しましょう。　1つ5〔30てん〕

❶ 4＋3＝□

❷ 5＋4＝□

❸ 1＋6＝□

❹ 9＋1＝□

❺ 3＋7＝□

❻ 2＋6＝□

2 ひきざんを　しましょう。　1つ5〔30てん〕

❶ 7－3＝□

❷ 9－2＝□

❸ 6－5＝□

❹ 10－3＝□

❺ 8－4＝□

❻ 7－1＝□

3 おなじ　かたちの　なかまを　•—•で　むすびましょう。　〔10てん〕

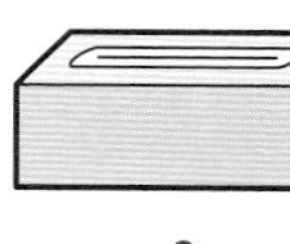
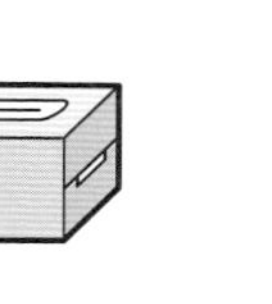

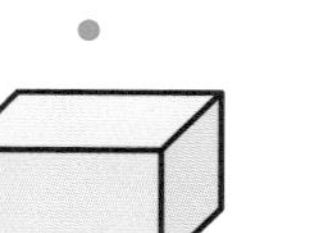
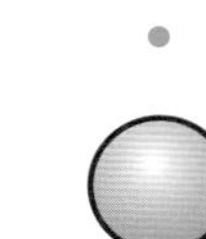

4 あかい　はなが　3ぼん、きいろい　はなが　5ほん　さいて　います。はなは　ぜんぶで　なんぼん　さいて　いますか。　しき10・こたえ5〔15てん〕

しき

こたえ（　　　）

5 あかい　おりがみが　8まい　あります。みどりの　おりがみが　6まい　あります。あかの　ほうが　なんまい　おおいですか。　しき10・こたえ5〔15てん〕

しき

こたえ（　　　）

夏休み（なつやす）のテスト（てすと）①

じかん 30ぷん

なまえ　　　とくてん　　/100てん

おわったら シールを はろう

きょうかしょ　す10〜48ページ　2〜27ページ　こたえ　38ページ

1 えを　みて、かずを　かきましょう。　1つ5〔10てん〕

□は □こ、□は □ぽん

2 □に　はいる　かずを　かきましょう。　1つ5〔20てん〕

❶ 1 — □ — 3 — □ — 5 — 6

❷ 10 — 9 — □ — 7 — □ — 5

3 かずの　おおきい　ほうに　○を　かきましょう。　1つ5〔20てん〕

❶ ●●●●●● ・ ●●●　（　）（　）

❷ ●●●●●●● ・ ●●●●●●●●●　（　）（　）

❸ 6 ・ 7　（　）（　）

❹ 8 ・ 5　（　）（　）

4 ⬭で　かこみましょう。　1つ5〔10てん〕

❶ まえから　3にん

まえ         うしろ

❷ まえから　3ばんめ

まえ 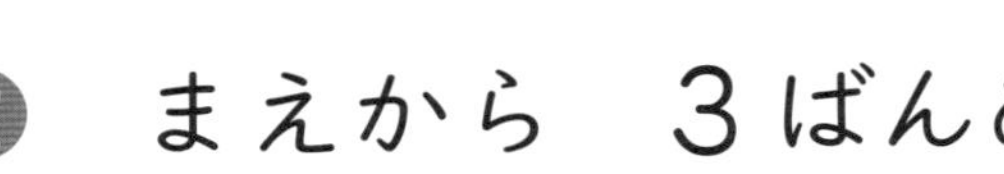         うしろ

5 □に　はいる　かずを　かきましょう。　1つ5〔40てん〕

❶ 7は 2と □

❷ 6は □と 4

❸ 2と □で 8

❹ □と 7で 10

❺ 9は 3と □

❻ 10は □と 6

❼ 4と □で 9

❽ □と 5で 8

●べんきょうした 日　　月　　日

実力はんていテスト

冬休み(ふゆやす)のテスト(てすと)①

じかん 30ぷん

なまえ　　とくてん　　/100てん

おわったら シールを はろう

きょうかしょ 30〜93ページ　こたえ 38ページ

1 かずを　すうじで　かきましょう。　1つ5〔10てん〕

❶

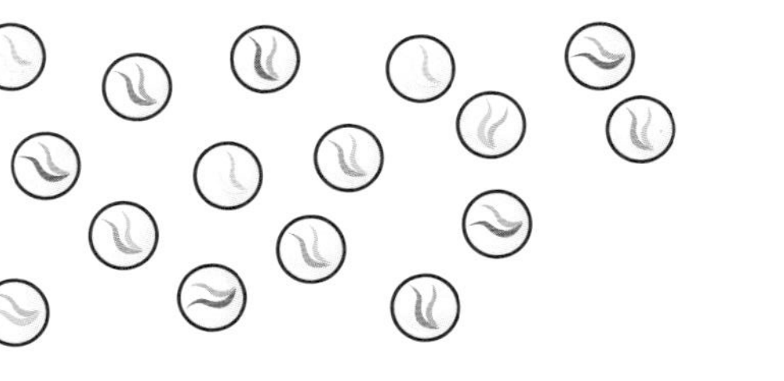

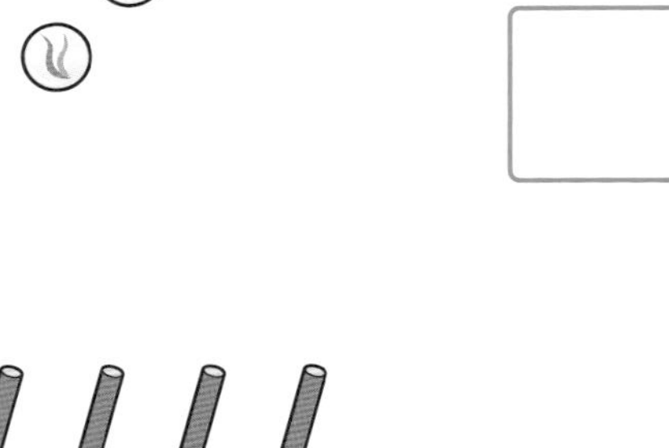

□こ

❷

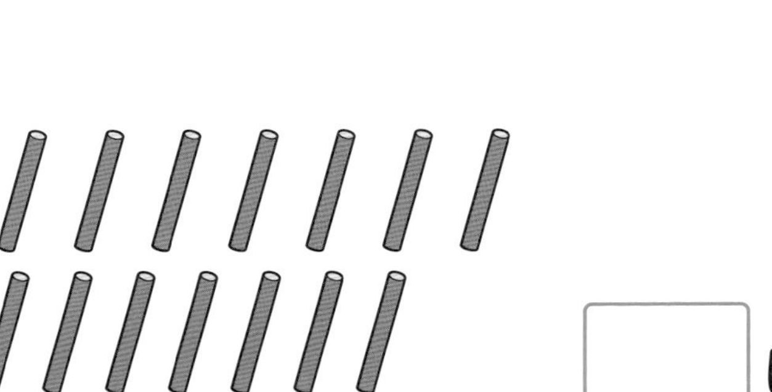

□ほん

2 なんじですか。なんじはんですか。　1つ10〔20てん〕

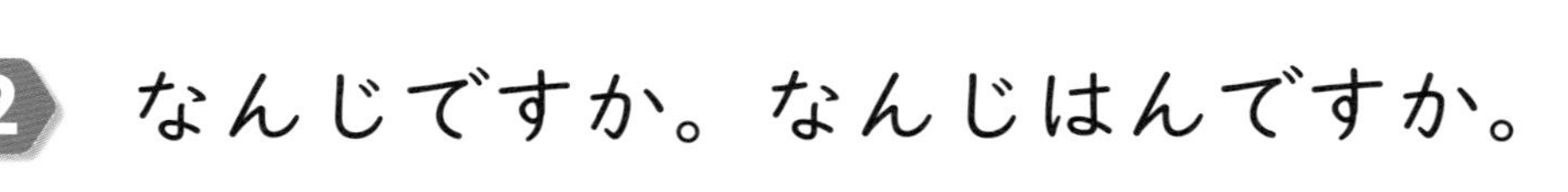

❶

（　　　）

❷

（　　　）

3 ながい　ほうに　○を　かきましょう。　1つ5〔10てん〕

❶

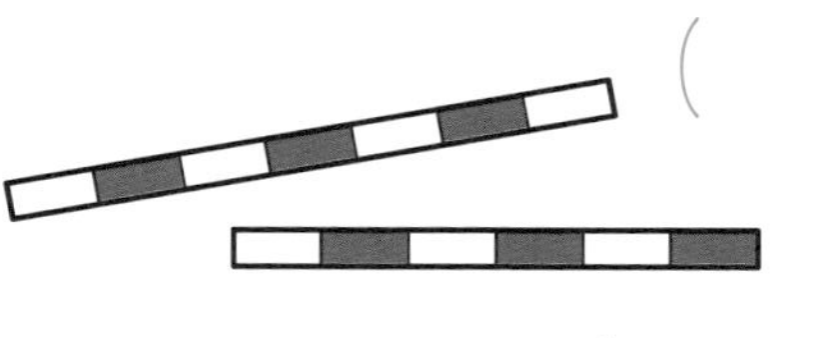

（　）（　）

❷

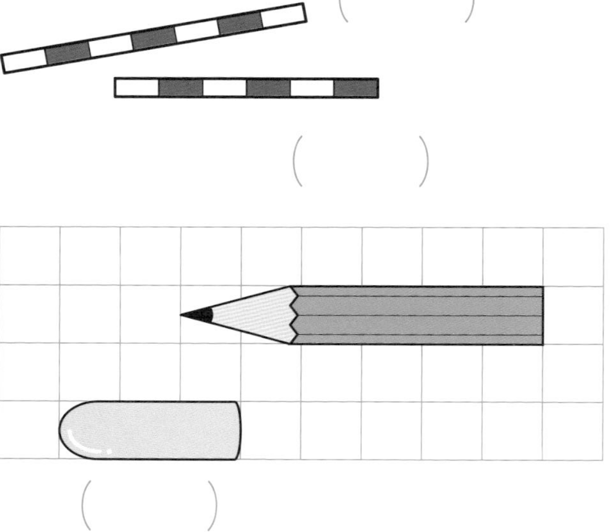

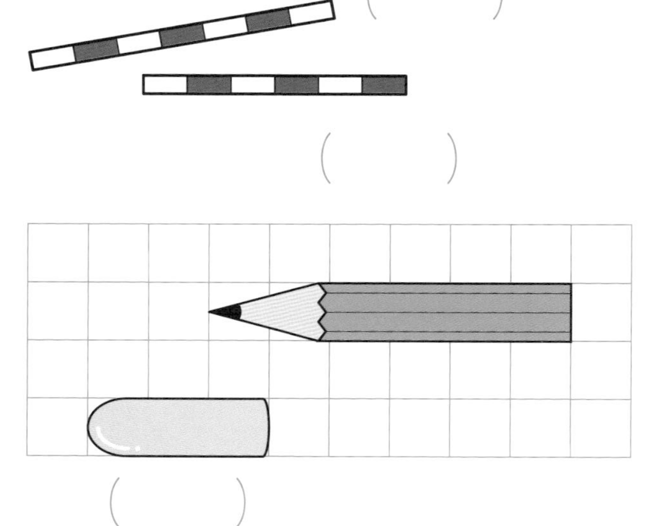

（　）（　）

4 みずが　おおく　はいる　ほうに　○を　かきましょう。　1つ5〔10てん〕

❶（　）（　）

❷（　）（　）

5 □に　はいる　かずを　かきましょう。　1つ5〔20てん〕

❶

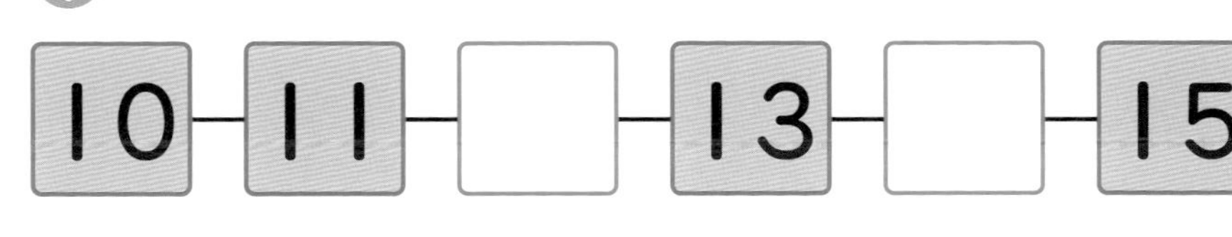

10－11－□－13－□－15

❷ 10－12－□－16－□－20

6 □に　はいる　かずを　かきましょう。　1つ5〔30てん〕

❶ 12より　3　おおきい　かずは □

❷ 15より　2　ちいさい　かずは □

❸ 10と　8で □

❹ 10と □ で　17

❺ 14は □ と　4

❻ 20は　10と □

●べんきょうした日　　月　　日

実力はんていテスト

冬休みのテスト②

じかん 30ぷん

なまえ	とくてん /100てん

おわったら シールを はろう

きょうかしょ 30〜93ページ　こたえ 39ページ

1 たしざんを　しましょう。　1つ5〔30てん〕

1. 10+6
2. 12+5
3. 8+9
4. 5+6
5. 4+7
6. 0+9

2 ひきざんを　しましょう。　1つ5〔30てん〕

1. 16−6
2. 19−3
3. 13−5
4. 16−7
5. 14−8
6. 10−0

3 けいさんを　しましょう。　1つ5〔20てん〕

1. 2+5+1
2. 3+7−5
3. 16−6−3
4. 10−9+4

4 めだかを　8ひき　かって　います。4ひき　もらいました。めだかは、ぜんぶで　なんびきに　なりましたか。　しき5・こたえ5〔10てん〕

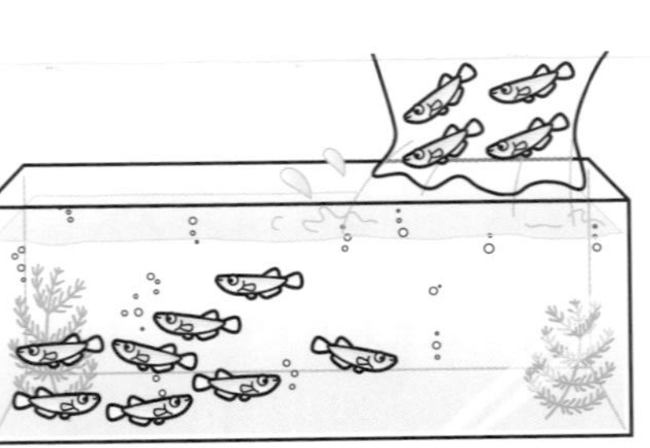

しき

こたえ（　　　）

5 そうまさんは　かあどを　15まい　もって　います。いもうとに　7まい　あげると、かあどは　なんまい　のこりますか。　しき5・こたえ5〔10てん〕

しき

こたえ（　　　）

実力はんていテスト

学年末のテスト②

●べんきょうした日　月　日

じかん30ぷん

なまえ　とくてん　/100てん

おわったらシールをはろう

きょうかしょ　㊕10〜48ページ　2〜138ページ　こたえ　39ページ

1 けいさんを　しましょう。　1つ3〔60てん〕

❶ 4+2　❷ 8+7

❸ 17−8　❹ 13−7

❺ 9+6　❻ 20+5

❼ 0+0　❽ 11−8

❾ 13+3　❿ 30+60

⓫ 17−5　⓬ 68−8

⓭ 8−8　⓮ 5+6

⓯ 12−9　⓰ 90−60

⓱ 4+2+4

⓲ 10−2−5

⓳ 16−6+3

⓴ 12+5−4

2 子どもが　12人　います。
おとなが　7人　います。　しき5・こたえ5〔20てん〕

❶ あわせて　なん人　いますか。

しき

こたえ（　　）

❷ どちらの　ほうが　なん人　おおいですか。

しき

こたえ（　　）

3 りんごが　14こ　あります。
6こ　たべると、のこりは　なんこに
なりますか。　しき5・こたえ5〔10てん〕

しき

こたえ（　　）

4 いろがみを　30まい　もって
います。おとうさんに　40まい
もらうと、ぜんぶで　なんまいに
なりますか。　しき5・こたえ5〔10てん〕

しき

こたえ（　　）

●べんきょうした日　　月　　日

実力(じつりょく)はんていテスト

学年末(がくねんまつ)のテスト①

じかん 30ぷん

なまえ　　とくてん　　／100てん

おわったら シールを はろう

きょうかしょ ㋜10〜48ページ 2〜138ページ　こたえ 39ページ

1 かずを　すうじで　かきましょう。　1つ5〔10てん〕

❶ 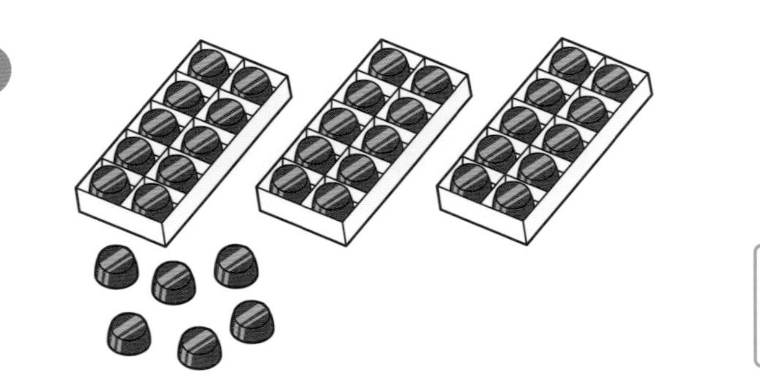

☐ こ

❷ 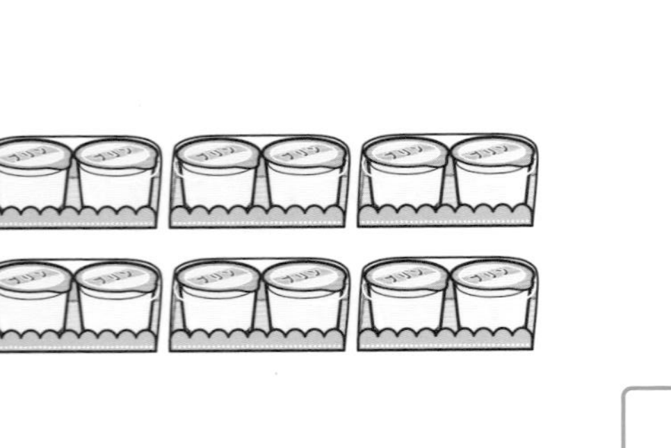

☐ こ

2 ☐に　はいる　かずを　かきましょう。　1つ5〔30てん〕

❶ 

92－93－☐－95－☐－☐

❷ 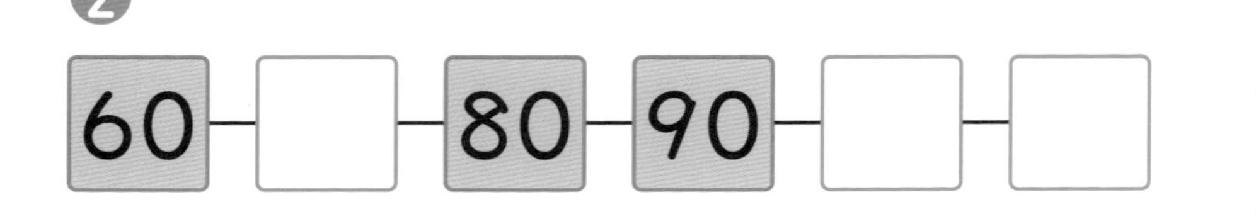

60－☐－80－90－☐－☐

3 なんじなんぷんですか。　1つ10〔20てん〕

❶ 

（　　　　）

❷ 

（　　　　）

4 下(した)の　かたちは、㋐の　いろいたが　なんまいで　できますか。　1つ5〔10てん〕

㋐　❶　❷

❶ ☐ まい　　❷ ☐ まい

5 ☐に　はいる　かずを　かきましょう。　1つ5〔30てん〕

❶ 十(じゅう)のくらいが　7、一(いち)のくらいが　4の　かずは ☐

❷ 10が　4つと　1が　6つで ☐

❸ 63は　10が ☐ つと　1が　3つ

❹ 10が　10こで ☐

❺ 79より　1　大(おお)きい　かずは ☐

❻ 95より　4　小(ちい)さい　かずは ☐

実力はんていテスト

夏休みのテスト②

じかん 30ぷん

●べんきょうした 日　　月　　日

なまえ　　とくてん　　/100てん

おわったら シールを はろう

きょうかしょ　す10〜48ページ 2〜27ページ　こたえ 38ページ

1 たしざんを　しましょう。 1つ5〔30 てん〕

❶ 4＋3＝□

❷ 5＋4＝□

❸ 1＋6＝□

❹ 9＋1＝□

❺ 3＋7＝□

❻ 2＋6＝□

2 ひきざんを　しましょう。 1つ5〔30 てん〕

❶ 7−3＝□

❷ 9−2＝□

❸ 6−5＝□

❹ 10−3＝□

❺ 8−4＝□

❻ 7−1＝□

3 おなじ　かたちの　なかまを　•—• で　むすびましょう。 〔10 てん〕

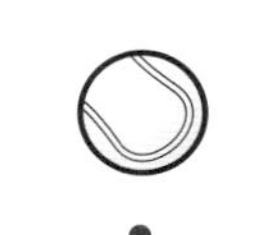

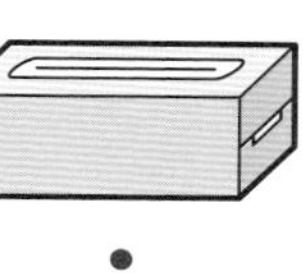

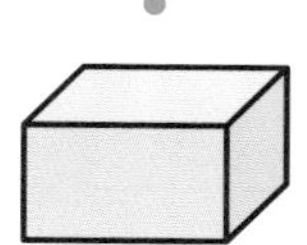
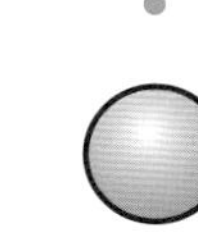

4 あかい　はなが　3ぼん、きいろい　はなが　5ほん　さいて　います。はなは　ぜんぶで　なんぼん　さいて　いますか。

しき 10・こたえ 5〔15 てん〕

しき

こたえ（　　　）

5 あかい　おりがみが　8まい　あります。みどりの　おりがみが　6まい　あります。あかの　ほうが　なんまい　おおいですか。

しき 10・こたえ 5〔15 てん〕

しき

こたえ（　　　）

●べんきょうした日　月　日

夏休み(なつやす)のテスト(てすと)①

じかん 30ぷん

なまえ　　とくてん　　/100てん

おわったら シールを はろう

きょうかしょ　す10〜48ページ 2〜27ページ　こたえ　38ページ

1 えを　みて、かずを　かきましょう。　1つ5〔10てん〕

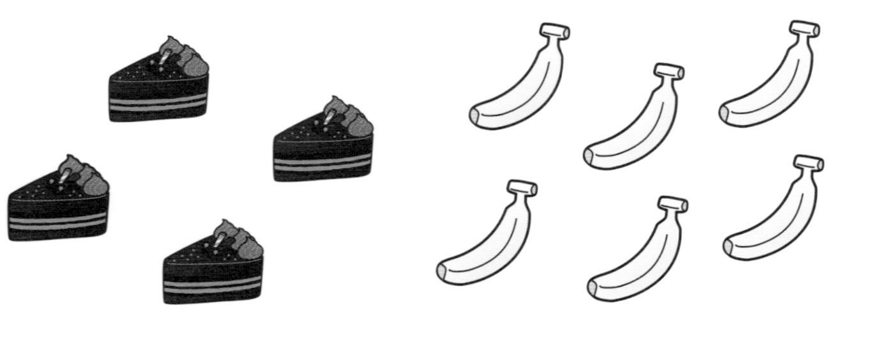

（ケーキ）は □ こ、（バナナ）は □ ぽん

2 □に　はいる　かずを　かきましょう。　1つ5〔20てん〕

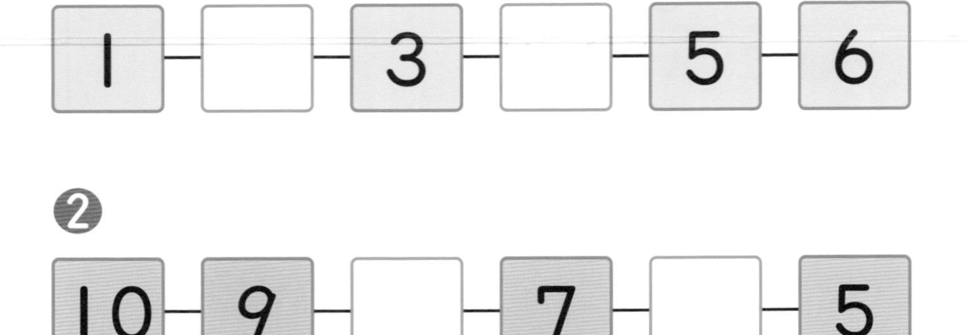

❶ 1 − □ − 3 − □ − 5 − 6

❷ 10 − 9 − □ − 7 − □ − 5

3 かずの　おおきい　ほうに　○を　かきましょう。　1つ5〔20てん〕

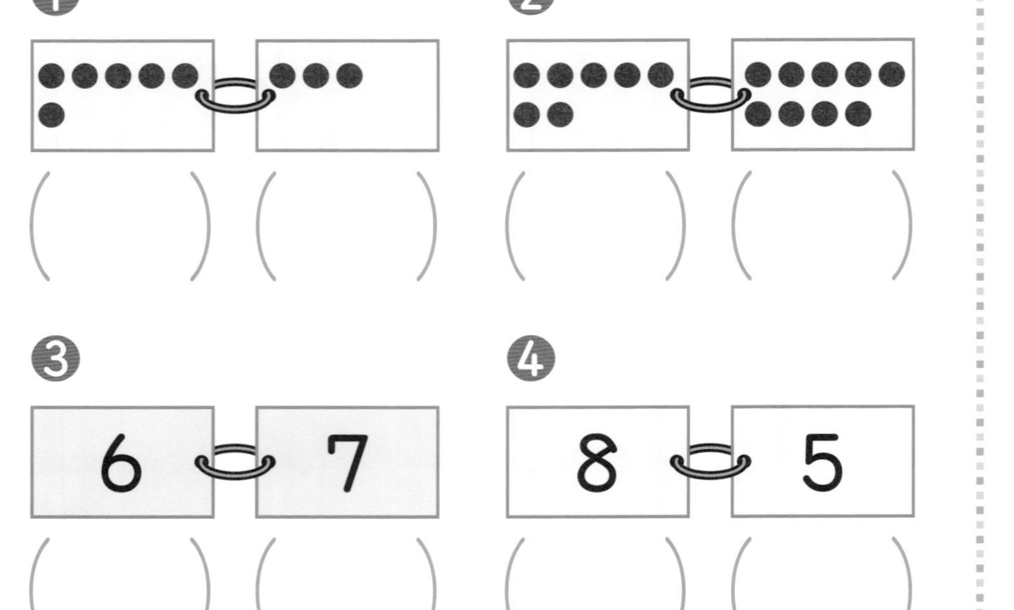

❶ ●●●●●● と ●●●　（　）（　）

❷ ●●●●●●● と ●●●●●●●●●　（　）（　）

❸ 6 と 7　（　）（　）

❹ 8 と 5　（　）（　）

4 ⬭で　かこみましょう。　1つ5〔10てん〕

❶ まえから　3にん

まえ　（こども 6にん）　うしろ

❷ まえから　3ばんめ

まえ　（こども 6にん）　うしろ

5 □に　はいる　かずを　かきましょう。　1つ5〔40てん〕

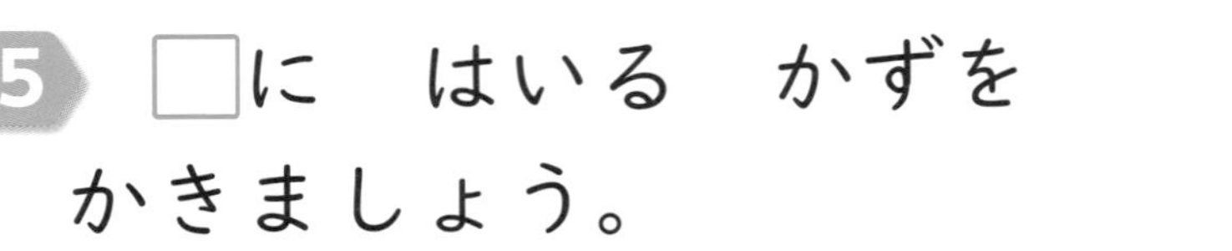

❶ 7 は 2 と □

❷ 6 は □ と 4

❸ 2 と □ で 8

❹ □ と 7 で 10

❺ 9 は 3 と □

❻ 10 は □ と 6

❼ 4 と □ で 9

❽ □ と 5 で 8

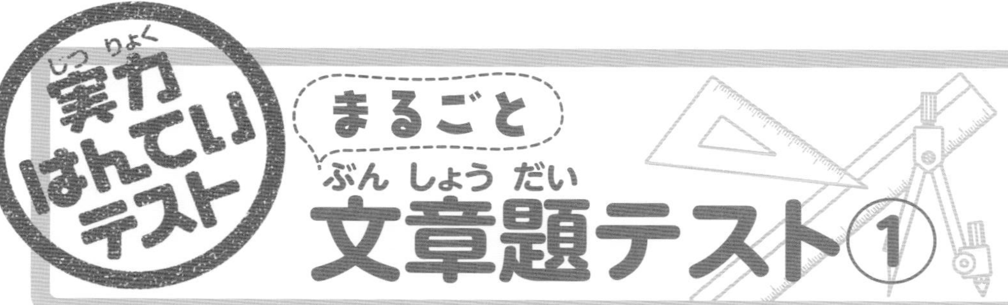

まるごと
文章題テスト①

じかん 30ぷん

なまえ　　とくてん　　／100てん

おわったら シールを はろう

いろいろな 文章題に チャレンジしよう！

こたえ 40ページ

1 バスていで、まみさんは　まえから 4ばんめに　ならんで　います。まみさんの　うしろには　6人　います。みんなで　なん人　ならんで　いますか。

（　）5・しき 10・こたえ 5〔20 てん〕

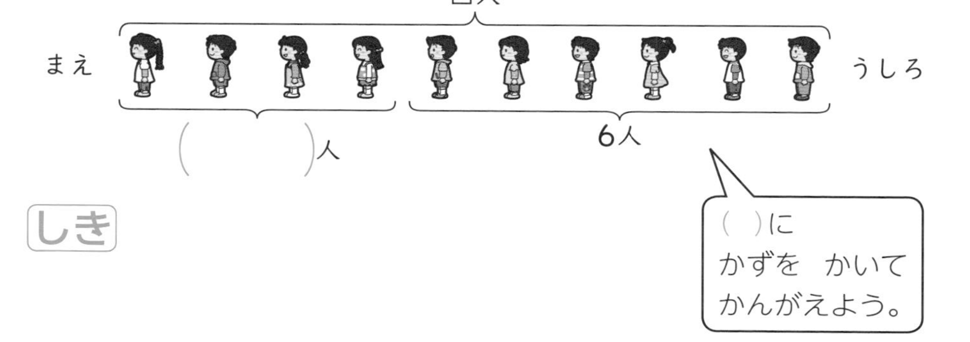

（　）に かずを　かいて かんがえよう。

しき

こたえ（　　　　）

2 ケーキが　14こ　あります。プリンが　5こ　あります。

しき 10・こたえ 5〔30 てん〕

❶ あわせて　なんこ　ありますか。

しき

こたえ（　　　　）

❷ どちらが　なんこ　おおいですか。

しき

こたえ（　　　　）

3 いちりんしゃが　7だい　あります。5人の　子どもが　ひとりずつ　のると、なんだい　のこりますか。

（　）1つ5・しき 10・こたえ 5〔25 てん〕

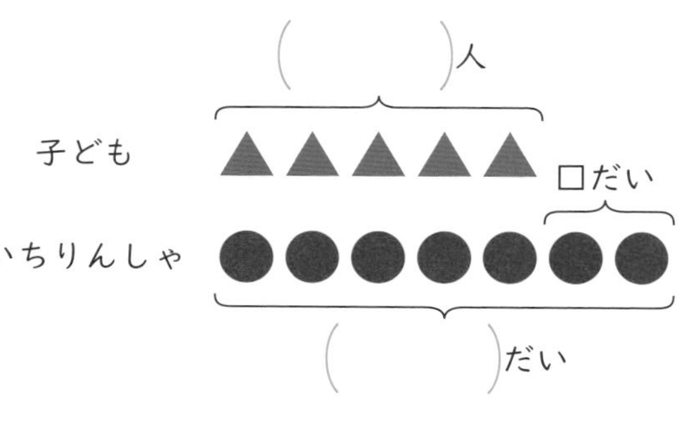

しき

こたえ（　　　　）

4 しゃしんを　とります。8きゃくの　いすに　1人ずつ　すわり、うしろに　6人　たちます。なん人で　しゃしんを　とりますか。

（　）1つ5・しき 10・こたえ 5〔25 てん〕

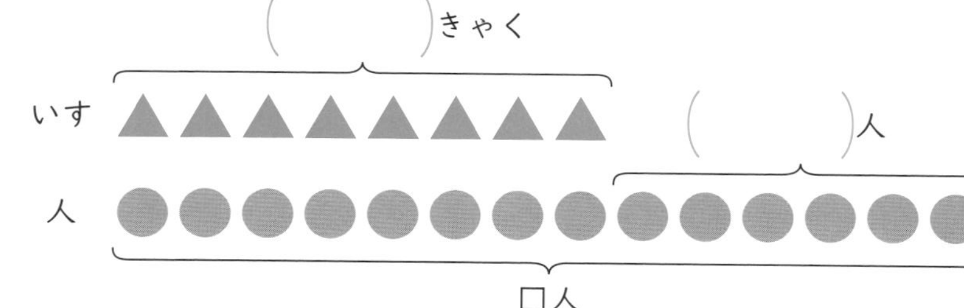

しき

こたえ（　　　　）

実力はんていテスト

まるごと 文章題テスト②

なまえ　　とくてん　　/100てん

おわったら シールを はろう

いろいろな 文章題に チャレンジしよう！

こたえ 40ページ

1 赤い　花が　9本　あります。
きいろい　花は、赤い　花より
5本　おおいそうです。きいろい
花は　なん本　ありますか。

しき10・こたえ5〔15てん〕

赤い　花 ●●●●●●●●●

きいろい　花 ●●●●●●●●●●●●●●

しき

こたえ（　　　）

2 ケーキが　12こ　あります。
9人の　子どもに　1こずつ
あげると、なんこ　のこりますか。

しき10・こたえ5〔15てん〕

しき

こたえ（　　　）

3 たまごが　かごに　4こ、はこに
6こ　あります。ケーキを
つくるのに、5こ　つかうと、
たまごの　のこりは　なんこに
なりますか。

しき10・こたえ5〔15てん〕

しき

こたえ（　　　）

4 たまいれを　しました。
赤ぐみは　15こ　はいりました。
白ぐみは、赤ぐみより　7こ
すくなかったそうです。白ぐみは
なんこ　はいりましたか。

しき10・こたえ10〔20てん〕

しき

こたえ（　　　）

5 りんごが　6こ　あります。1人に
2こずつ　わけると、なん人に
わけられますか。

こたえ5・しき10〔15てん〕

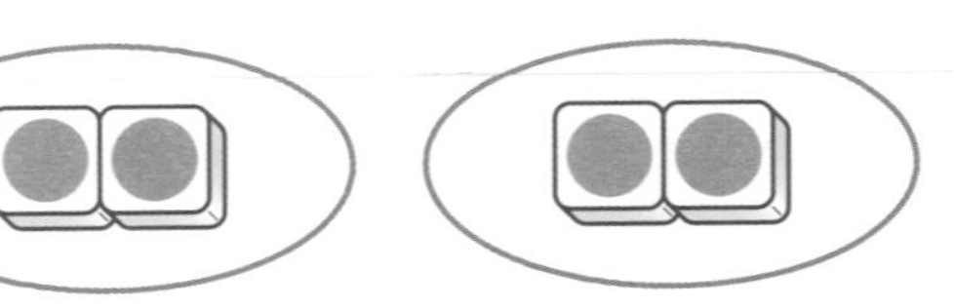
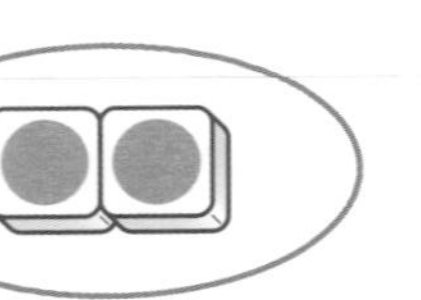
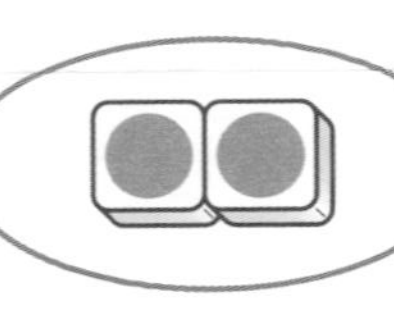

こたえ（　　　）

しきに　かいて　たしかめましょう。

しき　2＋□＋□＝□

6 青い　いろがみが　25まい
あります。きいろい　いろがみは、
青い　いろがみより　4まい
すくないそうです。
きいろい　いろがみは
なんまい　ありますか。

しき10・こたえ10〔20てん〕

しき

こたえ（　　　）

教科書ワーク

こたえとてびき

「こたえとてびき」は、とりはずすことができます。

啓林館版

さんすう 1 ねん

つかいかた

まちがえた問題は、もういちどよく読んで、なぜまちがえたのかを考えましょう。正しい答えを知るだけでなく、なぜそうなるかを考えることが大切です。

1 かずと すうじ

2・3ページ きほんのワーク

きほん1

❶ いち 1 1 1
❷ に 2 2 2
❸ さん 3 3 3
❹ し(よん) 4 4 4
❺ ご 5 5 5

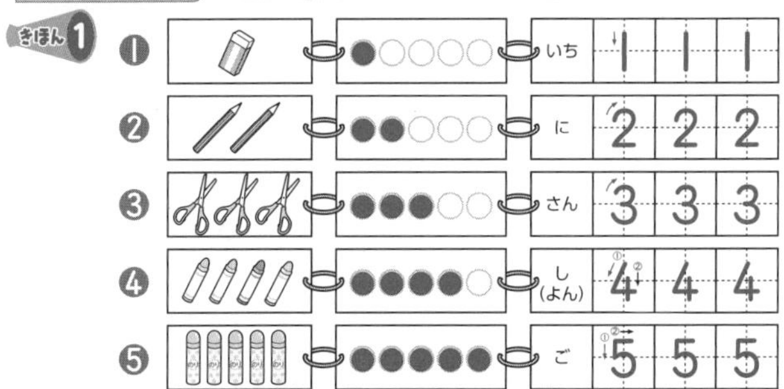

1

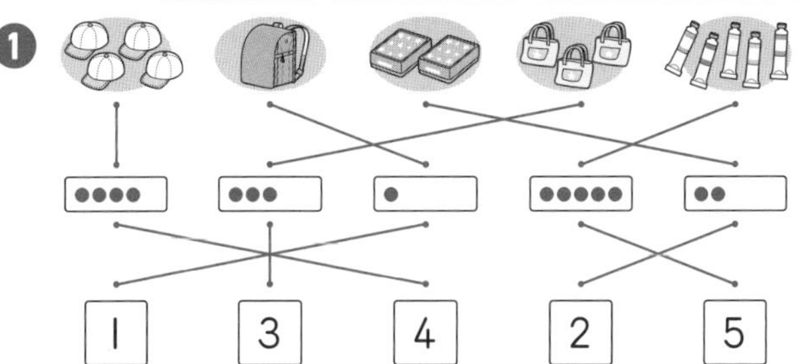

てびき　1から5までの数字の数え方、書き方をしっかりおさえましょう。1年生では、4と5のバランスが取りにくいといわれます。たとえば4のバランスが悪いことを指摘したい場合でも「2と3が上手にかけているね」のように、まずはよいところをほめてから、4のバランスの悪さを指摘しましょう。声掛けのときは、否定ではなく肯定から入ることを心がけるとよいですね。

きほん2

❶ 2
❷ 4
❸ 1
❹ 5
❺ 3

2 ❶ 2　❷ 4　❸ 5　❹ 4　❺ 1　❻ 3

4・5ページ きほんのワーク

きほん1

❶ ろく 6 6 6
❷ しち(なな) 7 7 7
❸ はち 8 8 8
❹ く(きゅう) 9 9 9
❺ じゅう 10 10 10

てびき　6～10は1～5に比べて書きにくい数字です。2画で書くべき7を1画で書く、9を下から書くといった書き順違いをするお子さんや、8や9の曲線部分のバランスが取りにくいお子さんも多くみられます。8は○を上下に重ねて書いてしまうお子さんもいます。また、左下から右上へ上がる線を書くのも難しいようです。学校でも数字の書き方の練習をしますが、どうしても限られた時間になってしまい、数字は書けるものとして進みがちです。ご家庭でなぞり書きをくりかえし、しっかり練習しておきましょう。きれいな数字が書けると、自信とやる気につながります。

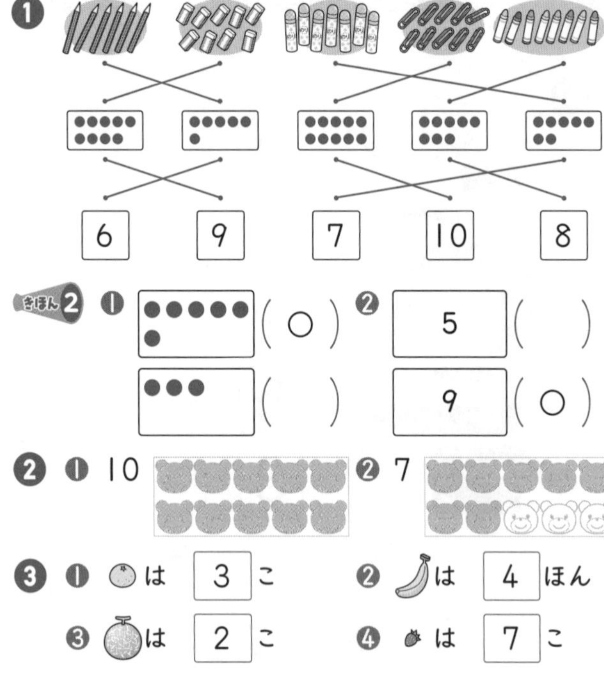

6ページ　れんしゅうのワーク

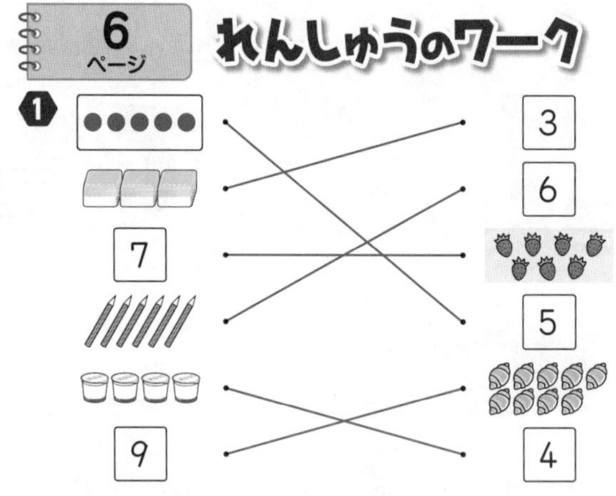

てびき　集合の要素の個数について、その数え方や1対1対応による比較のしかたを理解します。●が5こと[5]、ブロック3こと[3]、[7]といちご7こ、6本のえんぴつと[6]、4このプリンと[4]、[9]と9このパンをつなぎます。

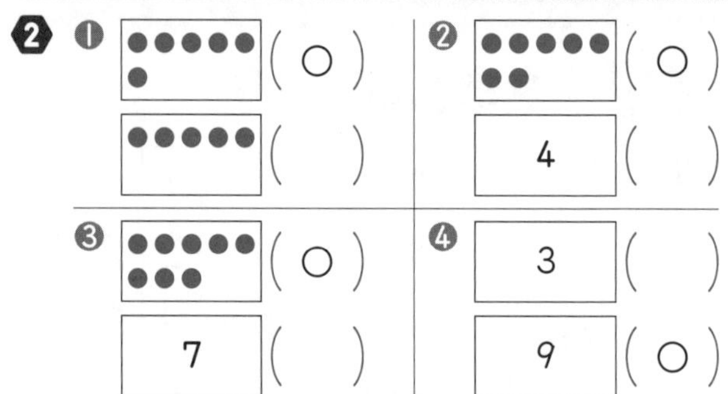

7ページ　まとめのテスト

1

てびき　数を数えるときには、数え漏れや重複がないように、数えたものを✓印や×で消していくようにします。

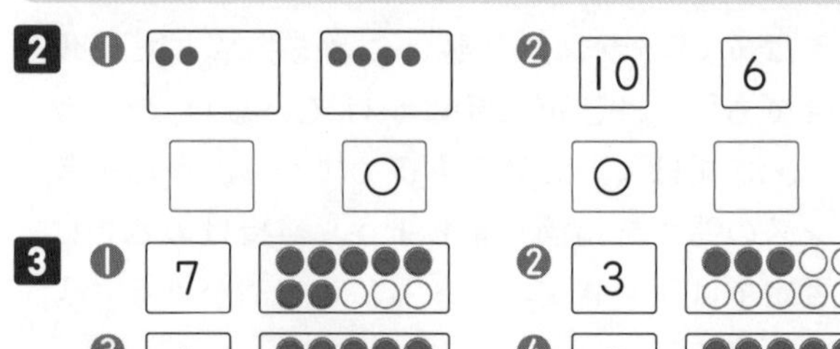

② なんばんめ

8ページ きほんのワーク

きほん1 ❶ ぶどうは　みぎから　2　ばんめです。

❷ ばななは　ひだりから　3　ばんめです。

❸ りんごは　ひだりから　5　ばんめで、

みぎから　3　ばんめです。

1 ❶ ❷ ❸ ❹

てびき 「左から４枚目」と「左から４枚」の違いを理解しましょう。「４枚」のような数を集合数というのに対し、「４枚目」は順序数といいます。数には順序を表す働きがあることをおさえておきましょう。
❶左から２番目を「右から８枚目」のように言い換えてみるとよいでしょう。
❷右から４番目を「左から６枚目」のように言い換えてみるとよいでしょう。

9ページ まとめのテスト

1

❶ けんとさんは　まえから　3　ばんめです。

❷ さきさんは　うしろから　5　ばんめです。

てびき ❶「前から３番目」は「後ろから４番目」、❷さきさんは「前から２番目」と言い換えることができます。問題のほかにも「ゆいさんは～」「ひなたさんは～」と言語化してみましょう。

2

3

4

❶ ぼうしは　うえから　4　ばんめ

❷ かさは　したから　2　ばんめ

たしかめよう!

4の　もんだいの　えを　みて、べつの　いいかたも　して　みよう。
えんぴつは、うえから　１ばんめで、したから　４ばんめだね。
のうとは、うえから　２ばんめで、したから　３ばんめだね。
ぼうしは、したからだと　なんばんめと　いえば　いいかな。かさは　うえから　なんばんめと　いえるかな。
おなじ　もんだいでも　たくさん　かんがえられて　おもしろいね。

やってみよう!

【もんだい】

ひだり      みぎ

❶ めろんは　みぎから　☐　ばんめです。
ひだりから　☐　ばんめです。

❷ みかんは　みぎから　☐　ばんめです。
ひだりから　☐　ばんめです。

❸ みぎから　☐　ばんめは　ばななです。

【こたえ】 ❶めろんは　みぎから　３ばんめです。
ひだりから　４ばんめです。
❷みかんは　みぎから　５ばんめです。
ひだりから　２ばんめです。
❸みぎから　２ばんめは　ばななです。

てびき 問題以外にも、「りんごは、左から３番目で、右から４番目」「いちごは、右から１番目で、左から６番目」などと説明してみましょう。
「バナナはどこにある？」「右から４番目の果物は何？」などと、お子さんとクイズのように問題を出し合ってみてもよいでしょう。前後、上下に比べて左右は間違えやすいので、今のうちに、しっかり身につけておきましょう。

きほん1
❶ 1 と 4
❷ 2 と 3
❸ 3 と 2
❹ 4 と 1

❶

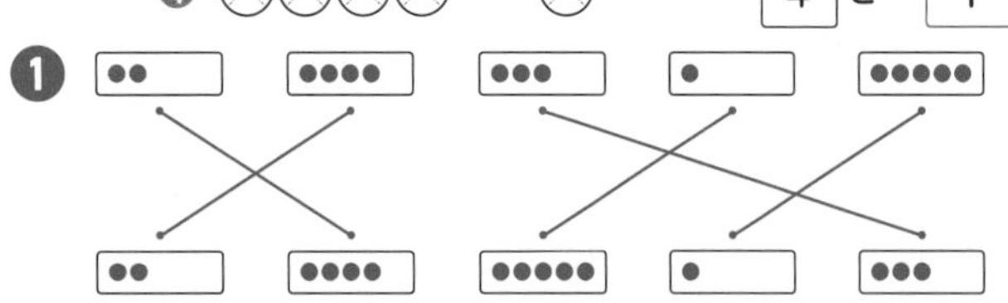

❷ ❶ 5 → 3 と 2　❷ 6 → 3 と 3　❸ 6 → 2 と 4

てびき　6はいくつといくつに分けられるか、具体物を使って考えてみましょう。

● ●●●●●　1と5
●● ●●●●　2と4
●●● ●●●　3と3
●●●● ●●　4と2
●●●●● ●　5と1

きほん2

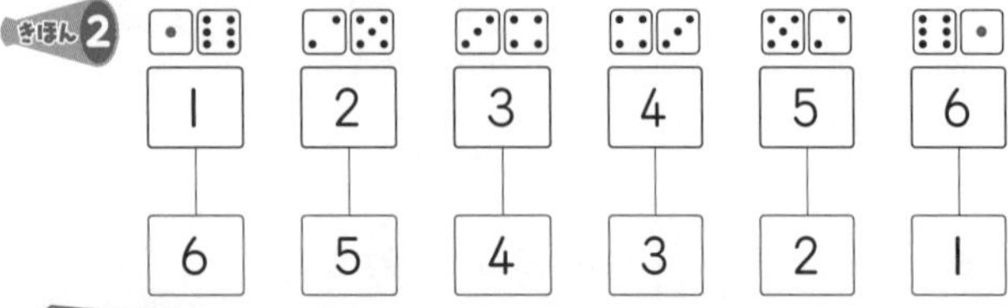

1	2	3	4	5	6
6	5	4	3	2	1

てびき　7がいくつといくつになるか、サイコロを使って遊んでみてはいかがですか。

ご存じのように、サイコロの目は立方体に1から6までの数が描かれており、向かい合う面の数を合わせると7になります。

7という数は、サイコロの表裏のように、「1と6」「2と5」「3と4」「4と3」「5と2」「6と1」と見ることができます。

このように、7という数を2と5に分けて見るような場合を分解（ぶんかい）といいます。

逆に7を2と5を合わせた数と見るような場合を合成（ごうせい）といいます。

分解的な見方と合成的な見方は、表裏の関係になっており、これから学ぶたし算・ひき算の基礎になります。

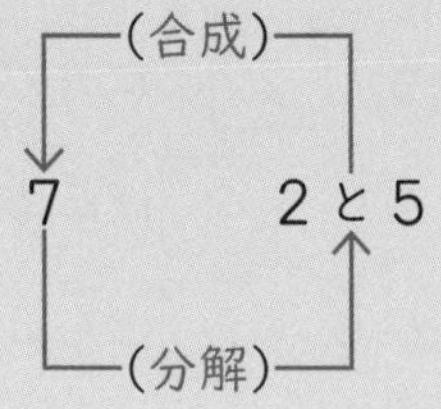

❸ ❶ 8 → 2 と 6　❷ 8 → 5 と 3　❸ 8 → 4 と 4
❹ 8 → 3 と 5　❺ 8 → 7 と 1　❻ 8 → 6 と 2

てびき　8はいくつといくつに分けられるか、具体物を使って考えてみましょう。

● ●●●●●●●　1と7
●● ●●●●●●　2と6
●●● ●●●●●　3と5
●●●● ●●●●　4と4
●●●●● ●●●　5と3
●●●●●● ●●　6と2
●●●●●●● ●　7と1

❹

1	3	6	7	8	2	5	4
6	8	2	3	1	4	5	7

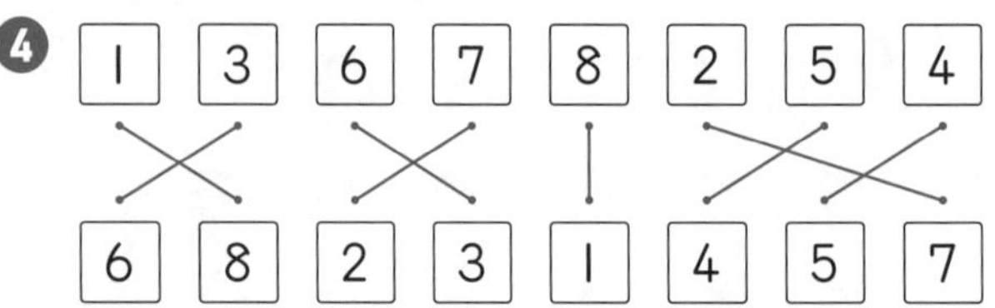

てびき　9はいくつといくつに分けられるかを考えます。数を分けて考えることが難しい場合は、○を9つ並べてかき、色をぬって数えるように促してもよいでしょう。

○○○○○○○○○
●●●○○○○○○　3と6
●●●●●●○○○　6と3

12・13ページ　きほんのワーク

きほん1
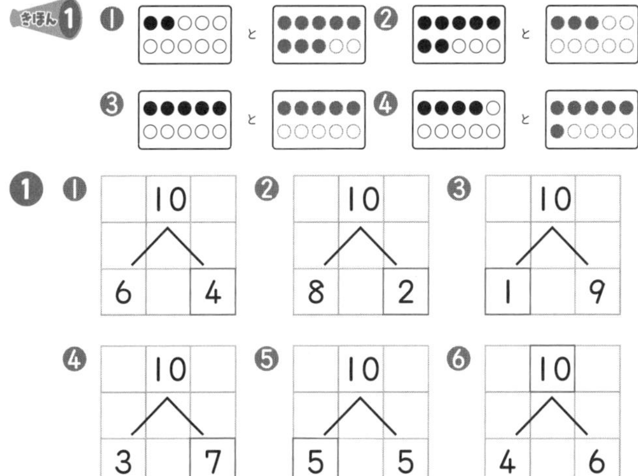

❶			
❶ 10 / 6 と 4	❷ 10 / 8 と 2	❸ 10 / 1 と 9
❹ 10 / 3 と 7	❺ 10 / 5 と 5	❻ 10 / 4 と 6

てびき　10の合成・分解です。これから学ぶ算数の基本となる考え方ですので、確実におさえましょう。「1と9」「2と8」「3と7」「4と6」「5と5」の組み合わせをすぐに答えられるようにします。1年生の時期は、声に出して言うことで頭の中にインプットされやすくなるといわれています。お子さんと一緒に10をわけるゲームをくりかえすとよいでしょう。「1」といったら「9」、「3」といったら「7」と答える遊びを取り入れてみてください。

❷ ❶ 10は　6と　4
❷ 10は　8と　2
❸ 10は　3と　7
❹ 10は　1と　9

きほん2

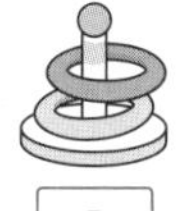
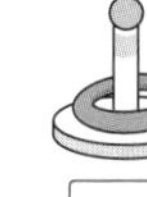
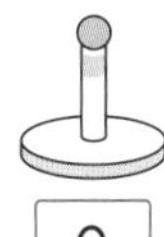

3　2　1　0

てびき　入った輪の数を答えます。左から、3こ、2こ、1こ入りました。いちばん右側は「1こも入らなかった」=「0こ入った」ことがわかります。なにもないときを「0（れい）」ということ、0の書き順は左からということも覚えておきましょう。

れい　0　0　0

❸ ❶ 3　❷ 1　❸ 0　❹ 2

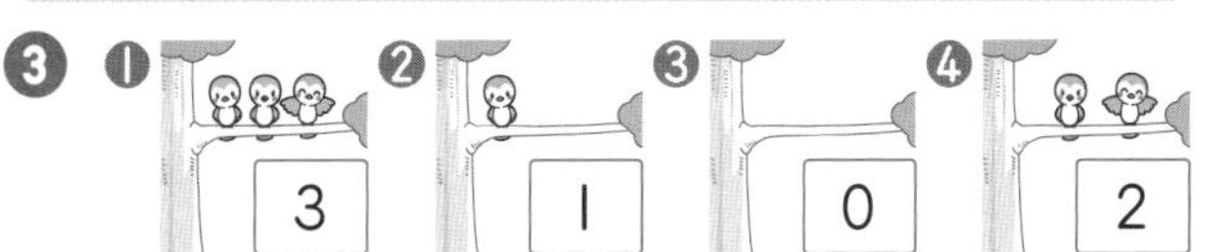

てびき　イラストを見て、鳥が木にとまっている場面をイメージし、言語化してみましょう。
❶枝に3羽とまっています。
❷2羽飛んで行って、いま1羽になりました。
❸また飛んで行ったので、いま枝には1羽もいません。1羽もいない＝0羽います。
❹また鳥が飛んできて、2羽枝にとまりました。

1年生にとって、0は理解が困難だといわれています。ご家庭でも、具体物を使って、0の理解を確実にしておくとよいですね。たとえば、鉛筆を5本用意し「1本取ったら、4本残る」「4本から1本取ったら3本」……「1本から1本取ったら0本」のように声に出して言ってみると理解が定着します。

❹ ❶ 4 りょう
❷ 5 りょう
❸ 8 りょう

たしかめよう!

しゃりょうの　かずを　かぞえて、あと　いくつで10に　なるかを　かんがえます。
❶は、とんねるの　そとに　6りょう　あるから、とんねるの　なかに　はいって　いるのは4りょうです。

てびき　車両の数は全部で10両です。❷は、5両見えているので、トンネルの中に5両あることがわかります。❸は2両見えているので、トンネルの中に8両あることがわかります。

論理的な考え方を育てるためにもぜひ言葉で説明してみましょう。1年生の段階では、言語化して思考を整理することで理解が深まります。学年が上がっていくにつれて、思考力が求められるようになります。こうした力を養うためにも、お子さんの説明をよく聞いてあげることが大切です。

なお、0には、30や800のように空位を表す0もあります。空位を表すときには、無くなったわけではなく、その0には10倍や100倍の意味が込められています。

さらに、数直線で基準を表す場合の0もあります。学年や発達段階を追って学びを深めていくことが大切です。

14ページ れんしゅうのワーク

1 ❶ 4と3　❷ 2と5　❸ 6と1

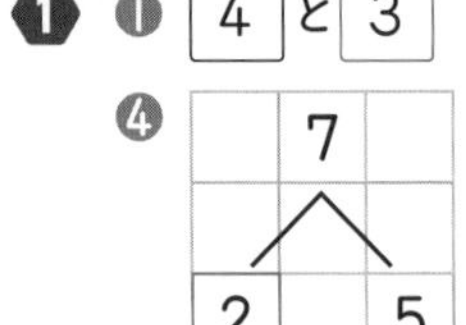
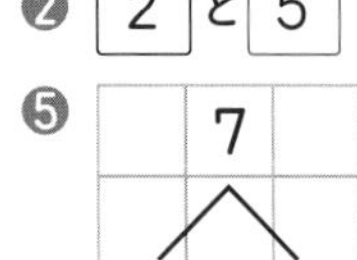
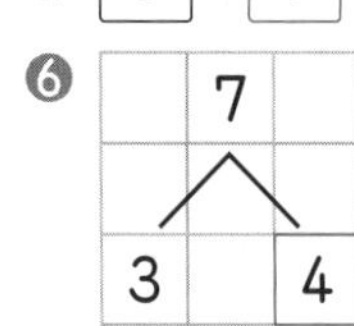

❹ 7は2と5　❺ 7は6と1　❻ 7は3と4

2 ❶ あと 3つ　❷ あと 6つ
❸ あと 9つ

てびき　たとえば❶の場合、あめを1つずつ指さしながら「1、2、…」と数えていきます。「7」で数え終えたら、「8、9、10」といいながら、鉛筆で○を1つずつかいてみると、○は3つかけるので、「あと3つで10になる」ことがわかります。解き方に悩んでいるようでしたら、やってみましょう。

3 ❶ 9は 4と 5　❷ 6と 2で 8
❸ 5は 3と 2　❹ 8は 1と 7

てびき　10までの数の合成・分解をしっかり理解しているかどうか、確かめておきましょう。

15ページ まとめのテスト

1

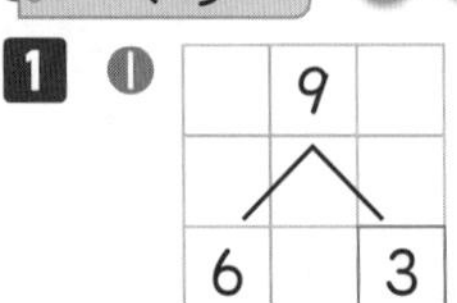
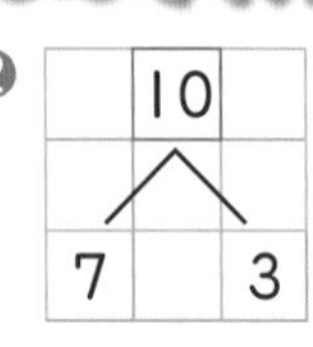
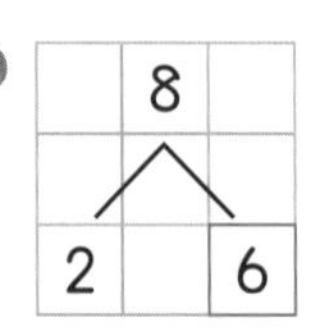

❶ 9は6と3　❷ 10は7と3　❸ 8は2と6

2 ❶ 7は 2と 5　❷ 8は 3と 5
❸ 6は 4と 2　❹ 9は 5と 4

てびき　問題の下に○の図がつけてあります。理解しづらいお子さんには、「○に色をぬって考えてごらん」と助言してください。たとえば❶は●●○○○○○のように7つのうちの2つに色をぬり、残りの数を考えてみます。

できるようになるまで具体物を使ったり、色ぬりをしたりして、楽しみながら基礎固めをしておきましょう。

3 4—6　5—5　9—1　2—8

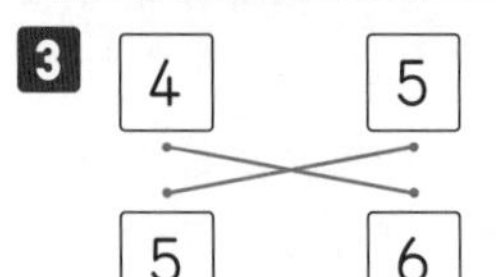
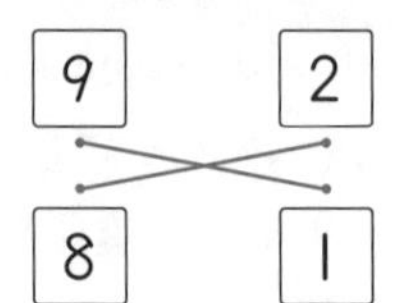

4 ❶ 5　❷ 2　❸ 0

4 いろいろな かたち

16・17ページ きほんのワーク

きほん1 ( )( )(○)

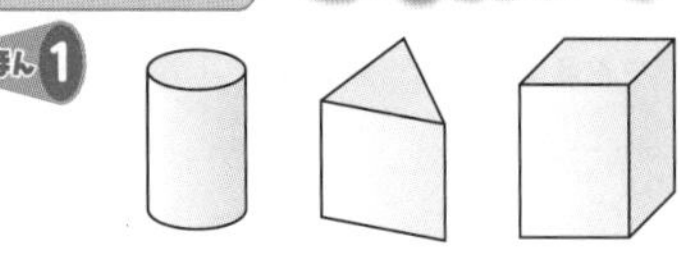

1

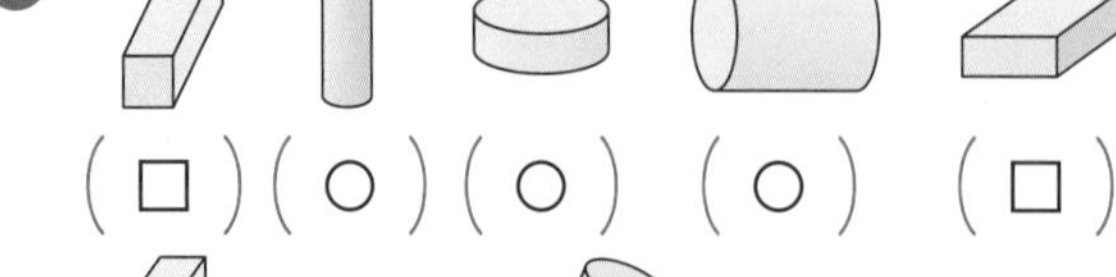

(□)(○)(○)(○)(□)

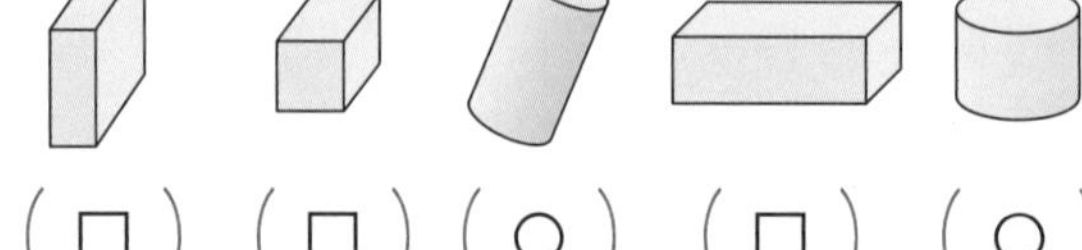

(□)(□)(○)(□)(○)

きほん2

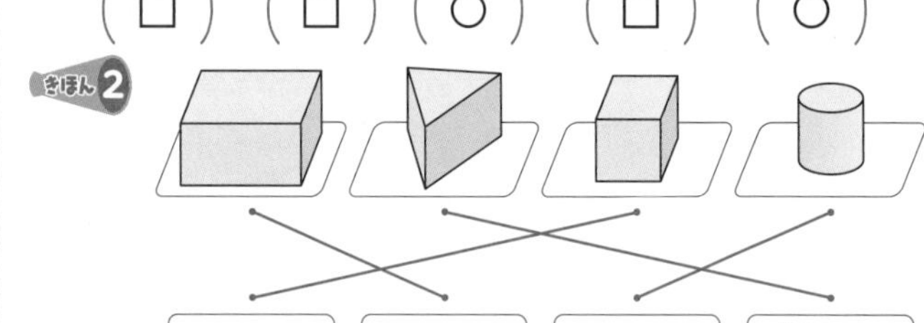

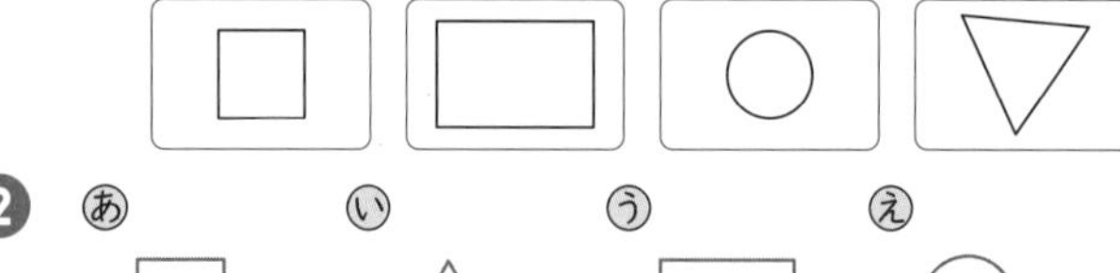

2 あ○　い　う○　え

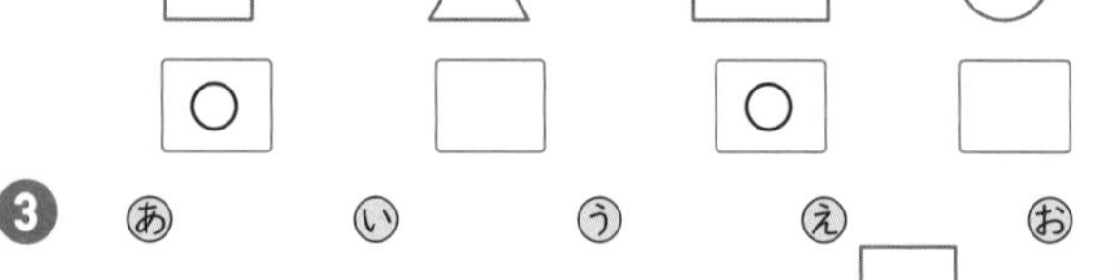

3 あ　い　う○　え○　お

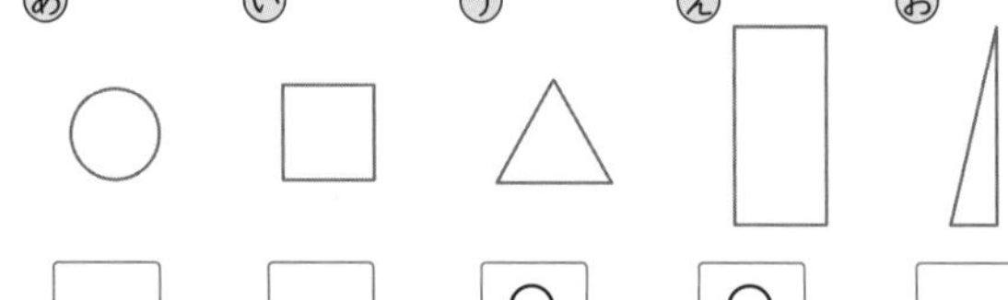

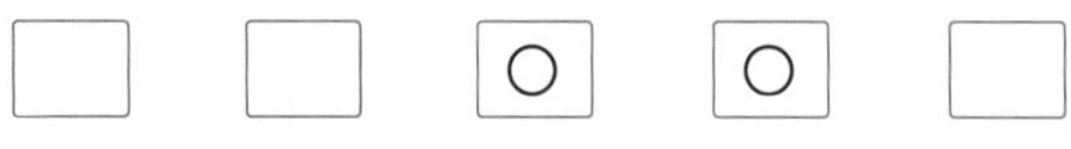

18ページ れんしゅうのワーク

1 あ　い○　う　え　お○

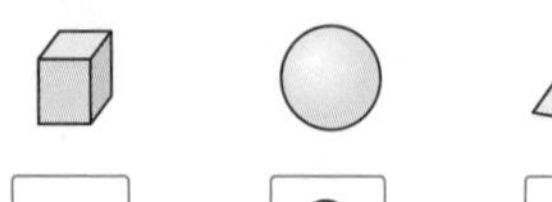
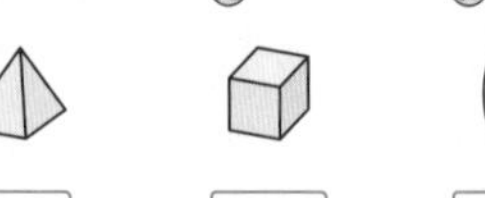

2 あ○　い　う　え○　お○

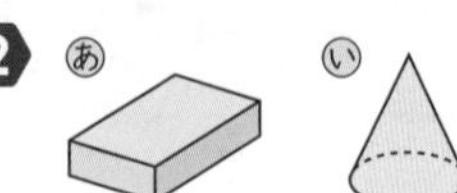

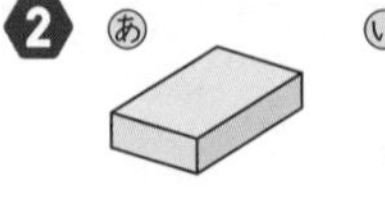
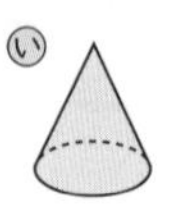
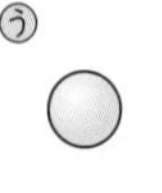
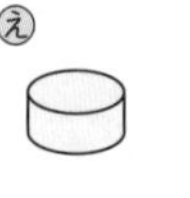
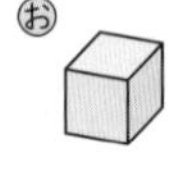

3 あ○　い　う　え○

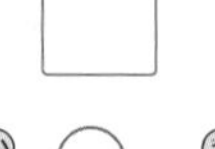

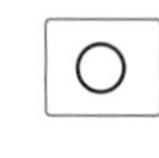

てびき　2年生の三角形・四角形・箱の形につながる学習です。身のまわりにある、いろいろな入れ物の形に目を向けてみましょう。ティッシュの空き箱など、家の中にある物を利用して、工作してみることも、興味関心を引き出すことに役立ちます。

19ページ　まとめのテスト

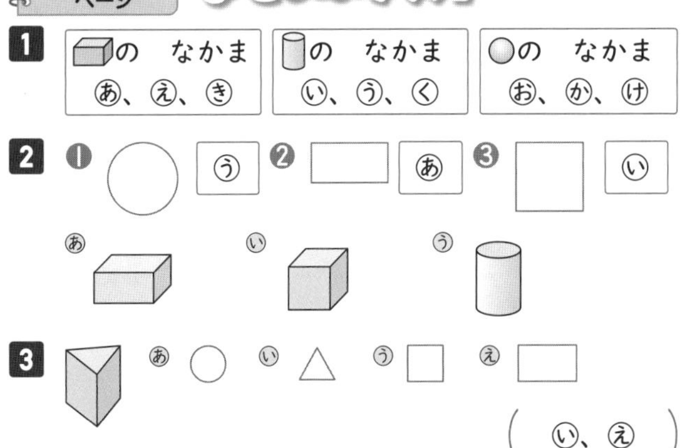

てびき　丸(円)、三角形、四角形の特徴を知り、それらを使って、いろいろな絵をかきます。低学年の頃には、筆圧を高める意味からも、絵をかくことをおすすめします。手を動かしながら考える習慣を身につけましょう。

また、積み木1つとっても、どこから見るかによって形が異なります。たとえば円柱にしても、上から見ると円に見えますが、横から見ると長方形(もしくは正方形)に見えます。お子さんの理解度に応じて、下のように少し発展的な問いかけをしてもよいでしょう。

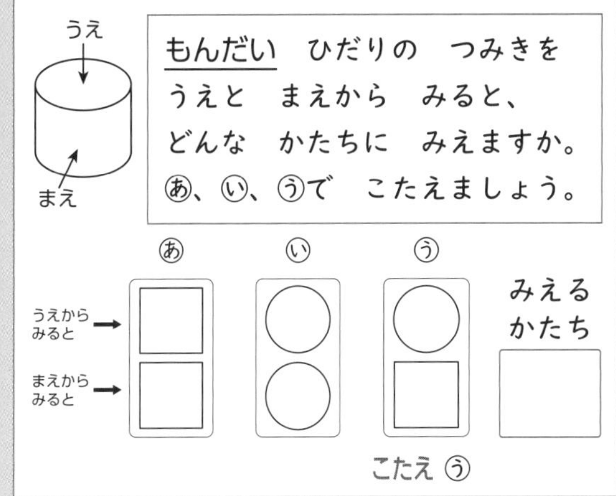

5 ふえたり へったり

20ページ　きほんのワーク

きほん1

21ページ　まとめのテスト

1

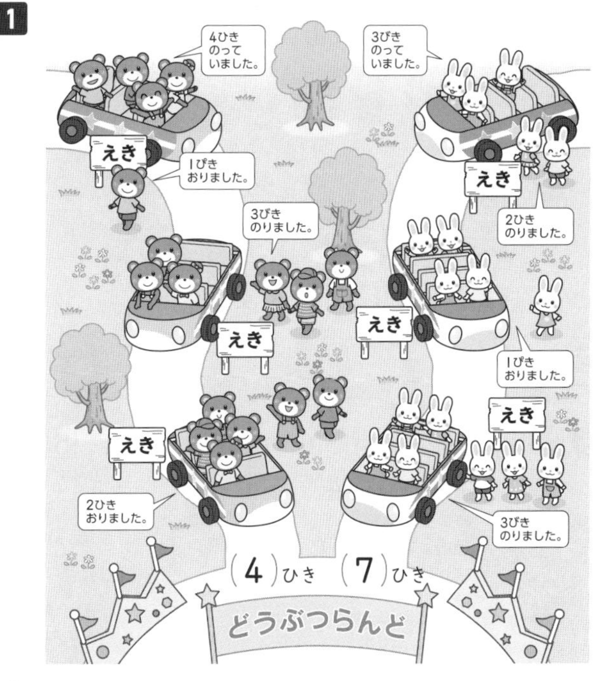

たしかめよう!

うさぎの　くるまには　はじめ　3びき　のって　いて、つぎに　2ひき　のったから　5ひき。つぎの　えきで　1ぴき　おりたから　4ひき。その　あと、3びき　のったから、7ひきに　なったね。

くまの　くるまの　ほうは　どうかな。うさぎの　くるまと　おなじように、せつめいを　してみよう。

⑥ たしざん(1)

22・23ページ きほんのワーク

きほん1 ❶ あわせて 5 こ

❷ あわせて 4 ひき

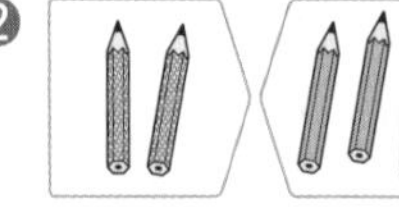

❶ ❶ あわせて 4 ほん　❷ ぜんぶで 5 ほん

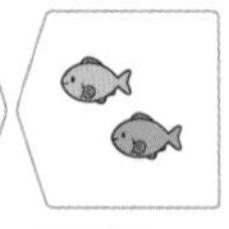

❸ あわせて 7 ひき　❹ あわせて 6 わ

てびき　同時に存在する2つの量をあわせることを学びます。最初は絵を見て、合わせる場面をイメージすることが大切です。❶は、「花が3本と1本で、あわせて4本」のように、言葉で説明してみましょう。たし算というと、すぐに式を書こうとしてしまいますが、式にする前に場面を想像できるようにすることが大切です。

きほん2 しき 3+2=5　こたえ 5 こ　+　=

❷ ❶ しき 4+3=7　こたえ 7 わ

❷ しき 4+4=8　こたえ 8 ほん

❸ ❶ しき 2+3=5　こたえ 5 ひき

❷ しき 1+3=4　こたえ 4 ひき

てびき　たし算(加法)の学習は、まず「あわせていくつ」から学びます。左の絵のように、同時に存在する2つの量を合わせた大きさを求める場合を「合併(がっぺい)」といいます。

合併では、2つの物が対等に扱われます。数図ブロックやおはじきの操作では、両手で左右からひき寄せるような操作になります。

問題の絵を見て、「ひよこが4わと3わ、合わせて7わになるね」というように、口に出して言ってみると、理解が進みます。

24・25ページ きほんのワーク

きほん1 ❶ いれると 3 びき

❷ ふえると 4 わ

❶ ❶ もらうと 4 こ　❷ ふえると 7 わ

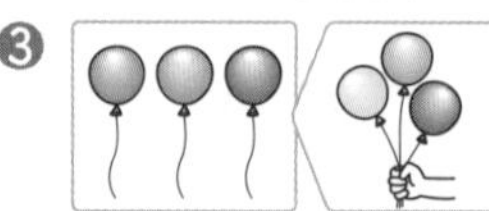

❸ もらうと 6 こ　❹ ふえると 8 ひき

てびき　先にある物に、あとから別の物が加わる場面を考えます。絵を見て、増える場面を言葉で説明してみましょう。

❶りんごが3個あって、1個もらった。

❷木に鳥が4羽とまっていて、あとから3羽飛んで来た。

❸風船が3個あって、3個もらった。

❹カエルが6匹いて、あとから2匹来た。

式にする前に場面をイメージする習慣を身につけましょう。この段階では、増えた結果(答え)を言う必要はありません。

きほん2 しき 4+3=7　こたえ 7 だい

❷ ❶ しき 4+5=9　こたえ 9 にん

❷ しき 7+3=10　こたえ 10 こ

てびき ❷ 図に表すと下のようになります。

❸ ❶ 3+1=4

❷ 4+1=5

❸ 2+4=6

❹ 5+3=8

❺ 1+7=8

❻ 3+3=6

❼ 5+4=9

❽ 3+6=9

❾ 9+1=10

❿ 2+8=10

てびき 「ふえるといくつ」もたし算を使います。「りんごが３こあって、あとから１こもらうと、何こになりますか。」というように、初めにある数量に追加したとき、また、増加したときの大きさを求める場合を「増加（ぞうか）」といいます。

合併では、２つの物が対等に扱われ、ブロックの操作では両手で左右からひき寄せたのに対し、増加では、先にある物に、別の物が加わるような操作となります。図のように、片手で一方から寄せる動きをイメージするとよいでしょう。

合併と増加を、単に「あわせて」「ぜんぶで」「ふえると」という言葉だけで区別するのではなく、具体物の操作を通して体感しておくと、今後の学習に役立ちます。ぜひ、お話をしたり、ブロックを動かしたりしてみてください。

26・27 ページ きほんのワーク

きほん１ しき 4+3=7　こたえ 7 ひき

❶ しき 5+2=7　こたえ 7 ひき

きほん２

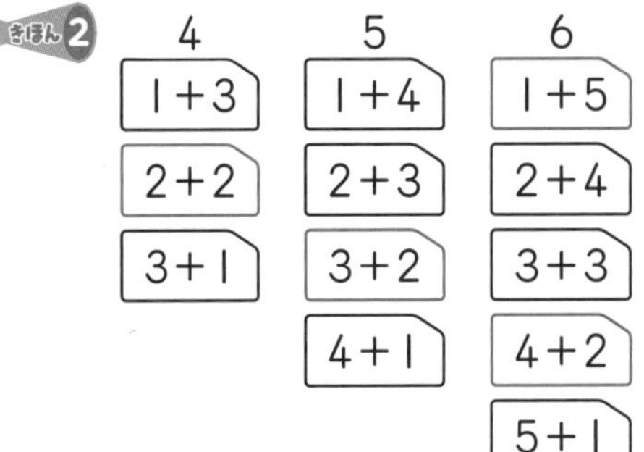

❷ ❶ 3+7　❷ 9+1

❸ 8+2　❹ 4+6

❸ 1+7 → 2+6 → 3+5 → 4+4 → 5+3 → 6+2 → 7+1

てびき たし算のカードを使って、遊んでみましょう。くり上がりの計算に入る前に、まずはたして10になるたし算を確実なものにしておきましょう。カードを使うと、遊びながら多くの計算練習をすることになります。答えが同じカードを並べたり、答えが小さいものから大きいものへと順に並べたり、カードを使って、楽しく数遊びを行ってみてください。画用紙を小さく切って、オリジナルのカードを作ってみてもよいですね。

28 ページ れんしゅうのワーク

❶ あ　い　う

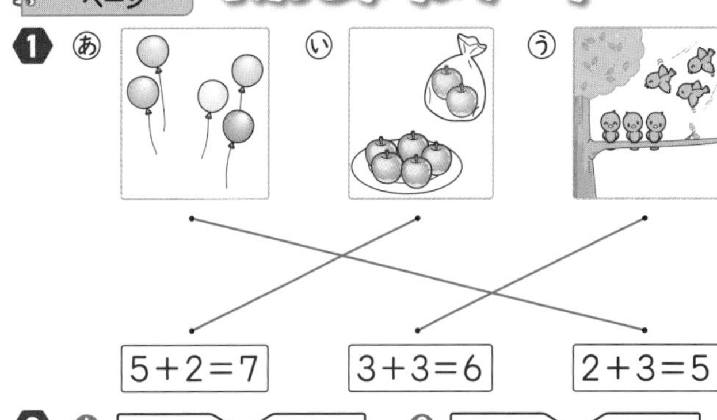

あ — 2+3=5、い — 5+2=7、う — 3+3=6

5+2=7　3+3=6　2+3=5

❷ ❶ 2+7（おもて）　9（うら）　❷ 3+2　5

❸ 5+1　6　❹ 5+3　8

❺ 3+6　9　❻ 1+9　10

❸ 〔れい〕 3+5=8

たしかめよう！

〔れい〕の　ほかにも、1+7=8、2+6=8、4+4=8、5+3=8、6+2=8、7+1=8 もあるね。

29 ページ まとめのテスト

1
❶ 2+5=7
❷ 4+4=8
❸ 8+2=10
❹ 2+2=4
❺ 5+5=10
❻ 6+4=10
❼ 1+6=7
❽ 3+3=6
❾ 6+3=9
❿ 3+5=8

まちがえずに
けいさんできる
ように、
がんばろう！

2 4+4　6+3　(4+6)　5+4

3 しき 4+3=7　こたえ（7）こ

4 しき 2+6=8　こたえ（8）こ

てびき １年生のうちから問題文をよく読み、式を作る前に場面をイメージする習慣を身につけましょう。高学年になると、文章題が苦手になってしまうお子さんが多いのですが、そうしたお子さんの多くが、低学年のうちに文章をよく理解せずに式を書いているといわれます。「文章に出てきた数字を順番にたせばいい」という思い込みをしないためにも、立式を急がず、場面を想像してから式をつくるようにしましょう。場面を正確につかむことが大切です。

⑦ ひきざん(1)

30・31ページ きほんのワーク

きほん1 しき 5−2=3

こたえ 3 だい　　−

てびき ひき算を習い始め、「＋」と「−」の２つを使い式に書くことがおもしろくなってくるこの時期は、立式を急ぐお子さんが急増します。「これまでは＋だったけど、今度は−だから…」と機械的にひき算だと判断し、式をつくることに夢中になる場合もあります。この問題でも、文章に出てくる５と２の数だけを受け取って、５−２と式を書き、どんな場面の問題かを考えていないお子さんがいると思います。試しに、「どんなお話で５−２になったの？」とたずねてみてください。「駐車場の問題で、はじめ５台あって、そこから２台出て行ったら、残りは何台になるかを聞かれている」と説明できるでしょうか。１年生のこの時期は、立式を急がず、場面を正確にイメージするように促してください。先にお話しした通り、１年生のうちから、問題を読んで場面をイメージする習慣を身につけておくことは、高学年になって読解力が求められる問題にも強くなることにつながっていくはずです。

❶ しき 6−2=4　　こたえ 4 ひき

❷ しき 8−5=3　　こたえ 3 こ

てびき ひき算は、たし算に比べてつまずきが多く見られます。「ひかれる数」と「ひく数」の関係をしっかり理解しましょう。30ページには、問題のそばにブロック図を提示してあります。これは、計算のフォローをするという意味だけでなく、問題文の場面を図でイメージする目的があります。こうした図がない場合でも、下のように自分で図に表して考える習慣を身につけると理解が深まります。

❸ ❶ 5−3=2
❷ 4−2=2
❸ 7−1=6
❹ 9−2=7
❺ 9−3=6
❻ 8−6=2
❼ 3−2=1
❽ 10−4=6
❾ 10−5=5
❿ 10−8=2

てびき 計算のしかたを迷っているようでしたら、まずは具体物を操作して、確かめておきましょう。○をかいて、ひく数だけ斜線で消してもよいでしょう。

きほん2

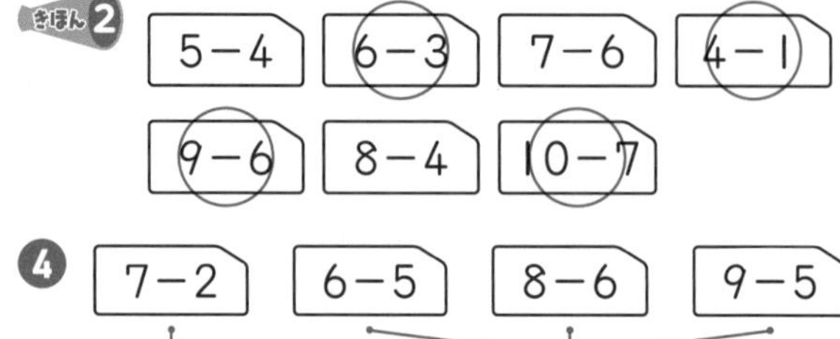

❹ 7−2 — 9−4、6−5 — 9−8、8−6 — 3−1、9−5 — 5−1

てびき 低学年のうちは、カード遊びをしながら数に親しむことも大切です。ご家庭でも小さな紙に式を書き、計算カードを作って遊ぶとよいでしょう。同じ答えになる式のカードを集めたり、クイズのように問題を出し合い、カード取りゲームをするなどして、遊びながら計算に強くなることができます。

32・33ページ きほんのワーク

きほん1 しき 7−3=4　　こたえ 4 ひき

❶ しき 6−4=2　　こたえ 2 こ

❷ しき 9−7=2　　こたえ 2 ほん

きほん2 しき 8−5=3　　こたえ 3 こ

❸ ❶ しき 7−4=3　　こたえ 3 だい

❷ しき 10−6=4　　こたえ 4 こ

❹ しき 6−1=5　　こたえ 5 ひき

てびき 違いを求める場合も、ひき算の式に表せることをおさえます。

34・35ページ きほんのワーク

きほん1 しき 7−3=4　　こたえ 4 にん

❶ しき 8−5=3　　こたえ 3 びき

きほん2

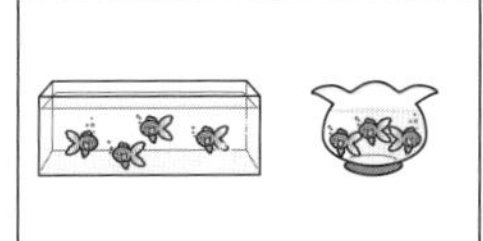

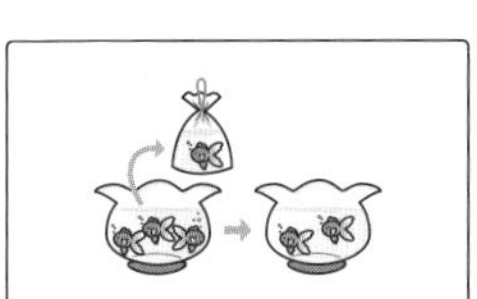

きんぎょが　3びき　います。1ぴき　あげると、のこりは　2ひきです。

きんぎょが　おおきい　すいそうに　4ひき、ちいさい　すいそうに　3びき　います。あわせて　7ひき　います。

2 ❶ 5＋3＝8の　しきに　なる　おはなし

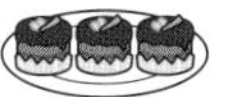

〔れい〕けえきが　はこに　5こ、さらに　3こ　あります。あわせて　8こです。

❷ 8−3＝5の　しきに　なる　おはなし

〔れい〕りんごが　8こ　あります。3こ　たべると、のこりは　5こです。

てびき　絵を見てひき算のお話を作ったり、式に表したりします。高学年になってから文章題嫌いにならないためにも、1年生のうちから算数の問題づくりの面白さに触れておきましょう。

36ページ　れんしゅうのワーク

1 あ　い　う

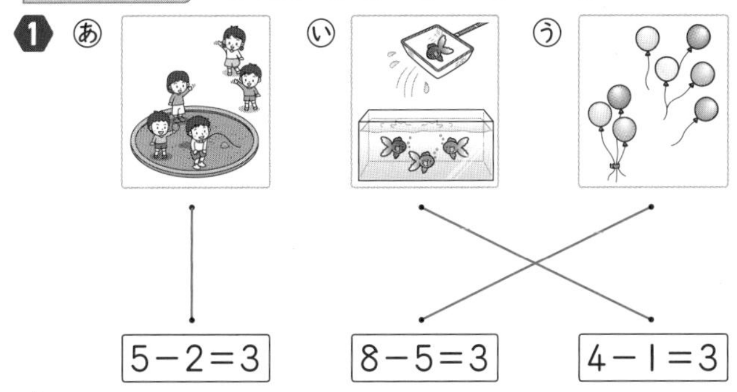

5−2＝3　8−5＝3　4−1＝3

たしかめよう!

なにを　して　いる　ところか、かんがえてみよう。

あは、こうえんで　5にん　あそんで　いて、ふたりが　かえって　いく　ようすを　あらわして　いるね。

いは、4ひき　いる　きんぎょの　なかから　1ぴきを　すくい　あげた　ところだね。

うは、ふうせんが　5こ　とんで　いって、あとに　3こ　のこって　いるね。はじめに　8こ　あって、5こ　とんで　いったら　3こ　のこったとも　いえるね。

2 ❶ 4−2（おもて）　2（うら）　❷ 7−5　2

❸ 9−6　3　❹ 6−3　3

❺ 3−1　2　❻ 10−6　4

3 7−3＝4

37ページ　まとめのテスト

1 ❶ 3−2＝1

❷ 7−4＝3

❸ 6−2＝4

❹ 9−7＝2

❺ 4−3＝1

❻ 5−4＝1

❼ 8−4＝4

❽ 10−3＝7

❾ 7−6＝1

❿ 10−8＝2

たしかめよう!

けいさんを　まちがえた　もんだいは　もういちど　やって、できるように　しよう。

2 6−1　9−4　7−3（○）　10−7

たしかめよう!

6−1＝5、9−4＝5、10−7＝3だね。

3 しき　8−3＝5　こたえ（5）こ

てびき　図にかいて考えましょう。

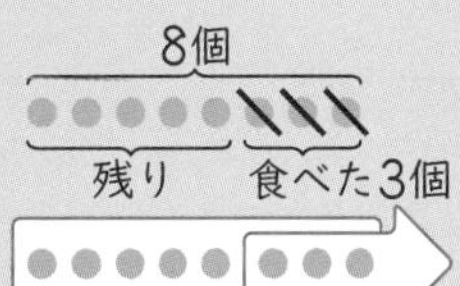

8個のうち3個食べたから、式は8−3になります。

左のような図にかいてもよいでしょう。

4 しき　6−4＝2　こたえ（2）ひき

てびき　図は下のようになります。

いぬ　●●●●●●

ねこ　●●●●　違い

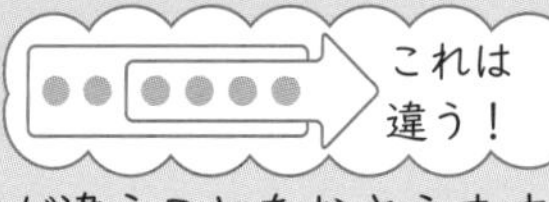

右のような図とは意味が違うことをおさえます。

⑧ かずしらべ

38ページ　きほんのワーク

きほん1 ❶ みかん
❷ ぱいなっぷる
❸ りんごと　いちご

りんご	ばなな	いちご	ぱいなっぷる	みかん

39ページ　まとめのテスト

1

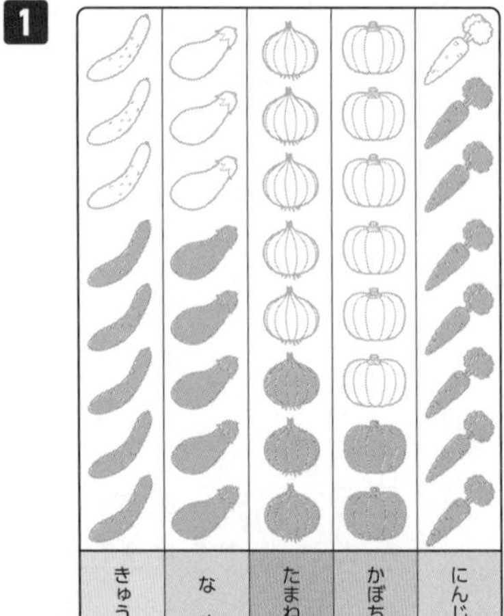

2 ❶ にんじん
❷ かぼちゃ
❸ きゅうりと　なす

てびき　２年生で学習する表とグラフにつながる内容です。バラバラなものを整理してみるとわかりやすくなることを実感するのが目的です。

⑨ 10より おおきい かず

40・41ページ　きほんのワーク

きほん1 ❶ じゅう と に　12 じゅうに
❷ じゅう と はち　18 じゅうはち

1 ❶ 11　❷ 12　❸ 13
❹ 14　❺ 15　❻ 16
❼ 17　❽ 18　❾ 19
❿ 20

てびき　11～20の数を学びます。「10のまとまり」と、「ばらがいくつ」と分けて考えることで、数がひと目で数えられることのよさに気づきましょう。10のまとまりが２つで20になることもおさえておきましょう。

2 ❶ 10と　5で　15
❷ 10と　3で　13
❸ 10と　1で　11
❹ 10と　6で　16

てびき　❶「10と5で105」のようなミスがあるので、注意しましょう。

きほん2 ❶ 12こ
❷ 15ほん

てびき　❶ 2、4、6、8、10、12と数えます。
❷ 5、10、15と数えます。
2とび、5とびの数え方がきちんとできているか、確認しましょう。

3 11にん

4 ❶ 17は　10と　7　❷ 14は　10と　4
❸ 19は　10と　9　❹ 20は　10と　10

5 ❶ 12 → 10 と 2　❷ 19 → 10 と 9　❸ 18 → 10 と 8

42・43ページ きほんのワーク

きほん1 ❶ 14－15－16－17－18－19－20

❷ 15－14－13－12－11－10－9

❶ ❶ 11－12－13－14－15－16－17

❷ 14－15－16－17－18－19－20

❸ 17－16－15－14－13－12－11

❹ 5－10－15－20

❺ 8－10－12－14－16－18－20

てびき ❸は、1ずつ減っています。
❹は、5ずつ増えています。5、10、15、…の数え方にも慣れておきましょう。
❺は、2ずつ増えています。数の並び方の規則性に気づき、答えられるようにしましょう。

きほん2 ❶ 10より 3 おおきい かずは 13
❷ 20より 2 ちいさい かずは 18

❷ 0 1 2 3 4 5 6 7 8 9 10 11 12 13 14 15 16 17 18 19 20

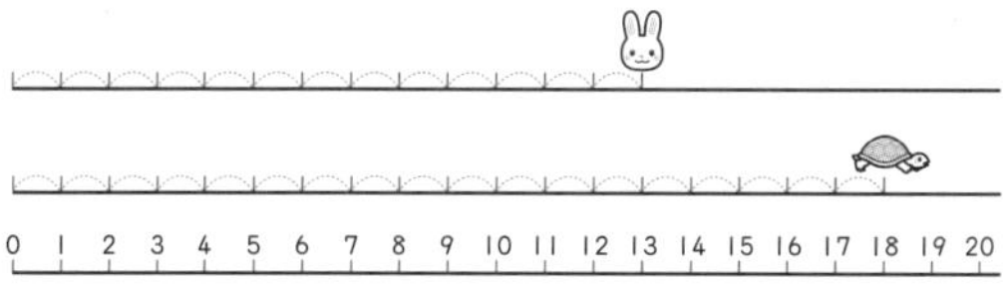

❶ 13　❷ 18

❸ ❶ 14　❷ 18
❸ 12　❹ 16

てびき 数の線(数直線)を使って考えましょう。

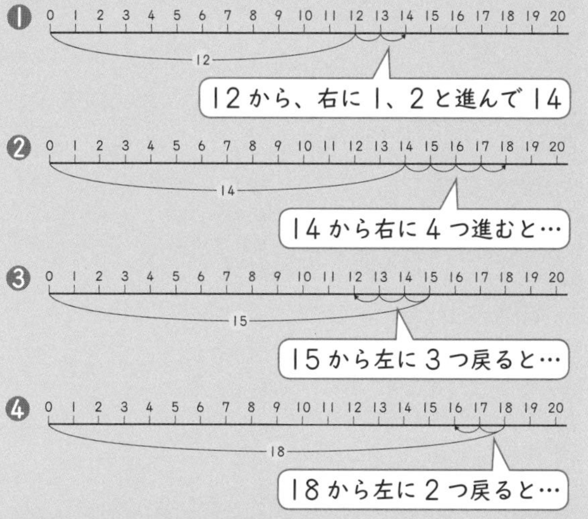

❶ 12から、右に1、2と進んで14

❷ 14から右に4つ進むと…

❸ 15から左に3つ戻ると…

❹ 18から左に2つ戻ると…

直線の上に基準の点(原点)を決めて、この点を0とし、単位の長さ(1の目盛りの大きさ)を決めて、その直線の上に数を書いたものを数直線(数の線)といいます。

数直線は左から右に行くほど大きくなっています。また、等間隔に目盛りが打たれ、連続量として捉えられることが特徴です。

数直線では、数が視覚的に把握できるというよさがあります。また、数の大小や順序、系列を理解するための補助的な役割を果たします。数直線という用語は3年生になって学びますが、数直線自体は「10よりおおきいかず」から登場します。1年生のうちから、数直線に親しんでおくようにしましょう。

学年が進み、学習する数が大きくなるにしたがって、数直線の見方も広がっていきます。小数、分数の数直線、負の数の数直線、さらに有理数・実数の数直線に発展していきます。

44・45ページ きほんのワーク

きほん1 ❶

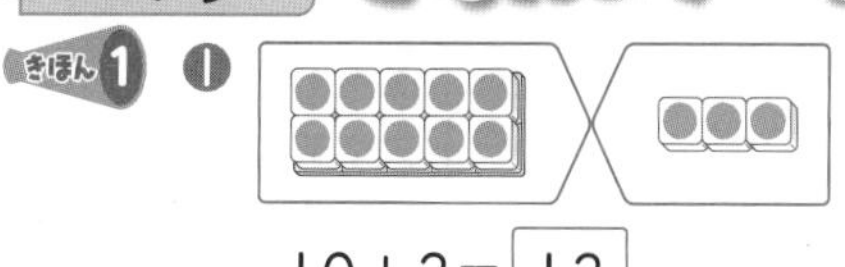

10+3=13

❷

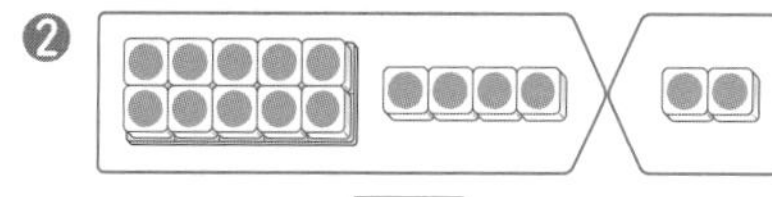

14+2=16

❶ ❶ 10+5=15
❷ 10+8=18
❸ 10+10=20
❹ 16+2=18
❺ 13+3=16
❻ 12+5=17
❼ 15+4=19
❽ 18+1=19

てびき ❹～❽は、2けたの数(たされる数)を「10と○」に分けて考えましょう。
❹16は10と6。6+2=8だから、16+2=18
❺13は10と3。3+3=6だから、13+3=16
❻12は10と2。2+5=7だから、12+5=17
❼15は10と5。5+4=9だから、15+4=19
❽18は10と8。8+1=9だから、18+1=19

きほん2 ❶

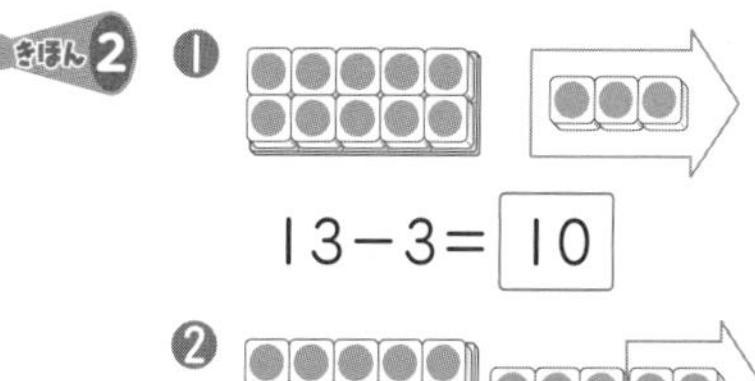

13−3=10

❷

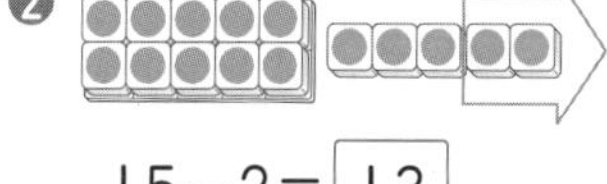

15−2=13

❷ ❶ 11−1=10
❷ 18−8=10
❸ 17−3=14
❹ 13−2=11
❺ 19−4=15
❻ 16−4=12
❼ 18−5=13
❽ 19−8=11

てびき 「10いくつ−いくつ」の計算です。2けたの数を10といくつと考えることができているかどうかを確認してください。ここでつまずくと、くり下がりの理解が難しくなることがあるので、注意しましょう。

❺
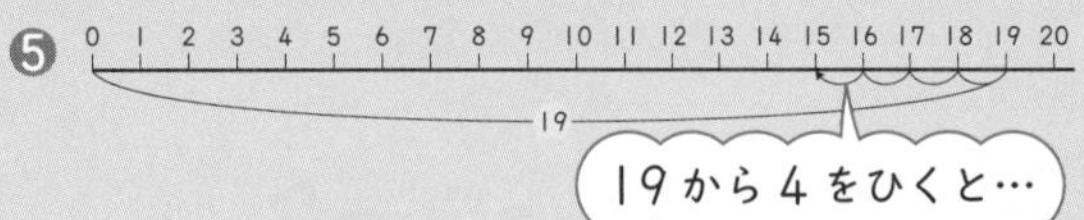

❸ ❶ 17−10=7　❷ 15−10=5
❸ 19−10=9　❹ 12−10=2

てびき 2年生で扱う計算のため、「発展」マークをつけています。きほん2のように、ブロックを使って考えてみましょう。

46ページ れんしゅうのワーク

❶ ❶ 13　❷ 15　❸ 20

てびき ❶❷10をひとまとまりと考えます。❷は、いちご10個を線で囲んで考えるとよいでしょう。❸は、2、4、6、…と数えます。

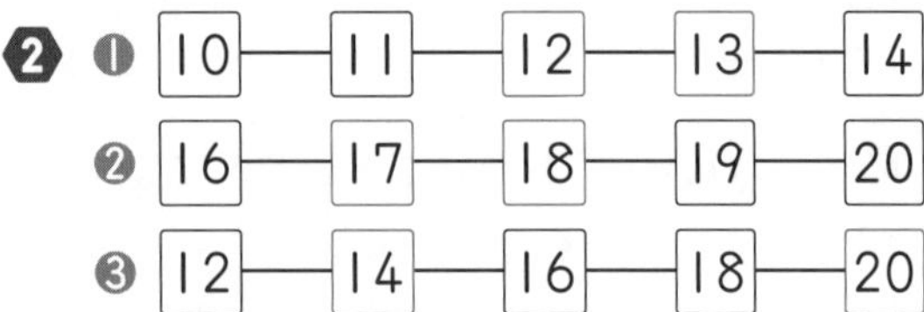

❷ ❶ 10—11—12—13—14
❷ 16—17—18—19—20
❸ 12—14—16—18—20

❸ ❶ 10+4=14
❷ 15+3=18
❸ 12+6=18
❹ 12−2=10
❺ 18−3=15
❻ 19−6=13

47ページ まとめのテスト

1 ❶ 14こ　❷ 12こ　❸ 15ほん

たしかめよう!

❶は、10こを　ひとまとまりに　して、しるしを　つけると、わかりやすいよ。
❷は　2、4、6、…と、
❸は　5、10、15、…と　かぞえよう。

❶ ❷

❸ 5 10 15

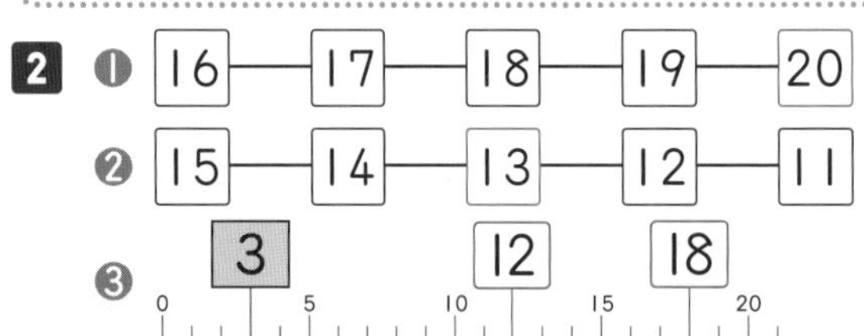

2 ❶ 16—17—18—19—20
❷ 15—14—13—12—11
❸ 3　12　18
0 5 10 15 20

てびき ❶は1ずつ増え、❷は1ずつ減っていることから、□にあてはまる数を考えます。
❸は数の線(数の直線、数直線)です。数の線を読み取るには、まず1目盛りの大きさを調べます。この場合は1なので、10から2目盛り右に進んだ数は12であることがわかります。

3 ❶ 15　⑰　❷ ⑳　14

4 ❶ 10+3=13　❷ 14+5=19
❸ 17−7=10　❹ 19−5=14

てびき 1年生では120程度までの数について学びます。まずは、10までの数の構成をしっかりと理解することが大切です。10までの数をしっかりと理解した上で、20までの数の学習を進めましょう。1年生の時期は新しいことを覚えるのが楽しくて、どんどん先へ先へと進みたくなる時期でもあります。あやふやな理解のままに先に進むのではなく、足元をしっかりと踏み固めて進むことが大切です。10をひとまとまりにすることを習慣づけましょう。

⑩ なんじ なんじはん

48・49ページ **きほんのワーク**

きほん1

あは 8じ です。

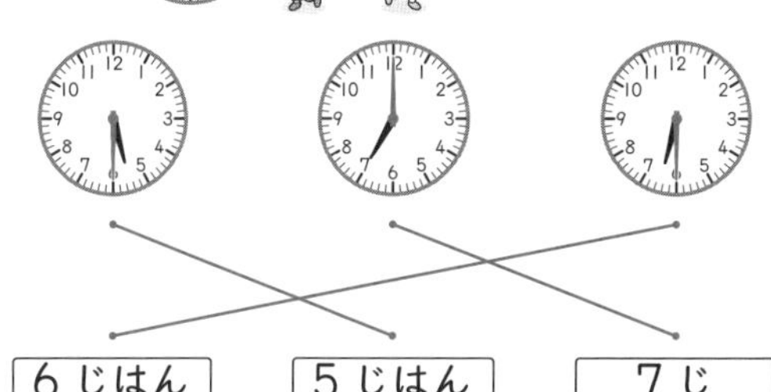

いは 2じはん です。

❶

6じはん　5じはん　7じ

てびき 短針と長針の読み間違いをしてしまうケースが多いので、注意しましょう。

たしかめよう!

「なんじ」は　ながい　はりが　12を　さします。
「なんじはん」は　ながい　はりが　6を　さします。

❷ ❶（3じ）　❷（3じはん）　❸（4じ）

てびき 時計は日常生活でも頻繁に使われます。時計の表し方や時計の読み方をしっかり身につけましょう。まずは短針が「何時」を示し、長針が「何分」を示すことを確認してください。何時、何時半の読み方から学びます。長針が12を指しているときは「何時」と読むことをおさえましょう。長針が6を指しているときは「何時半」です。短針が数字と数字の間を指しています。12と1の場合を除き、小さい方の数字を「何時」と読みます。短針と長針の読み間違いをしてしまうケースが多いので、注意しましょう。
❶長針が12、短針が3を指しているので、3時です。

きほん2 ❶ ❷

てびき まずは何時、何時半を読めるようになりましょう。この時期から何分まで読めるお子さんも見られる一方で、まったく時計を読み取れないお子さんもいます。お子さんの興味に合わせて、何時何分まで読めるようにしてもよいでしょう。アナログ時計がご家庭にない場合は、公園や駅などでアナログ時計を見つけたら、「今何時？」と問いかけてみるとよいでしょう。

❸ ❶ ❷ ❸ ❹

てびき 「何時」のときには長針が12を指すこと、「何時半」のときには長針が6を指すことを理解できているか確かめてください。置き時計などを使い、実際に針を動かし、時こくをあわせてみると、理解が進みます。「何時」のときには短針の数字がそのまま「●時」を表していること、「何時半」のときには短針が数字と数字の間にきていることも確認しておきましょう。

ご家庭では、「いま何時かな。時計を見てくれる？」と問いかけ、お子さんに時計を読むように促してみましょう。声に出して読むとよいでしょう。何度もくりかえせば、何時何分まで読めるようになります。

❹ い

てびき 「何時半」の時計を読むときは、「何時」を読み間違えることがよくあります。

たとえばこのいでは、短針が1と2の間にあることから、「1時半」なのか「2時半」なのか迷うケースが多くあります。

単純に「小さい方の数字を読むんだよ」と伝えてもよいのですが、時計の動き方を確認しながら、「短い針は1を通りすぎて、まだ2になっていないね。だからまだ2時じゃなくて、1

時なんだよ。」のように、理由をつけて伝えるとより理解しやすいでしょう。

下のように、長針と短針が近づいている５時半や６時半が特に読み取りづらいと言われています。読み方を確かめておきましょう。

5時半

6時半

50ページ れんしゅうのワーク

❶ ❶ ❷ ❸

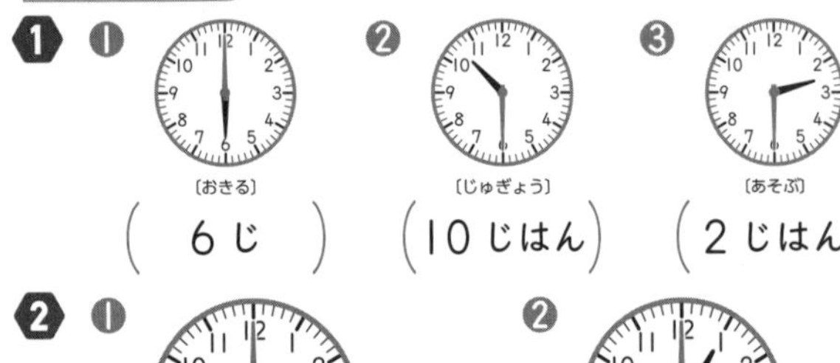

❷ ❶

❷

❸

❹

❺

❻

てびき 時計の針をかくことは、１年生にとって高度な学習です。「何時」であれば長針が12を指していれば正解、「何時半」であれば長針が６を指していれば正解とします。少しずれていても、12と６を指しているという意識があれば正解としてよいでしょう。❺❻は、長針だけでなく短針もかきます。❺の８時は表せても、❻の９時半はなかなか難しいでしょう。表せない場合は、おうちの方と一緒にかきましょう。その際、「短い針はどこにかけばいいかな？」と問いかけ、「９時半だから９と10の間」という言葉を引き出してください。

たしかめよう!

とけいの　はりの　うごきかたを　よく　みて　みよう。ながい　はりが　12の　ときと、6の　ときを　かいて　みよう。

51ページ まとめのテスト

❶ ❶ 4じはん　❷ 9じ
❸ 11じ　❹ 6じはん

てびき 時計の横にイラストがあります。２年生で学習する午前・午後につなげたり、時刻や時間の正しい感覚を身につけたりするためにも、イラストを見て、何をしているところかな、外で遊んでいるのが４時半だな（❶）、夜の９時にはベッドに入って寝る時刻だな（❷）というように、場面を想像するとよいでしょう。

❷ ❶

❷

❸ ㋐

たしかめよう!

㋑は　8じはんの　とけいです。

てびき 前のページを学習しておけばできる問題を出題しています。時計の単元は、学校での学習時数も少ないため、ご家庭でのフォローが大切です。朝起きたとき、出かけるとき、寝るときに時計を見るなど、毎日の生活の中で時計を見る機会を増やしましょう。

⑪ おおきさくらべ(1)

52・53ページ きほんのワーク

きほん1 ❶ いちばん　ながい　もの　㋙

❷ いちばん　みじかい　もの　㋑

たしかめよう!

ながさを　くらべる　ときには、はしを　そろえて、まっすぐに　のばして　くらべるんだね。

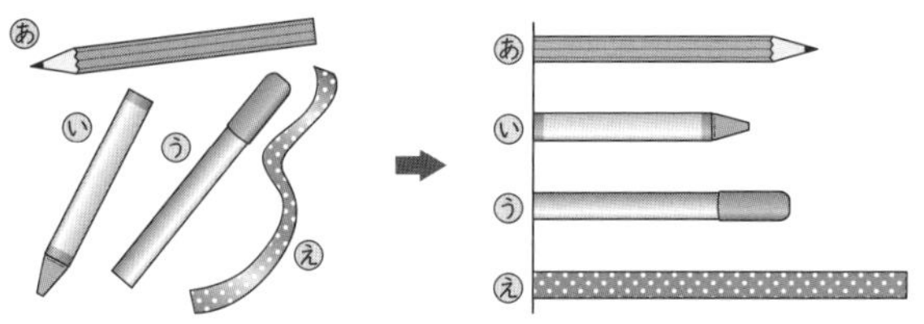

ひだりの　ように　はしが　そろって　いないと　みためでは　よく　わからないけれど、みぎの　ように　はしを　そろえると、ひとめで　ちがいが　わかるね。

1 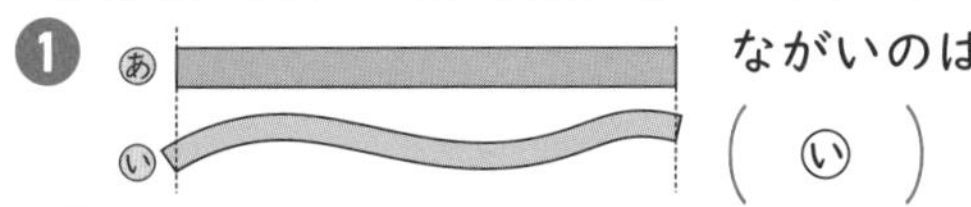

ながいのは　(㋑)

てびき ㋑の方がテープがたるんでいることに注目しましょう。たるんでいるところをぴんとのばしたら、㋑の方が長くなることがイメージできたでしょうか。イメージがわかない場合は、テープや糸などを使って、ゆるみをもったものをぴんとのばすと長くなることを確かめてみましょう。

2 ❶ たて　　❷ よこ

たしかめよう!

❶は　のうとを　2さつ　かさねて　たてと　よこの　ながさを　くらべているね。

❷は　たての　ながさを　よこに　おりまげて　くらべて　いるね。

❶ 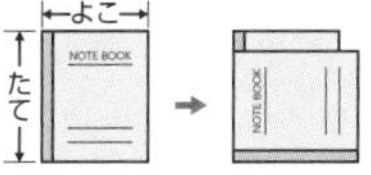

❷ 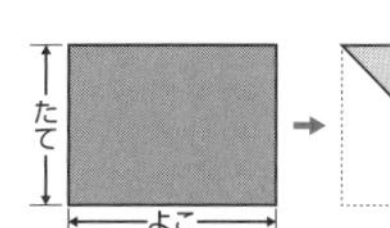

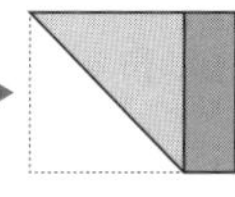

きほん2 ㋐ つくえの　よこ　／　㋑ どあの　はば

(㋐)

てびき 長さを比べるときに、直接並べたり、重ねたりできないときには、テープなどを使って間接的に比べます。2年生で学習する物差しを使った長さの測り方のもとになる考えです。「机の幅の方がドアの幅よりも長いから、机を通すことはできない。」「机をななめにすれば通せるのではないか?」などと論理的な思考につながっていく問題です。ドアを通すにはどうしたらよいか、お子さんと話し合ってみましょう。

3 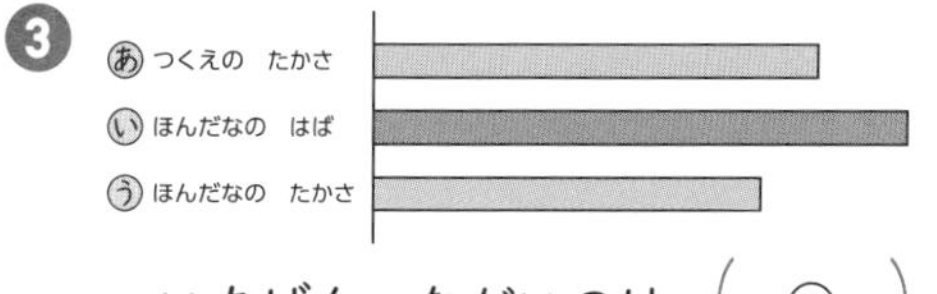

いちばん　ながいのは　(㋑)

4 ❶ 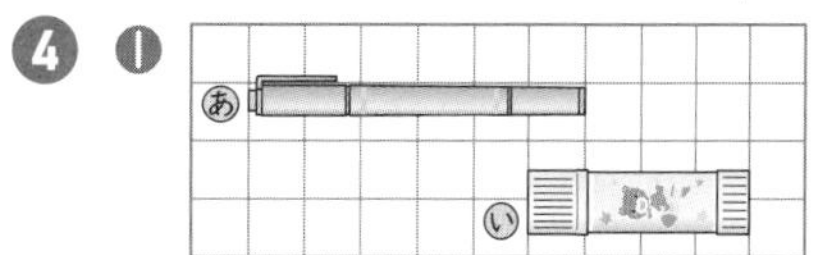

ながいのは　(㋐)

❷ ㋐　㋑

ながいのは　(㋑)

てびき ❶ますの数で比べます。㋐は6ます分、㋑は4ます分です。

❷㋐は車両が5こ、㋑は6こなので、㋑が長いことがわかります。

あるものを基準に、いくつ分あるかで比べる方法を任意単位による比較といいます。一定の大きさをもとに考えることのよさを知らせましょう。

54ページ きほんのワーク

きほん1 ❶ ㋑　　❷ ㋐

てびき ❶ ㋐の水を㋑に入れきっても、まだ㋑に余裕があるので、㋑の方が多く入ります。

❷ 同じ大きさの入れ物にうつしかえたら、㋐の方が水の高さが高くなっているから、㋐の方が多く入ることがわかります。

1 (㋐)→(㋒)→(㋑)

たしかめよう!

ⓐは　こっぷ　9はいぶん、ⓘは　6ぱいぶん、ⓤは　8はいぶん　はいります。

ⓐ 

ⓘ 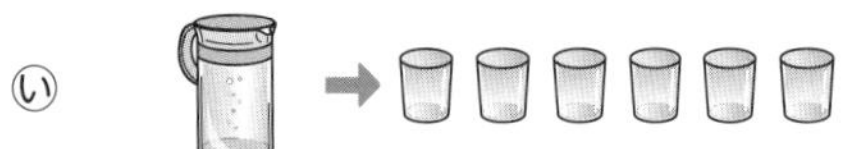

ⓤ 

2 ⓘ

たしかめよう!

ⓐの　はこは　ⓘの　はこに　はいったので、ⓘの　ほうが　おおきいと　わかるね。

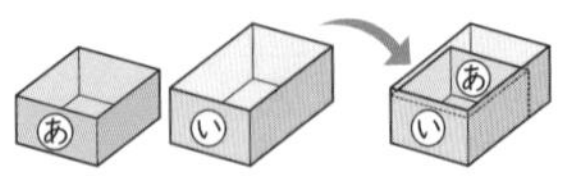

55ページ　まとめのテスト

1 (ⓤ)→(ⓐ)→(ⓘ)

たしかめよう!

ますの　かずで　かぞえます。ⓐは　8つぶん、ⓘは　7つぶん、ⓤは　9つぶんだから、ⓤ→ⓐ→ⓘの　じゅんに　なります。

2 (ⓘ)→(ⓤ)→(ⓐ)

たしかめよう!

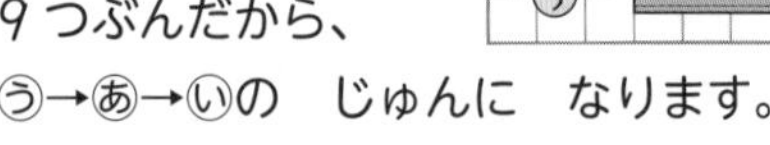

いれものの　おおきさが　おなじだから、みずの　たかさの　たかい　じゅんに　こたえます。

3 ❶ ⓘ　❷ ⓐ

てびき ❶同じ大きさの入れ物にうつしかえたら、ⓘの方が水の高さが高くなっているから、ⓘの方が多く入ることがわかります。

❷同じ大きさのコップで何杯分あるかをはかっています。ⓐは7杯分、ⓘは5杯分だから、ⓐの方が多く入ることがわかります。

❷のような比較の方法を任意単位による比較といいます。任意単位の比較にすると、「コップ何杯分」のように、数値として比べやすくなることを確認しましょう。また、近年、量感を持てないお子さんが増えています。お風呂場などで、水のかさをはかる遊びを取り入れてみましょう。コップ何杯分、ペットボトル何本分というように水をはかる体験をするとよいでしょう。これは2年生の「かさ」の学習につながります。

たしかめよう!

おなじ　おおきさの　いれものに　うつしかえて、くらべて　いるね。ⓘの　ほうが、みずの　たかさが　たかいから、おおいと　わかるよ。

❶ 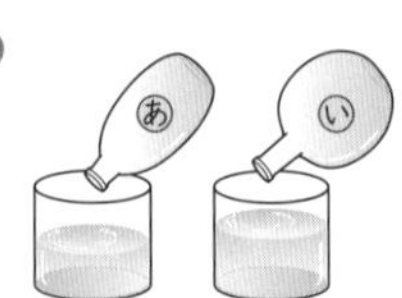

やってみよう!

【もんだい】

ながさを　くらべる　ときには、ますの　いくつぶんで　くらべることも　できます。ⓐ、ⓘ、ⓤ、ⓔ、ⓞは、それぞれ　ますの　いくつぶんですか。

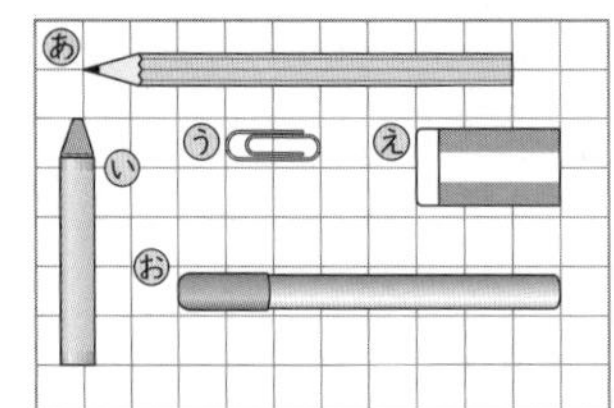

【こたえ】　ⓐ 9 つぶん
ⓘ 5 つぶん
ⓤ 2 つぶん
ⓔ 3 つぶん
ⓞ 8 つぶん

ⓐの　えんぴつは、ますの　9つぶんに　なります。えんぴつの　とがった　しんの　ところも　かぞえましょう。

ⓘの　くれよんは、たてに　なって　いるけれど、ますの　5つぶんと　かぞえます。

⑫ ３つの かずの けいさん

56・57 ページ きほんのワーク

きほん1

しき 3＋[2]＋[1]＝[6]　　こたえ [6]わ

❶

しき 2＋[1]＋[4]＝[7]　　こたえ [7]ひき

❷ ❶ 3＋4＋1＝[8]

❷ 4＋2＋4＝[10]

❸ 9＋1＋2＝[12]

❹ 4＋6＋10＝[20]

てびき ❶3＋4の答えの7に1をたして8と考えます。3つの数の計算も順番に計算すればよいことを理解しましょう。

きほん2

しき 7－[2]－[1]＝[4]　　こたえ [4]ひき

❸

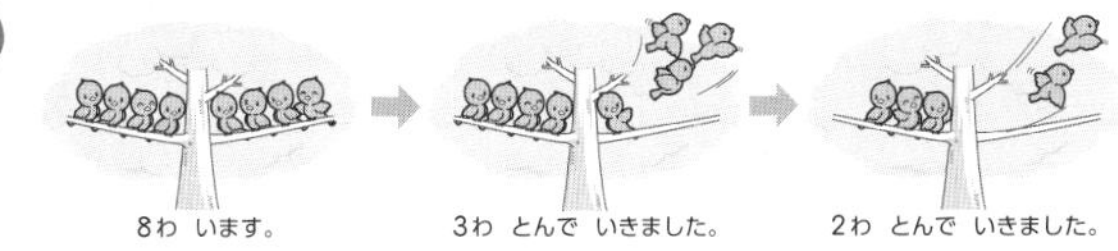

しき 8－[3]－[2]＝[3]　　こたえ [3]わ

❹ ❶ 7－3－1＝[3]

❷ 10－2－3＝[5]

❸ 13－3－4＝[6]

❹ 17－7－6＝[4]

てびき ❶7－3の答えから1をひきます。7－3＝4、4－1＝3と考えればよいことを理解しましょう。

❷ 10－2＝8、8－3＝5
❸ 13－3＝10、10－4＝6　　と考えます。
❹ 17－7＝10、10－6＝4

声に出して計算すると、やりやすいようです。

58・59 ページ きほんのワーク

きほん1

しき 4－[2]＋[3]＝[5]　　こたえ [5]ひき

てびき たし算とひき算が混じった計算も、前から順に計算すればよいことを確認しましょう。理解の難しいお子さんには、算数ブロックなどの具体物を使ってみましょう。

❶

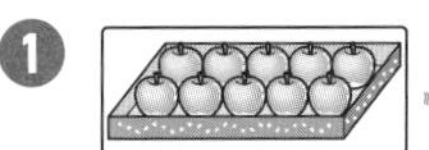

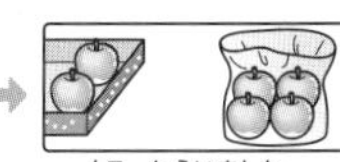

しき 10－[8]＋[4]＝[6]　　こたえ [6]こ

てびき 10個あったりんごのうち、8個をあげると残りは2個、後から4個もらったから、2＋4で6個になります。

10－8＝2、2＋4＝6
10－8＋4＝6　　上と下は同じ

❷ ❶ 5－3＋2＝[4]

❷ 10－9＋4＝[5]

❸ 14－4＋3＝[13]

❹ 17－6＋5＝[16]

てびき ❶

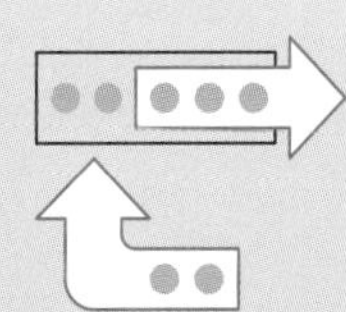

5－3＝2
2＋2＝4と
考えます。

❷ 10－9＝1、1＋4＝5
10－9＋4＝5　　上と下は同じ

❸ 14－4＝10、10＋3＝13
14－4＋3＝13　　上と下は同じ

❹ 17－6＝11、11＋5＝16
17－6＋5＝16　　上と下は同じ

5わ　います。　4わ　きました。　2わ　かえりました。

しき　5＋4－2＝7　　こたえ　7わ

てびき　初め5羽いて、あとから4羽来ました。そのあと2羽帰ったから、5＋4の答えから、2をひきます。

5＋4＝9、9－2＝7
5＋4－2＝7
上と下は同じ

3

2こ　あります。　8こ　もらいました。　3こ　つかいました。

しき　2＋8－3＝7　　こたえ　7こ

てびき　場面をよくつかんでから式にします。

2＋8＝10、10－3＝7
2＋8－3＝7
上と下は同じ

4
❶ 6＋2－1＝7
❷ 3＋7－4＝6
❸ 10＋6－3＝13
❹ 13＋5－7＝11

てびき　❶ 6＋2＝8、8－1＝7と考えます。
❷ 3＋7＝10、10－4＝6
3＋7－4＝6　上と下は同じ
❸ 10＋6＝16、16－3＝13
10＋6－3＝13　上と下は同じ
❹ 13＋5＝18、18－7＝11
13＋5－7＝11　上と下は同じ

3つの数の計算は、3つの数を一度に計算しようとするとつまずいてしまいます。これまでに学習した2つの数の計算を使って、2回に分けてじっくりと計算を進めましょう。

60ページ　れんしゅうのワーク

❶

5＋2＋3＝10

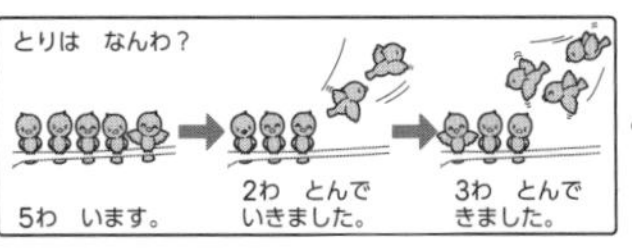

5－2＋3＝6

5＋3＋1＝9

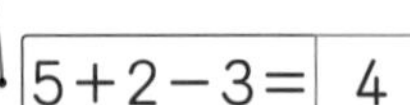
5＋2－3＝4

てびき　場面をよくつかんでから式を考えます。
・りんごは、初め5個あって、2個もらって、そのあと3個あげているから、
5＋2－3＝4(個)残っています。
・鳥は、初め5羽いて、2羽飛んでいき、後から3羽やってきたから、
5－2＋3＝6(羽)になります。
・猫は、初め5匹いて、2匹来て、また3匹来たから、
5＋2＋3＝10(匹)になります。

❷
❶ 4＋5＋1＝10
❷ 6＋4＋5＝15
❸ 8－2－3＝3
❹ 17－7－6＝4
❺ 6－2＋3＝7
❻ 10－6＋2＝6
❼ 18－4＋3＝17
❽ 2＋8－4＝6

まえから　じゅんに
けいさんするよ。

てびき　たし算やひき算のまじった計算は＋や－に気をつけることが大切です。計算は必ず前から順に行います。

61ページ　まとめのテスト

1　しき　3＋1－2＝2　　こたえ　2ひき
2　しき　10－2－3＝5　　こたえ　5こ
3
❶ 3＋2＋4＝9
❷ 8＋2＋7＝17
❸ 9－3－2＝4
❹ 16－6－3＝7
❺ 8－7＋5＝6
❻ 15＋3－6＝12

＋と　－を
まちがえないように
きを　つけよう。

⑬ たしざん（2）

62・63ページ きほんのワーク

きほん1 10を　つくるには、あと
[2]を　たせば　よいです。
3を　2と　[1]に　わけます。
8に　2を　たすと　10です。
10と　1で　[11]です。

❶ ❶ 8＋4＝[12]
❷ 7＋5＝[12]

てびき 10のまとまりをつくることを考えます。図を見てしっかり理解しましょう。

きほん2 ❶ 8＋6＝14（6を②と④にわける）・8に　②を　たして　10
10と　④で　14
❷ 7＋4＝11（4を③と①にわける）・7に　③を　たして　10
10と　①で　11

てびき 2つの数㋐と㋑のたし算「㋐＋㋑」で、前の数㋐のことを被加数（ひかすう）といい、後ろの数㋑のことを加数（かすう）といいます。8＋6の計算のときに、
8＋6（6を②と④にわける）　6を2と4に分解して、8に2をたして10、10と4で14
のように計算する方法を加数分解（かすうぶんかい）といいます。加数を分解して、10のまとまりをつくる方法は、1年生にも理解しやすいといわれます。そこで、教科書でも学校の授業でも、加数分解から教えることがほとんどです。

❷ ❶ 8＋5＝[13]（5を②と③にわける）　❷ 8＋7＝[15]（7を②と⑤にわける）
❸ 7＋7＝[14]（7を③と④にわける）　❹ 7＋6＝[13]（6を③と③にわける）

❸ ❶ 8＋6＝[14]　❷ 8＋8＝[16]
❸ 7＋9＝[16]　❹ 8＋9＝[17]
❺ 7＋7＝[14]　❻ 7＋8＝[15]

てびき 計算のしかたを声に出して説明してみると理解が進みます。
❶ 8＋6＝14（6を2と4にわける）　❷ 8＋8＝16（8を2と6にわける）
❸ 7＋9＝16（9を3と6にわける）　❹ 8＋9＝17（9を2と7にわける）
❺ 7＋7＝14（7を3と4にわける）　❻ 7＋8＝15（8を3と5にわける）

64・65ページ きほんのワーク

きほん1 ❶ 6＋5＝11（5を④と①にわける）・5を　④と　①に　わける。
6に　④を　たして　10
10と　①で　11
❷ 6＋9＝15（9を④と⑤にわける）・9を　④と　⑤に　わける。
6に　④を　たして　10
10と　⑤で　15

❶ ❶ 8＋5＝[13]　❷ 8＋7＝[15]
❸ 8＋8＝[16]　❹ 7＋6＝[13]
❺ 7＋8＝[15]　❻ 7＋9＝[16]
❼ 6＋6＝[12]　❽ 6＋7＝[13]
❾ 6＋8＝[14]

てびき 1年生のくり上がりのあるたし算で、つまずきやすいのは、「6＋いくつ」「7＋いくつ」の計算といわれています。何度も声に出しながら計算するとよいでしょう。お子さんによっては、「6＋いくつ」「7＋いくつ」以外に苦手な計算がある場合もありますから、チェックしてみてください。ご家庭でもゲーム感覚で問題を出し合い、計算に強くなりましょう。お子さんの苦手を知り、出題してあげてください。

間違いが多い計算	
6＋5	7＋4
6＋6	7＋5
6＋7	7＋6
6＋8	7＋7
6＋9	7＋8
	7＋9

きほん2 ❶ 9＋9＝18（9を①と⑧にわける）・9に　①を　たして　10
10と　⑧で　18
❷ 9＋7＝16（7を①と⑥にわける）・9に　①を　たして　10
10と　⑥で　16

❷ ❶ 9+5=14　❷ 9+6=15
❸ 9+8=17　❹ 8+4=12
❺ 8+6=14　❻ 8+9=17
❼ 7+4=11　❽ 7+5=12
❾ 7+7=14　❿ 6+5=11
⓫ 6+7=13　⓬ 6+8=14

てびき ❶〜❸9+(１けた)では、たす数(加数)を「１といくつ」に分けて計算します。下の図のように、

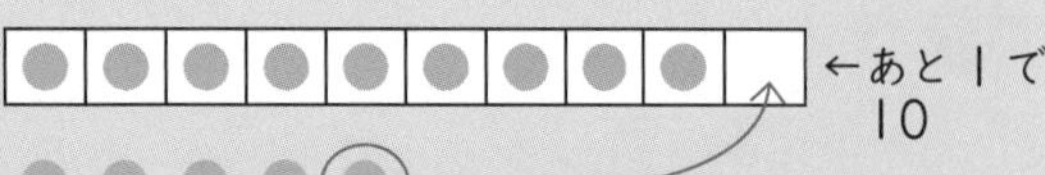

9に１をたして10のまとまりをイメージすると理解が進むようです。

❹〜❻8+(１けた)では、たす数を「２といくつ」に分けて計算します。下の図のように

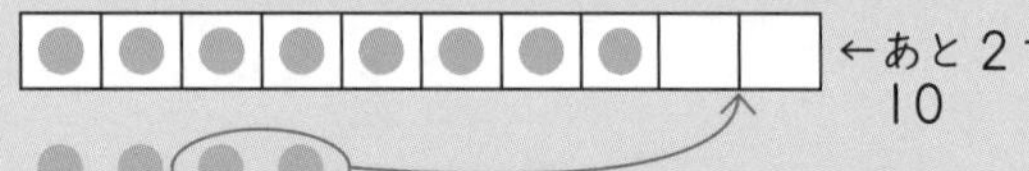

8に２をたして10のまとまりをイメージします。

❼〜⓬7+(１けた)、6+(１けた)も、❶〜❻と同じ考え方で計算しましょう。

❸ しき 7+6=13　こたえ 13こ

66・67ページ きほんのワーク

きほん1 ❶ 4を 10にする。 (4+9 → ⑩ 6 3)
4に 6 を たして 10
10と 3 で 13

❷ 9を 10にする。 (4+9 → 3 1 ⑩)
9に 1 を たして 10
10と 3 で 13

てびき これまでは、たす数を２つに分けて10をつくるやり方(加数分解(かすうぶんかい))を学んできました。ここでは、たされる数を２つに分けて10をつくるやり方(被加数分解(ひかすうぶんかい))を学びます。

4+9 → ⑩ 6 3 (加数分解)
4+9 → 3 1 ⑩ (被加数分解)
9に １を たして 10
10と ３で 13

❶ ❶ 3+8=11 (8 → 7 ①)　❷ 3+8=11 (3 → 1 ②)

❷ ❶ 2+9=11　❷ 3+9=12
❸ 4+8=12　❹ 5+8=13
❺ 4+7=11　❻ 5+6=11
❼ 4+9=13　❽ 5+7=12
❾ 5+9=14

てびき ２つのやり方で考えてみましょう。

❶ 2+9=11 (9 → ⑩ 8 1)　2+9=11 (2 → 1 1 ⑩)

❸ 4+8=12 (8 → ⑩ 6 2)　4+8=12 (4 → 2 2 ⑩)

一般的に、たされる数(被加数)が小さくくり上がりのある計算の場合は、被加数分解の方が計算しやすいといわれますが、お子さんによっては、あくまでも加数分解でやろうとする場合も多いです。計算のしかたはどちらでもかまいません。慣れてきて、計算のしやすいやり方で行えれば大丈夫です。

加数分解、被加数分解のほかにも、加数・被加数とも５といくつに分解して、その５同士で10をつくるという方法もあります。

7 + 6 = 13
5 2 5 1
10 3

7は5と2
6は5と1 → 13
10 3

また、素朴な方法として、たとえば7+4を、8、9、10、11と数え足しによって求める方法もあります。

初めは、どの方法でもかまいません。何度もくり返すうちに慣れてきて、状況に応じて使い分けできるようになります。

きほん2

[14]	[15]	[16]	[17]
5+9	6+9	7+9	8+9
6+8	7+8	8+8	9+8
7+7	8+7	9+7	
8+6	9+6		
9+5			

てびき たし算のカードを使って、答えが同じになる式を見つけます。ぜひご家庭でも、たし算のカードを作って遊んでみてください。

❸ ❶ 7+8　8+8（○）　❷ 4+9（○）　6+6

❸ 5+6　9+5（○）　❹ 9+6（○）　7+4

❹ 3+9 → 4+8 → 5+7 → 6+6 → 7+5 → 8+4 → 9+3

てびき　カードで遊んでいるうちに、たす数とたされる数を入れかえても、答えが同じになることに気づけるとよいでしょう。

68ページ　れんしゅうのワーク

❶ ❶ 4を 3と 1に わける。
7に 3を たして 10
10と 1で 11

❷ 5を 1と 4に わける。
9に 1を たして 10
10と 4で 14

❷ ❶ 5+6　❷ 3+8
❸ 4+7　❹ 2+9

❸ 〔れい〕
めだかが、おおきな すいそうに 8ひき、
きんぎょばちに 6ぴき います。
めだかは あわせて なんびき いますか。

てびき　式を見て、いろいろなお話をつくってみましょう。

69ページ　まとめのテスト

1 ❶ 2+9=11　❷ 7+8=15
❸ 5+6=11　❹ 8+3=11
❺ 6+9=15　❻ 3+8=11
❼ 9+5=14　❽ 5+8=13
❾ 4+7=11　❿ 8+9=17
⓫ 9+4=13　⓬ 7+6=13

2 しき 4+8=12　こたえ 12とう

3 しき 7+4=11　こたえ 11ぴき

⑭ かたちづくり

70ページ　きほんのワーク

きほん1 （あ、え、か）

たしかめよう!

あは 6まい、いは 8まい、うは 5まい、
えは 6まい、おは 8まい、かは 6まい、きは
7まいです。

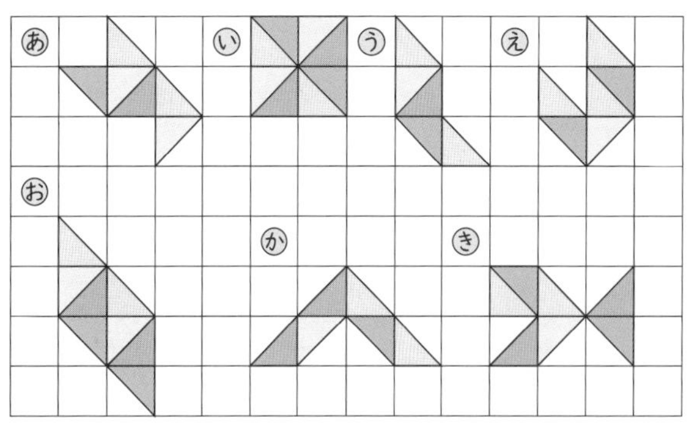

❶

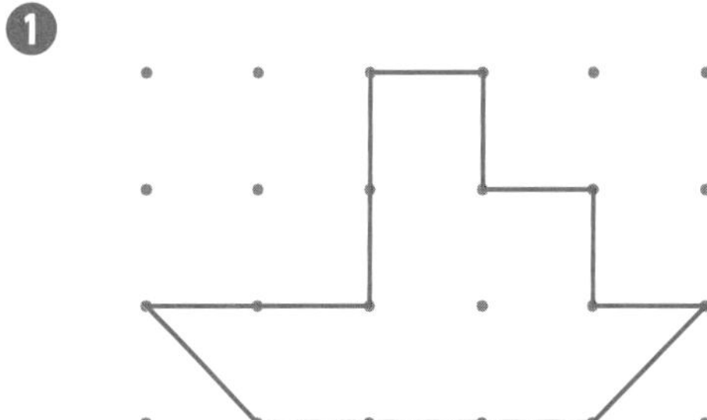

71ページ　まとめのテスト

1 ❶ 4まい　❷ 4まい　❸ 3まい

2

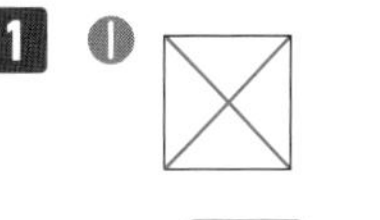

❶ 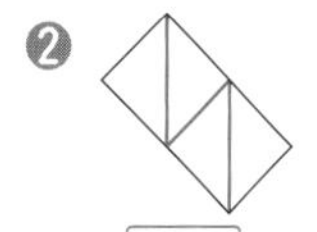　❷ 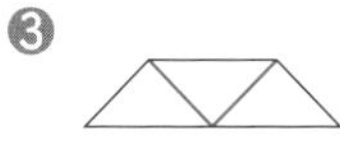　❸ 

うごかしたのは → （え）　（あ）　（あ）

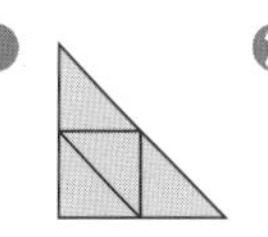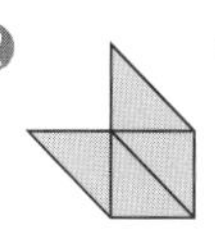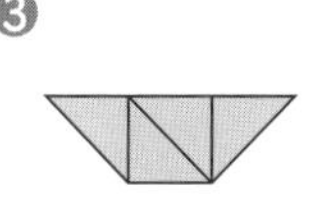

たしかめよう!

❶ 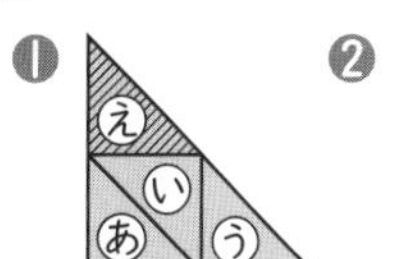　❷ 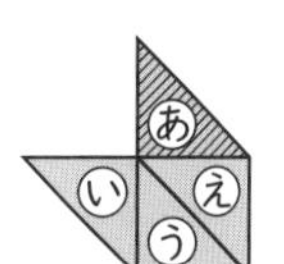　❸ 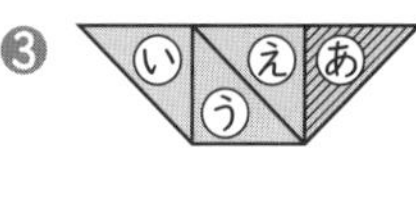

どの 1まいを うごかしたか、しっかり
かくにんして おきましょう。

3 ❶ 12ほん　❷ 18ほん

⑮ ひきざん(2)

72・73ページ きほんのワーク

きほん1 1 14は [10]と 4です。
2 10から 9を ひくと [1]
3 1と 4を あわせて [5]
14−9=[5]
⑩ ④

てびき くり下がりのあるひき算の学習が始まります。まず、(10いくつ)−9の計算のしかたを考えます。たとえば、14−9の計算は、
・14を10と4に分ける。
・10から9をひいて1(10−9=1)
・1と4で5(1+4=5)
のように考えます。ひいてからたすので、減加法といいます。くり下がりのあるひき算は、まず、この減加法から学びます。くり上がりのあるたし算が10をひとまとまりと考えたのと同様に、くり下がりのあるひき算では、ひかれる数(−の前の数)を10といくつかに分け、10のまとまりからひいて、その答えと残りの数をたします。

1 ❶ 12−9=[3] ・12は ⑩と ②です。
⑩ ②
10から9を ひいて ①
1と ②で 3

❷ 15−9=[6] ・15は ⑩と ⑤です。
⑩ ⑤
10から9を ひいて ①
1と ⑤で 6

きほん2 1 11は [10]と 1です。
2 10から 7を ひくと [3]
3 3と 1を あわせて [4]
11−7=[4]
⑩ ①

2 ❶ 12−7=[5] ・12は ⑩と ②です。
⑩ ②
10から7を ひいて ③
3と ②で 5

❷ 15−7=[8] ・15は ⑩と ⑤です。
⑩ ⑤
10から7を ひいて ③
3と ⑤で 8

❸ 14−7=[7] ・14は ⑩と ④です。
⑩ ④
10から7を ひいて ③
3と ④で 7

たしかめよう!
「−(ひく)」の まえに ある かずを 10と いくつに わけて かんがえて いるんだね。10の まとまりから ひいて かんがえよう。

74・75ページ きほんのワーク

きほん1 ❶ 11−6=5 ・⑩から 6を ひいて 4
⑩ ①
4と ①で 5

❷ 13−6=7 ・⑩から 6を ひいて 4
⑩ ③
4と ③で 7

1 ❶ 13−9=[4] ❷ 14−9=[5]
❸ 11−9=[2] ❹ 16−9=[7]
❺ 14−7=[7] ❻ 15−7=[8]
❼ 12−7=[5] ❽ 11−7=[4]
❾ 15−6=[9] ❿ 11−6=[5]
⓫ 14−6=[8] ⓬ 12−6=[6]

てびき
❶ 13−9=4 (10 3) 10から9をひいて1 1と3で4
❷ 14−9=5 (10 4) 10から9をひいて1 1と4で5
❸ 11−9=2 (10 1) 10から9をひいて1 1と1で2
❹ 16−9=7 (10 6) 10から9をひいて1 1と6で7
❺ 14−7=7 (10 4) 10から7をひいて3 3と4で7
❻ 15−7=8 (10 5) 10から7をひいて3 3と5で8
❼ 12−7=5 (10 2) 10から7をひいて3 3と2で5
❽ 11−7=4 (10 1) 10から7をひいて3 3と1で4
❾ 15−6=9 (10 5) 10から6をひいて4 4と5で9
❿ 11−6=5 (10 1) 10から6をひいて4 4と1で5
⓫ 14−6=8 (10 4) 10から6をひいて4 4と4で8
⓬ 12−6=6 (10 2) 10から6をひいて4 4と2で6

きほん2 ❶ 13−8=5
(10) (3)
・(10)から 8を ひいて 2
2と (3)で 5

❷ 11−8=3
(10) (1)
・(10)から 8を ひいて 2
2と (1)で 3

❷ ❶ 12−9=3　❷ 15−9=6
❸ 18−9=9　❹ 15−8=7
❺ 16−8=8　❻ 17−8=9
❼ 12−7=5　❽ 13−7=6
❾ 15−7=8　❿ 12−6=6
⓫ 15−6=9　⓬ 14−6=8

❸ しき 13−6=7
こたえ しろい はなの ほうが 7ほん おおい。

76・77ページ きほんのワーク

きほん1 ❶ 11を 10と 1に わける。
10から 3を ひいて 7
7と 1で 8

11−3
10 1

❷ 3を 1と 2に わける。
11から 1を ひいて 10
10から 2を ひいて 8

11−3
1 2

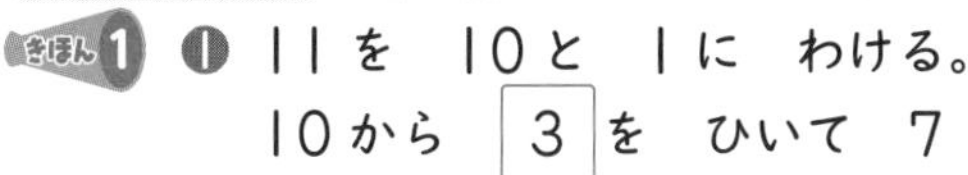
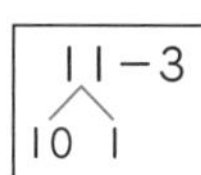

❶ ❶ 13−5= 8
10 (3)
❷ 13−5= 8
3 (2)

てびき くり下がりのあるひき算のしかたには、大きく2通りがあります。たとえば13−5の場合、
❶ 13−5　10から5をひいて5
10 3　5と3で8
❷ 13−5　13から3をひいて10
3 2　10から2をひいて8
❶はこれまでに学習した減加法(げんかほう)です。❷は、ひいて、ひくので減減法(げんげんほう)といいます。おもに❶の減加法を学びますが、❷の減減法が便利なこともあります。状況に応じて使い分けましょう。

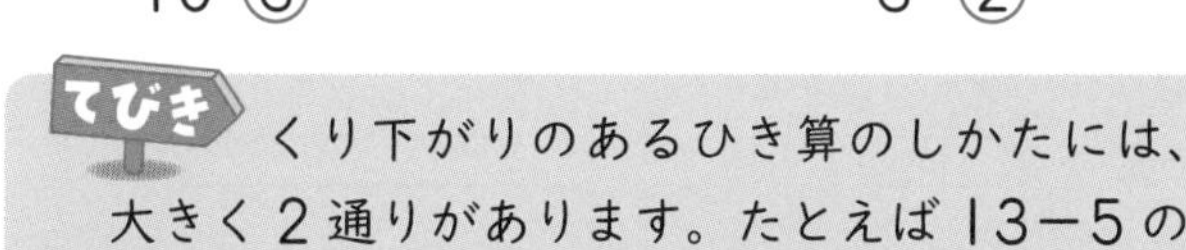

❷ ❶ 11−2=9　❷ 12−3=9
❸ 11−4=7　❹ 13−4=9
❺ 11−5=6　❻ 14−5=9

てびき ❶ 11−2=9　10から2をひいて8
10 1　8と1で9
または 11−2=9　11から1をひいて10
1 1　10から1をひいて9
❷ 12−3=9　10から3をひいて7
10 2　7と2で9
12−3=9　12から2をひいて10
2 1　10から1をひいて9
❸ 11−4=7　10から4をひいて6
10 1　6と1で7
11−4=7　11から1をひいて10
1 3　10から3をひいて7
❹ 13−4=9　10から4をひいて6
10 3　6と3で9
13−4=9　13から3をひいて10
3 1　10から1をひいて9
❺ 11−5=6　10から5をひいて5
10 1　5と1で6
11−5=6　11から1をひいて10
1 4　10から4をひいて6
❻ 14−5=9　10から5をひいて5
10 4　5と4で9
14−5=9　14から4をひいて10
4 1　10から1をひいて9
どちらのやり方でもかまいません。やりやすい方で計算しましょう。

きほん2

〔3〕	〔4〕	〔5〕	〔6〕
11−8	11−7	11−6	11−5
12−9	12−8	12−7	12−6
	13−9	13−8	13−7
		14−9	14−8
			15−9

❸ ❶ 12−5　❷ 14−7
❸ 15−8　❹ 13−6

てびき ひき算のカードを使って、答えが同じになる式を考えてみましょう。

❹ 11−3 → 12−4 → 13−5 → 14−6 → 15−7 → 16−8 → 17−9

てびき ご家庭でもカード遊びを取り入れてみるとよいでしょう。同じ答えになる式のカードを集めたり、問題を出し合ったりして、楽しみながら、計算に強くなりましょう。

78ページ れんしゅうのワーク

1 ❶ 13を 10と 3に わける。
10から 6を ひいて 4
4と 3で 7
❷ 16を 10と 6に わける。
10から 9を ひいて 1
1と 6で 7

2 ❶ 11－2　❷ 13－4
❸ 15－6　❹ 12－3

3 〔れい〕
りんごが 13こ ありました。5こ たべました。のこりは なんこですか。

79ページ まとめのテスト

1
❶ 11－4＝7　❷ 12－7＝5
❸ 13－7＝6　❹ 11－6＝5
❺ 17－8＝9　❻ 14－5＝9
❼ 12－8＝4　❽ 16－7＝9
❾ 15－7＝8　❿ 13－9＝4
⓫ 18－9＝9　⓬ 14－8＝6

2 しき 12－4＝8　こたえ 8ほん

てびき 文章題を解くときには、文を読んですぐに式を書くのではなく、問題の場面をイメージしてから式にする習慣を身につけましょう。

3 しき 16－8＝8
こたえ あかい いろがみの ほうが 8まい おおい。

てびき こちらもひき算の式になりますが、**2**の問題が残りを求めるひき算(求残)であったのに対し、**3**は数量の違いを求める問題(求差)です。

赤 ●●●●●●●●●●●●●●●●
青 ●●●●●●●●
違い

たとえば、16枚の色紙から8枚使ったときの残りを求めるときにも、式は16－8(＝8)になります。でも、これを図に表すと、

または

となります。

図に表して考える習慣を身につけることで、思考力も高めることができます。1年生のうちに、文章を絵や図に表し、場面をイメージするようにしておきましょう。

やってみよう!

【もんだい】
❶～❹の もんだいに あう しきと こたえを ㋐～㋛からえらびましょう。

❶ あかい えんぴつが 8ほん、あおい えんぴつが 4ほん あります。えんぴつは あわせて なんぼん ありますか。

❷ けずっていない えんぴつが 12ほん あります。そのうち 4ほんを けずりました。まだ けずっていない えんぴつは なんぼん ありますか。

❸ あかい えんぴつが 8ほん、あおい えんぴつが 4ほん あります。あかい えんぴつは あおい えんぴつより なんぼん おおいですか。

❹ あかい えんぴつが 6ぽん、あおい えんぴつが 4ほん あります。おねえさんに 3ぼん もらいました。えんぴつは ぜんぶで なんぼんに なりましたか。

㋐ 8＋4	㋑ 8－4
㋒ 6＋4＋3	㋓ 6＋4－3
㋔ 12－4	㋕ 12＋4
㋖ 12ほん	㋗ 4ほん
㋘ 6ぽん	㋙ 13ぼん
㋚ 8ほん	㋛ 10ぽん

【こたえ】
❶㋐㋖　❷㋔㋚　❸㋑㋗　❹㋒㋙

てびき たし算とひき算の文章題を混ぜて出題しています。たし算の勉強をしているときはたし算、ひき算の勉強だからひき算と、文章をよく読まずに立式するお子さんもいます。

文章をよく読み、どんな場面になるか、どんな式をつくればよいかを考える習慣をつけましょう。

⑯ 0の たしざんと ひきざん

80ページ きほんのワーク

きほん1 ❶ 3+[0]=[3]　❷ 2+[1]=[3]
❸ [0]+[4]=[4]

てびき ❶ ある数に0をたしても、答えは、ある数です。
❸ 0にある数をたしても、ある数になります。
「0をたす」「0にたす」という意味が理解できないお子さんが多く見られます。

1 ❶ 4−[0]=[4]　❷ [3]−[3]=[0]
❸ [2]−[0]=[2]

てびき
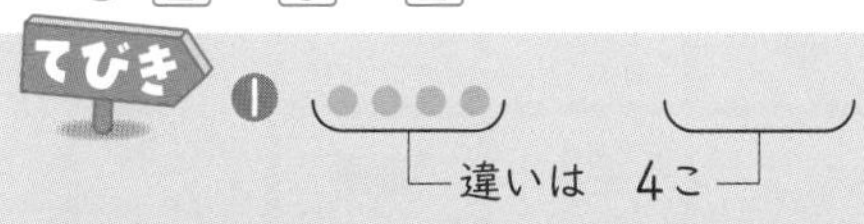

2 しき 4−4=0　こたえ（0）こ

てびき

4こから4こをとると0こです。
(ある数)−(ある数)=0を理解できているかどうか、確かめましょう。

81ページ まとめのテスト

1 ❶ 7+0=[7]　❷ 8+0=[8]
❸ 0+3=[3]　❹ 0+0=[0]
❺ 5−5=[0]　❻ 6−0=[6]
❼ 3−0=[3]　❽ 0−0=[0]

てびき ❹0+0=0　❽0−0=0に間違いが多く見られます。注意しましょう。

2
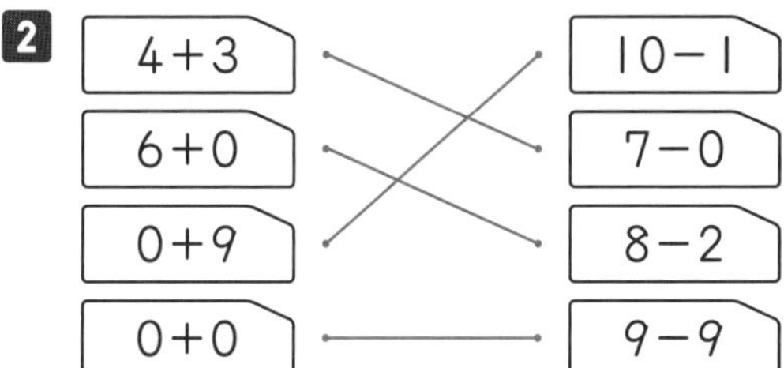

3 しき 8−8=0　こたえ（0）こ

てびき 「からっぽの袋にお菓子が2個入ったら、0+2で2個だね。」のように、0を使った計算を例示して、0の計算に親しみましょう。

⑰ ものと ひとの かず

82・83ページ きほんのワーク

きほん1

しき [13−8=5]　こたえ [5]こ

てびき あめが13個あって、8人に1個ずつくばるから13−8の式になります。
あめの数と人の数を計算することに疑問を感じるお子さんもいます。(あめの数)−(人の数)ではなく、(あめの数)−(人数分のあめの数)を計算しているのだ、ということを話してあげると、納得し、理解が進みます。

1
しき [5+2=7]　こたえ [7]だい

たしかめよう!
5にんが　いちりんしゃに　のって　いて、
いちりんしゃが　2だい　あまって　いるから、
いちりんしゃの　かずは、5+2で　もとめられます。
すぐに　しきに　するのでは　なくて、どんな
ばめんの　おはなしに　なって　いるかを　しっかりと
かんがえてから　しきを　つくるように　しましょう。

2 しき [12−7=5]　こたえ [5]にん

たしかめよう!
いす ●●●●●●●
ひと ○○○○○○○○○○○○
いすが　7きゃく　あるので、すわる　ことが
できるのは　7にんですね。12にん　いて、
7きゃくの　いすを　とりあう
いすとりげえむだから、すわれない　ひとは、
12−7で　もとめられます。

きほん2

7 ばんめ

3
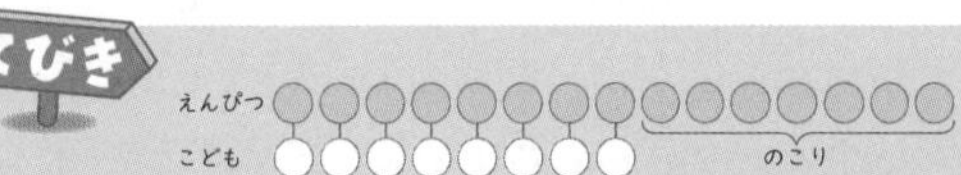

7 にん

たしかめよう!

はるまさんが　まえから　8ばんめと　いう　ことは　はるまさんの　まえに　7にん　いる　ことに　なります。

4

まえ ○○○●○○○○○○○○ うしろ（4ばんめ　りく　4にん　8にん）

しき　4+8=12　　こたえ 12 にん

5 ○○●○○○○○○○○

7 にん

84ページ まとめのテスト

1 しき　15−8=7　　こたえ 7 ほん

てびき
えんぴつ ○○○○○○○○○○○○○○○
こども ○○○○○○○○　のこり

図のように 1 対 1 対応をさせると、15−8 を計算すればよいことがわかります。

2 しき　7+4=11　　こたえ 11 にん

てびき　図に表して考えます。
うしろ→　○○○○
ま　え→　○○○○○○○

3

8 にん

てびき　りんさんは前から 9 番目に座っているので、りんさんの前に 8 人います。

わくわく ぷろぐらみんぐ

85ページ まなびのワーク

きほん1 ❶ ⓘ
❷ りんご

たしかめよう!

❶ ★を　ぱいなっぷるの　ところに　うごかすには　うえに　1つ、みぎに　2つ　うごかす　しじが　ひつようです。
　㋐の　しじだと、★は　ばななの　ところに　うごきます。

❷ さいしょの うえに すすむ で　めろんへ、つぎの みぎに すすむ で　ももへ、その　つぎの みぎに すすむ で　ぱいなっぷるへ、うえに すすむ で　りんごに　うごきます。
　ほかにも うえに すすむ と みぎに すすむ を　つかって、★を　いろいろな　ところに　うごかして　みましょう。

てびき　小学校でプログラミングが必修化されています。音楽では様々なリズムやパターンを組み合わせた音楽づくり、社会では条件の組み合わせから都道府県を特定するワーク、算数では正多角形を描く命令を作る学習などがプログラミングと関連づけて行われています。

小学校では「プログラミング的思考」を身につけることや、生活にコンピュータの仕組みが利用されていることを学びます。

プログラミング的思考とは、自分が意図する動きを効率的にコンピュータにさせるには、どんな命令をどんな順序で行えばよいのかを論理的に考えることを指します。

本書でも、1 年生の段階からプログラミング的思考に触れることで、論理的思考力を身につけることをねらっています。

⑱ 大きい かず

86・87ページ きほんのワーク

きほん1 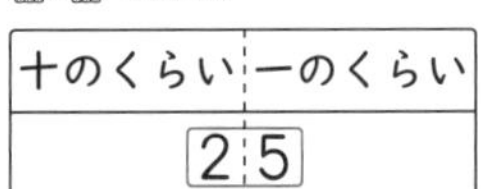 10が 2こで 20
20と 3で にじゅうさん

十のくらい	一のくらい
2	3

❶ ❶

十のくらい	一のくらい
2	5

❷

十のくらい	一のくらい
4	0

❷ ❶  65こ

❷ 53こ

てびき 10のまとまりごとに数えます。❶は10個入りの箱が6箱、ばらが5個で65個。❷は10のまとまりを⬭で囲んで数えましょう。

きほん2 ❶ 十のくらいが 3、一のくらいが 8の かずは 38

❷ が 7つと が 3つで 73

十のくらい	一のくらい
7	3

❸ ❶ 10が 2つと 1が 6つで 26
❷ 10が 8つと 1が 1つで 81
❸ 10が 4つで 40
❹ 10が 9つで 90

❹ ❶ 43は 10が 4つと 1が 3つ
❷ 69は 10が 6つと 1が 9つ
❸ 70は 10が 7つ
❹ 80は 10が 8つ

てびき 大きな数は、10のまとまりごとに数えるのが基本です。10のまとまり、100のまとまり、1000のまとまり、10000のまとまり、…と、学年が上がるごとに数の世界が広がっていきます。ただ、小さなお子さんにとって、10以上の数はあまりイメージが持てないことが多いようです。イメージがつかめていないと感じたら、お金など身近なものにおきかえて、考えてみましょう。

❹「80は10がいくつ？」という問題も、「80円は、10円玉がいくつ分かな？」と問いをかえるだけで、わかりやすくなります。

88・89ページ きほんのワーク

きほん1 ❶ 10が 10こで 百
❷ 99より 1 大きい かずは 100

❶ ❶ (93) 78 ❷ 85 (86)

❷ 100→81→73→69→23

❸ ❶ 84-85-86-87-88-89
❷ 50-60-70-80-90-100
❸ 59より 1 大きい かずは 60
❹ 90より 1 小さい かずは 89

❹ ❶ 55 56 57 58 59 60 61 62 63

❷ 14 16 18 20 22 24 26 28 30

てびき 1年生のうちから数直線(数の線)に慣れておくようにしましょう。❶は1ずつ増えています。❷は2ずつ増えています。

❺ ❶ 40 ❷ 8 ❸ 2

てびき ❶ 60はあと40で100になります。
❷ 92はあと8で100になります。
❸ 98はあと2で100になります。
数直線で考えるとよいでしょう。

60 70 80 90 100
❶ ❷ ❸

きほん2 ❶ ゆうせいさんは、(50円)(5円)と、(1円)を 1つ出します。
❷ ゆいさんは、(5円)を 3つと (1円)を 1つ出します。

❻ ❶ (10円)を 2つ、(5円)を 1つ、(1円)を 2つ。
❷ (10円)を 2つ、(1円)を 7つ。
❸ (5円)を 5つ、(1円)を 2つ。

90・91ページ きほんのワーク

きほん1 ❶

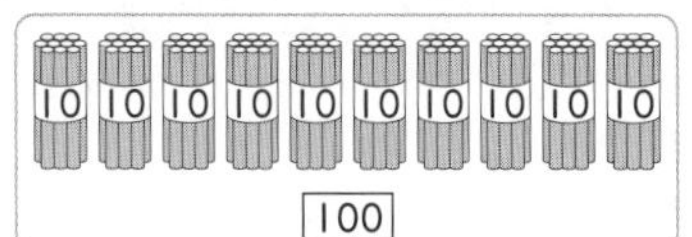

ひゃく じゅうよん 114 こたえ 114本

❷

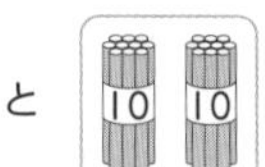

ひゃく にじゅう 120 こたえ 120本

❶ ❶ 113まい

❷ 110まい ❸ 102まい

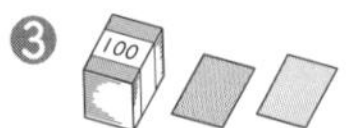

きほん2 ❶ 100より 15 大きい かず 115

❷ 110より 10 小さい かず 100

❸ 120より 3 大きい かず 123

てびき 数直線(数の線)で確認しておきましょう。

90 100 110 120 ❷ ❶ ❸

❷

81	82	83	84	85	86	87	88	89	90
91	92	93	94	95	96	97	98	99	100
101	102	103	104	105	106	107	108	109	110
111	112	113	114	115	116	117	118	119	120
121	122	123	124						

❸ えんぴつ、けしゴム

たしかめよう!

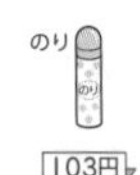

100円で かえる ものは、100円より やすい えんぴつと けしゴムです。 ノートと のりは 100円より たかいので かえません。

92ページ れんしゅうのワーク

❶ ❶ -67-68-69-70-71-72-

❷ -75-80-85-90-95-100-

❸ 63より 4 大きい かず 67

❹ 95より 2 小さい かず 93

❺ 58より 5 大きい かず 63

❷ 100→91→79→54→37

❸ ❶ 60 71 ( )(○) ❷ 102 98 (○)( ) ❸ 120 112 (○)( )

93ページ まとめのテスト

1 ❶ 62本 ❷ 90まい ❸ 108こ

てびき 10のまとまりごとに数えることができているかどうか、確認してください。1年生の時期は、声に出して算数の勉強をすることが効果的だといわれています。

❶「10のたばが6個と、ばらが2本だから、あわせて62本」のように、声に出して説明してみてください。説明することを通して、お子さんの理解が深まります。

2 ❶ 10が 4つと 1が 9つで 49

❷ 60は 10が 6つ

❸ 十のくらいが 9、一のくらいが 7の かずは 97

❹ 106 116 (100 110 120)

❺ 80は あと 20で 100に なります。

❻ 58と 68では、68の ほうが 大きいです。

てびき 100より大きい数の並び方をしっかり理解できているかどうか、確認しましょう。数直線(数の線)の便利さも実感できるとよいでしょう。1年生では120程度までの数を扱い、数の順序や系列について学びます。2年生ではさらに大きな数を数直線上に表し、数の見方を多面的に捉える学習が待っています。1年生のうちに、数直線に慣れ親しんでおきましょう。

たしかめよう!

かずの せんは 右に いくほど 大きく なって いたね。❹の もんだいのように、❶や ❷、❸の かずも、かずの せんに あらわす ことが できるかな。❺や ❻の もんだいも、かずの せんを つかって かんがえると よく わかるね。

⑲ なんじなんぷん

94・95 ページ　きほんのワーク

きほん1

みじかい　はりが　7と　8の　あいだ→7じ
ながい　はりが　3→15ふん

7 じ 15 ふん

1 ❶

(3じ40ぷん)

❷

(9じ12ふん)

❸

(10じ30ぷん
10じはん)

❹

(5じ48ふん)

てびき　短針で何時を、長針で何分を読むことが理解できていますか。普段から時計をよく見て、読む練習をしましょう。
　時刻を読み取る難しさの1つは、長針のさしている所が、数字の1であれば5分、2なら10分、…というように、読みかえが必要なことです。5の段の九九を習っていないので、「読みかえに慣れる」ことが一番の攻略法です。

きほん2

7じ 58 ふん➡7じ59ふん ➡ 8 じ ➡8じ 1 ぷん

てびき　長針が指す1目もりが1分を表しています。1目もりが1分で、5つずつ大きな目もりになっていること、1回りすると短針が5目もり分(数から数へ)動くこと…大人にしてみたら、あたりまえのことですが、1年生にとっては大発見です。目覚まし時計などを、実際に操作することで、理解を深めましょう。

2 ❶

(11じ25ふん)

❷

(5じ55ふん)

たしかめよう!

　❶は、みじかい　はりが　11と　12の　あいだに　あって、ながい　はりが　5を　さして　いるね。みじかい　はりが　11と　12の　あいだに　ある　ときは、ちいさい　ほうの　かずを　よむから、11じ。ながい　はりの　5は　25ふんと　いう　いみだから、11じ25ふんだね。
　❷は、みじかい　はりが　6に　ちかいから、6じ55ふんと　よみまちがえる　ことが　おおいけれど、ながい　はりが　11を　さして　いるから、まだ　6じには　なって　いないよ。

3

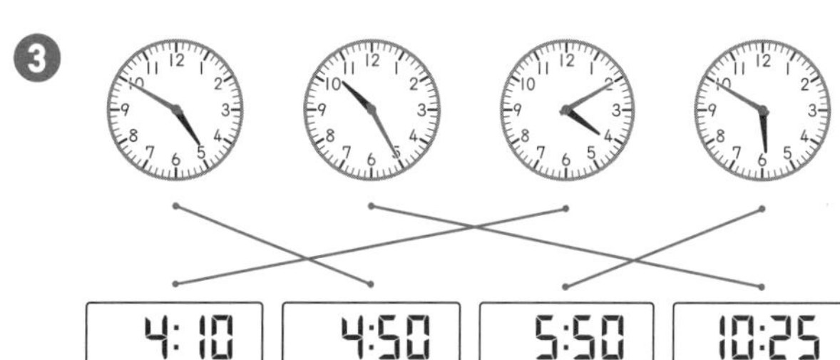

4:10　4:50　5:50　10:25

てびき　デジタル表示の読み方を確認します。ご家庭にある温度計など、身近なデジタル表示のものを探してみましょう。

96 ページ　れんしゅうのワーク

1 ❶

(10じ21ぷん)

❷

(7じ9ふん)

❸

(2じ35ふん)

2 ❶ 1じ45ふん　❷ 9じ20ぷん　❸ 6じ3ぷん

3

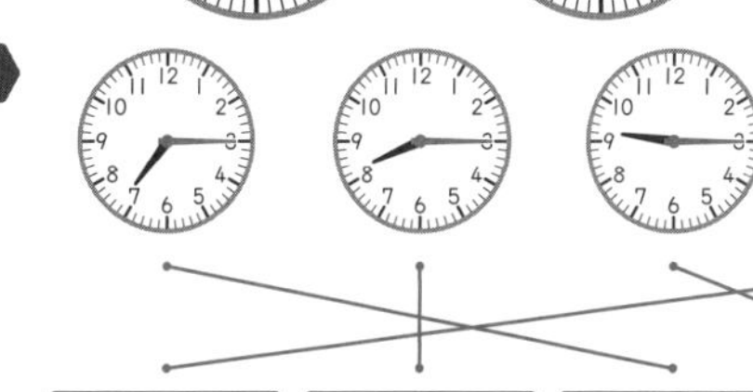

6:15　8:15　7:15　9:15

97ページ まとめのテスト

1

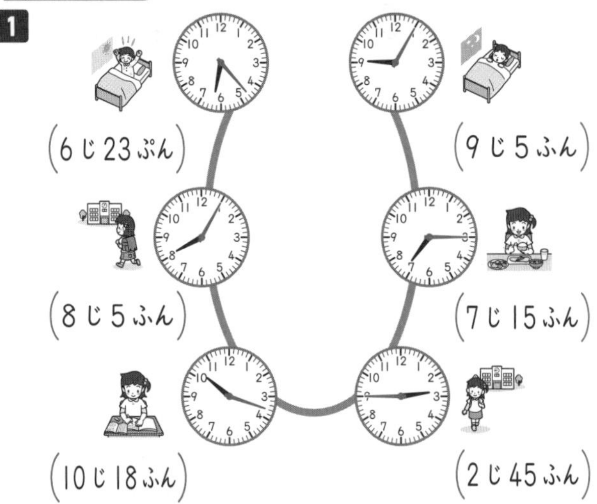

てびき　時計の単元は、学校での学習時数も少ないため、家庭でのフォローが大切です。予想外に時計を読めないお子さんが多いのが実情です。朝起きたら時計を見る、出かけるときには時計をチェックするなど、毎日の生活の中で時計を見る機会を増やしましょう。2年生になると、午前・午後も学びます。**1**の問題でも、お子さんの興味に応じて、朝起きたのは「午前6時23分」、夜寝たのは「午後9時5分」のように、午前・午後をつけて言ってみてもいいでしょう。

2 ❶ 3じ44ぷん　　❷ 8じ7ふん

たしかめよう!

ながい　はりの　1目もりは　1ぷん　だったね。5ふん　きざみの　よみかたも　かくにんして　おこう。

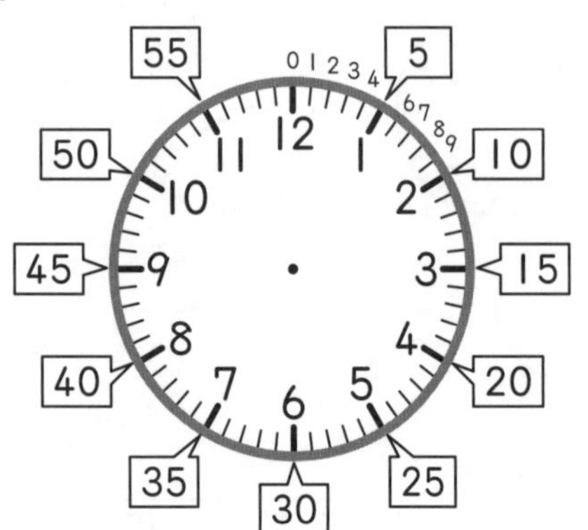

⑳ おなじ かずずつ

98ページ きほんのワーク

きほん1　**1** [2]本ずつ　　**2** 2+2+2=[6]

❶ [4]こずつ

たしかめよう!

いちごが　ぜんぶで　12こ　あって、それを　3人で　おなじ　かずずつ　わける　ようすを　かんがえて　みよう。

1人に　1こずつ　くばると、あと　9こ。

もういっかい　1こずつ　くばると、あと　6こ。

もういっかい　1こずつ　くばると、あと　3こ。

もういっかい　1こずつ　くばれるね。

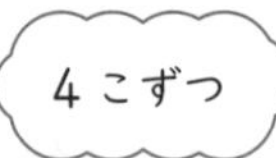

❷
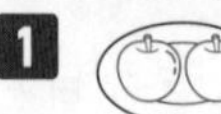
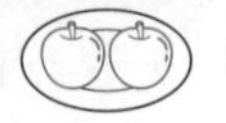
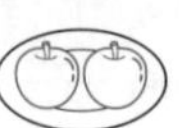

[4]人

てびき　2年生で学習するかけ算、3年生で学習するわり算につながる内容です。絵にかくことで、イメージを持つことができるようにしましょう。

99ページ まとめのテスト

1 2こずつ

2 5人

3 3人

たしかめよう!

しきに　かいて　たしかめると、
5+5+5=15だね。

4 ❶ 3こずつ　　❷ 2こずつ

てびき　図に表して考えましょう。

❶ ●●●|●●●　1人分…3個

❷ ●●|●●|●●　1人分…2個

やってみよう!

【もんだい】

❶ はこの　中の　みかんを　２人で　おなじ　かずずつ　わけましょう。

　おさらに　○を　かいて、みかんを　わけましょう。

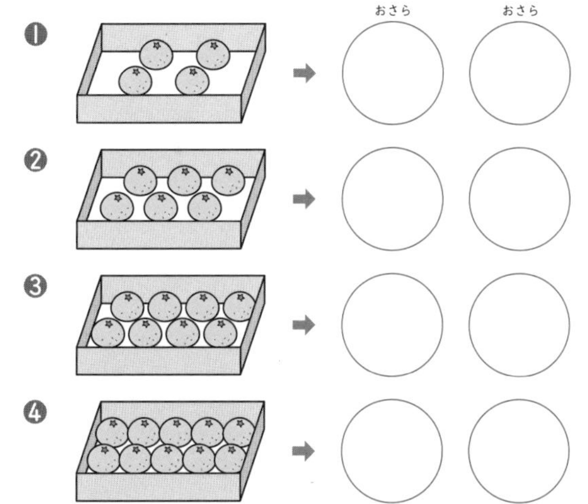

❷ プリンを　３人で　おなじ　かずに　なるように　わけましょう。

１人に　なんこずつですか。

【こたえ】

❶

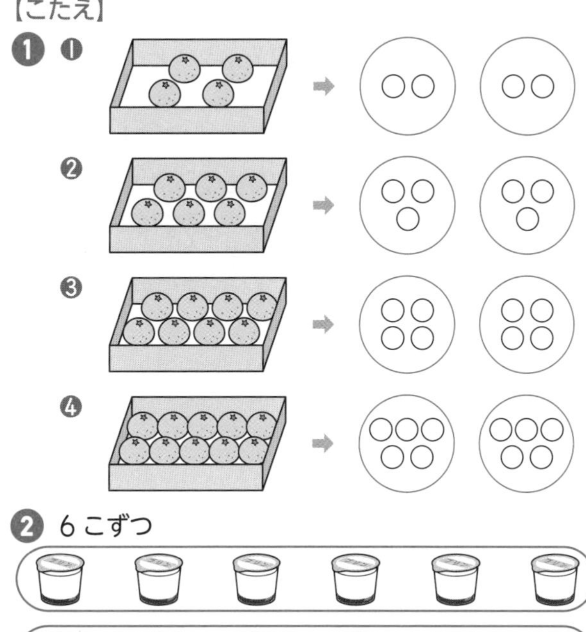

❷ ６こずつ

まなびを　いかそう

100・101ページ　まなびのワーク

きほん1 ❶ しき　5＋8＝13　こたえ　13人

❷ 5＋8に　なる　わけは、はじめ　5人　いて、あとから　8人　やって　きて、ふえる(ふえた)からです。

てびき　絵や図に表して、場面をしっかりつかみましょう。

●●●●● ◀ ●●●●●●●●

初め5人　あとから8人

合わせて13人

❶ ❶ しき　6＋7＝13　こたえ　13こ

❷ 6＋7に　なる　わけは、はじめ　6こ　あって、あとから　7こ　かって　きて、ふえる(ふえた)からです。

きほん2 ❶ しき　12－7＝5　こたえ　5こ

❷ 12－7に　なる　わけは、はじめ　12こ　あって、その　うち　7こ　たべて、へる(へった)からです。

てびき　図にしてみましょう。

㋐ ●●●●● ●●●●●●● ▶

㋑ ●●●●●●●●●●●●

上の㋐、㋑のように表したり、絵にしてもよいでしょう。きちんと理解できているかどうか確認しましょう。

❷ ❶ しき　8＋6＝14　こたえ　14本

❷ しき　8－6＝2

こたえ　青い　えんぴつが　2本　おおい。

てびき　❶は「全部で何本か」なので「たし算」です。❷は「どちらが何本多いか」なので、多い方から少ない方をひいて答えます。

たしかめよう!

　もんだいの　文しょうを　よんで、しきを　つくる　まえに　ばめんを　そうぞうする　ことが　できて　いるかな。

　では、おまけの　もんだい。

【もんだい】

青い　えんぴつ　８本、赤い　えんぴつ　６本の　うち、青と　赤の　えんぴつを　２本ずつ　おとうとに　あげたら、のこりは　なん本に　なるかな？

【こたえ】

10本(青６本、赤４本に　なるよ。)

㉑ 100までの　かずの　けいさん

102・103ページ　きほんのワーク

きほん1 ① 30＋50＝80
② 80－30＝50

❶ ① 30＋20＝50
② 20＋50＝70
③ 60＋10＝70
④ 50＋30＝80
⑤ 40＋60＝100
⑥ 30＋70＝100

てびき　何十のたし算は、10のまとまりで考えます。
①30＋20は、10のまとまりが3つと2つで、あわせて5つ。答えは50。
⑤40＋60は、10のまとまりが4つと6つで、あわせて10。10が10こで100だから、答えは100。

❷ ① 40－10＝30
② 60－20＝40
③ 30－10＝20
④ 50－30＝20
⑤ 80－60＝20
⑥ 90－40＝50
⑦ 100－20＝80
⑧ 100－50＝50

てびき　何十のひき算は、たし算と同じように、10のまとまりで考えます。
①40－10は、10のまとまりが4つと1つで、ちがいは3つ。答えは30。
⑦100は10が10こだから、100－20は、10のまとまりが10と2つで、ちがいは8つ。答えは80。

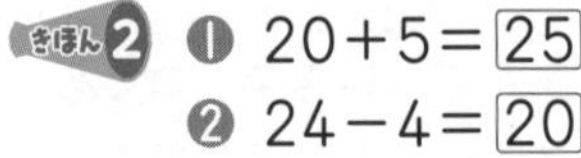

きほん2 ① 20＋5＝25
② 24－4＝20

❸ ① 20＋4＝24
② 30＋7＝37
③ 60＋5＝65
④ 50＋6＝56
⑤ 40＋2＝42
⑥ 90＋3＝93
⑦ 80＋4＝84
⑧ 70＋7＝77

❹ ① 28－8＝20
② 36－6＝30
③ 52－2＝50
④ 43－3＝40
⑤ 67－7＝60
⑥ 84－4＝80
⑦ 71－1＝70
⑧ 99－9＝90

104ページ　きほんのワーク

きほん1 ① 24＋3＝27
② 28－4＝24

❶ ① 21＋5＝26
② 85＋2＝87
③ 46＋2＝48
④ 51＋7＝58
⑤ 73＋6＝79
⑥ 92＋1＝93

❷ ① 29－7＝22
② 38－3＝35
③ 75－2＝73
④ 48－5＝43
⑤ 57－4＝53
⑥ 69－6＝63
⑦ 89－8＝81
⑧ 96－4＝92

てびき　❶も❷も、10のまとまりと「ばら」に分けて考えます。
❶①21＋5＝26　21を20と1に分ける。1と5で6。20と6で26。
❷①29－7＝22　29を20と9に分ける。9から7をひいて2。20と2で22。

105ページ まとめのテスト

1
❶ 70＋20＝90
❷ 60＋40＝100
❸ 40－20＝20
❹ 90－30＝60
❺ 30＋2＝32
❻ 70＋4＝74
❼ 63－3＝60
❽ 49－9＝40
❾ 45＋4＝49
❿ 31＋8＝39
⓫ 79－1＝78
⓬ 97－2＝95

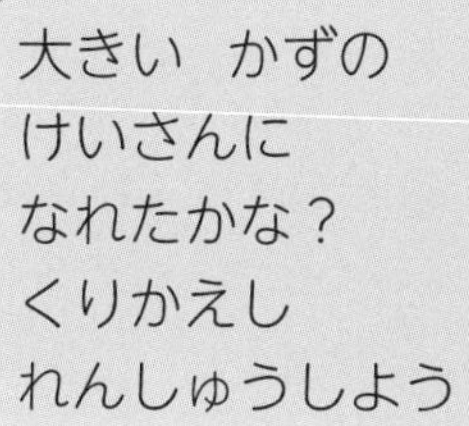

てびき ❶～❹は 102 ページの きほん1、❺～❽は 103 ページの きほん2、❾～⓬は 104 ページの きほん1の類題です。

たしかめよう!
大きい　かずの　けいさんは、10の　まとまりで　かんがえると　よかったよね。
❶70＋20は　10の　まとまりが　7つと　2つで、あわせて　9つ。だから、90だね。
10の　まとまりで　かんがえる　ことは、2年生に　なってからも　たいせつだよ。しっかりと　おぼえておこう。

2 しき 30＋40＝70　　こたえ 70円

てびき 1年生のうちから、文章を読んだらすぐに式をつくるのではなく、絵に表したり図に表したりして、ワンクッションおいて考える習慣を身につけておきましょう。

3 しき 48－6＝42　　こたえ 42まい

てびき 文章を読んで、数の出てきた順に数字をあてはめて式をつくってしまうお子さんが多く見られます。文章をよく読み考えてから、式をつくるようにしましょう。

㉒ おおい ほう すくない ほう

106ページ きほんのワーク

きほん1 しき 7＋2＝9　　こたえ 9こ

てびき 図をよく見て確認しておきましょう。

7こ
赤ぐみ ●●●●●●●
白ぐみ ○○○○○○○○○　2こ おおい

式は 7＋2 になります。

1 しき 6＋3＝9　　こたえ 9こ

てびき 図に表してから考えましょう。

6こ
ゆい ●●●●●●
けんと ○○○○○○○○○　3こ おおい

式は 6＋3 になります。

2 しき 13－5＝8　　こたえ 8本

てびき 何個多い、何個少ないを問う問題は、1年生にとっては理解しにくい内容といわれます。場面をイメージするためには図に表すことが効果的です。

107ページ まとめのテスト

1 しき 9－3＝6　　こたえ 6こ
2 しき 5＋6＝11　　こたえ 11こ

たしかめよう!
わなげを　して、れなさんは　5こ　いれたね。たいがさんは　れなさんより　6こ　おおく　いれたのだから、5＋6の　しきで、たいがさんの　いれた　かずが　もとめられるね。もんだいの　ずを　つかって　かんがえても　いいよ。

3 しき 12－4＝8　　こたえ 8こ

てびき 図に表して考えましょう。

12こ
さくら ●●●●●●●●●●●●
そうま ○○○○○○○○　4こ すくない

式は 12－4 になります。
難しそうに見える問題でも、図に表して考えれば、見方が整理され、式をつくりやすくなります。問題文を読んだら、すぐに式に書くのではなく、図や絵に表して、場面をしっかりと理解した上で式をつくるようにしましょう。

108ページ きほんのワーク

きほん1 ㊀

❶ (㊀)→(㊁)→(㋐)

たしかめよう!

もんだいの　えは、3まいを　左と　上で　そろえて　かさねて　いるね。いちばん　下に　あるのに　もようが　見えて　いる　㊀が　いちばん　ひろいと　わかるよ。㋐の　下で　もようが　見えて　いる　㊁の　ほうが　㋐より　ひろいと　わかるね。

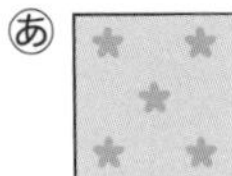

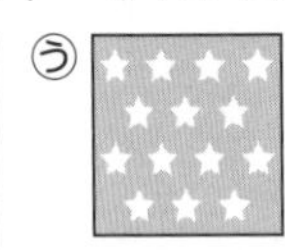
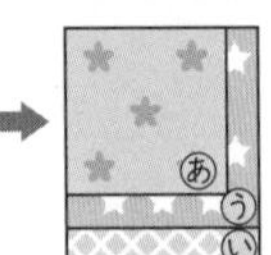

もんだいは、「ひろい　じゅんに　かきましょう。」だから、㊀→㊁→㋐と　こたえるよ。

てびき ここでは、面積を比較します。端を揃えて重ねる比べ方から始まり、ますの数を数える比べ方へ進みます。

❶重ねて比べるときには、端を揃えることが大切です。

❷ ❶ 赤　❷ 青

てびき ❶ 赤は8ます分、青は7ます分ですから、赤が広いです。何ます分で考える方法を理解しましょう。

109ページ まとめのテスト

1 ❶ ㋐　❷ ㊀

2 ㋐

てびき 同じ大きさの絵が何枚はってあるかで比べます。㋐は9枚、㊀は8枚はってあります。

水のかさを比べるときに、コップにうつしかえて何杯分かを考えたのと同じ(任意単位による比較)です。「㋐は9枚、㊀は8枚だから、㋐の方が広い」と説明してみましょう。

3 ❶ 青　❷ 赤

てびき ❶赤17ます分、青18ます分で青が広いことがわかります。

❷赤18ます分、青が17ます分で赤が広いことがわかります。

もう すぐ 2年生

110ページ まとめのテスト❶

1 ❶ 10が　4つと　1が　8つで　48

❷ 10が　10こで　100

2 ❶

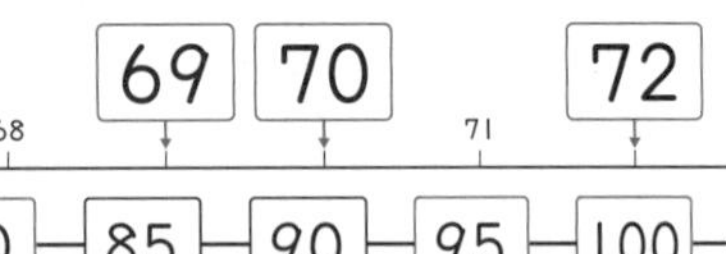

❷ 75－80－85－90－95－100

てびき ❶1ずつ増えているので、69、70、72が入ります。

❷5ずつ増えているので、80、95、100が入ります。

3 ❶ 26　(32)　❷ 101　(110)

4 ❶ 5+7=12　❷ 9−3=6

❸ 8+0=8　❹ 16−9=7

❺ 7+3+8=18　❻ 15−5−3=7

❼ 11+2−5=8　❽ 10−7+2=5

❾ 13+4=17　❿ 88−8=80

⓫ 70+30=100　⓬ 100−40=60

てびき 1年生で学んだ、くり上がり、くり下がりのあるたし算、ひき算、何十の計算が確実にできているかどうかを確認してください。

❶くり上がりのあるたし算です。7を5と2に分けて考える方法と、5を2と3に分けて考える方法があります。

❹くり下がりのあるひき算です。16を10と6に分けて考える方法と、9を6と3に分けて考える方法があります。

❺～❽3つの数の計算です。❺は7+3=10、10+8=18というように、前から順に計算していきます。一度に計算しようとせず、一つ一つていねいに取り組みましょう。

❾2けたの数(たされる数)を「10と○」に分けて考えましょう。

13は10と3。3+4=7だから、13+4=17

⓫何十のたし算は、10のまとまりで考えます。70+30は、10のまとまりが7つと3つで、あわせて10。10が10こで100だから、答えは100。

⓬何十のひき算は、たし算と同じように、10のまとまりで考えます。

100は10が10こだから、100−40は、10のまとまりが10と4つで、ちがいは6つ。答えは60。

やってみよう!

【もんだい】

まんなかの　かずに、まわりの　かずを たしましょう。

❶

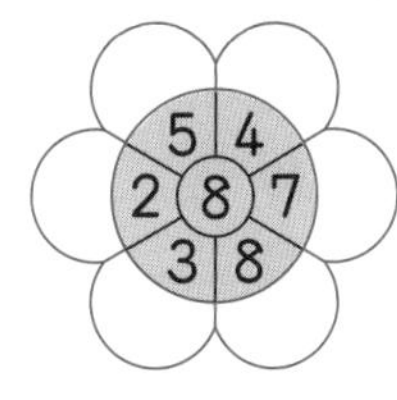

❷

8 7
5 7 6
9

【こたえ】

❶

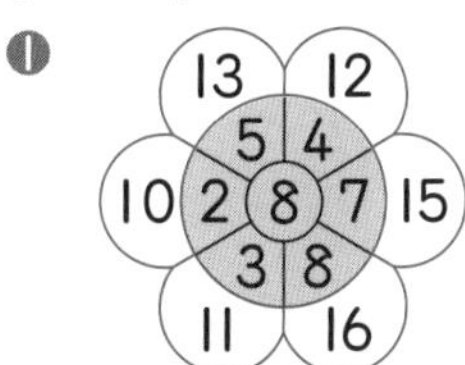

❷

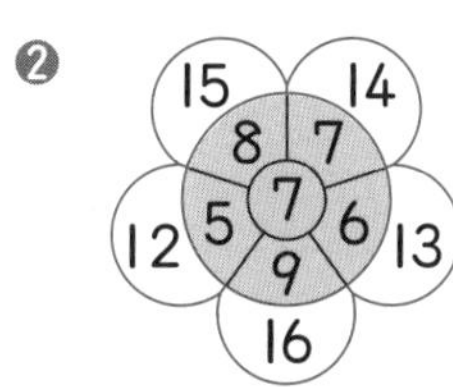

111ページ　まとめのテスト❷

1 ㋑

たしかめようう!

㋐は　6つぶん、㋑は　8つぶん　あります。

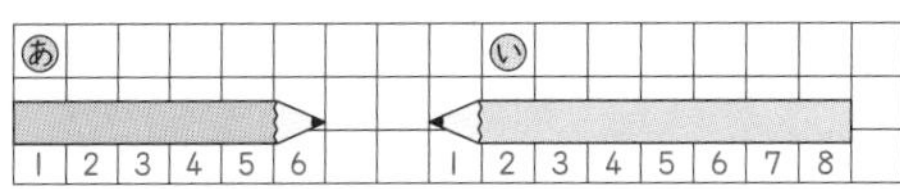

2 ㋑

てびき ㋐にはコップ7杯分、㋑にはコップ8杯分入っています。2年生で学ぶかさの勉強につながる内容です。

3 赤

てびき 何ます分あるかを数えます。
赤→16ます分　　青→14ます分

4 ❶

(9じ25ふん)

❷

(7じ52ふん)

てびき 時計を読めるようになりましたか。「何時何分」の時計を読めるようになることは、2年生で学習する「時こくと時間」にもつながるので、ここでしっかり復習しておきましょう。

❷を8時52分と答える間違いが目立ちます。間違えたお子さんには、「あと少しで8時になるね」などとヒントをあげてください。

5 ❶(3)まい　　❷(2)まい

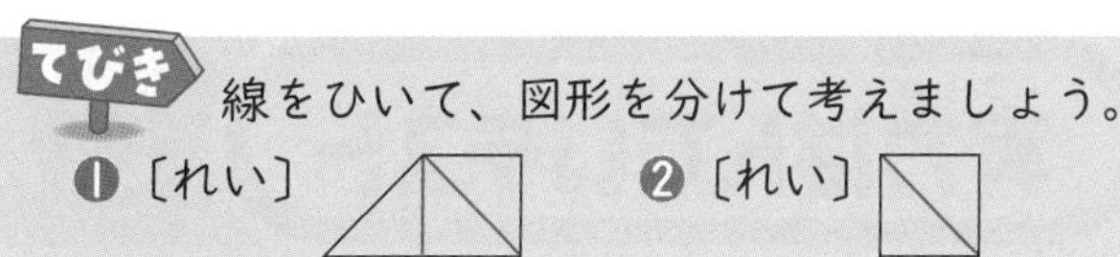

やってみよう!

【もんだい】

まんなかの　かずから、まわりの　かずを ひきましょう。

❶

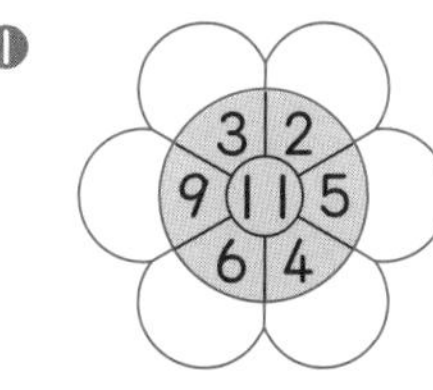

❷

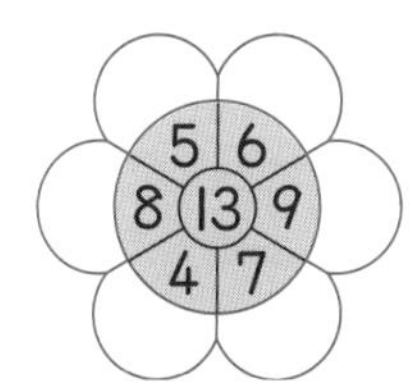

【こたえ】

❶

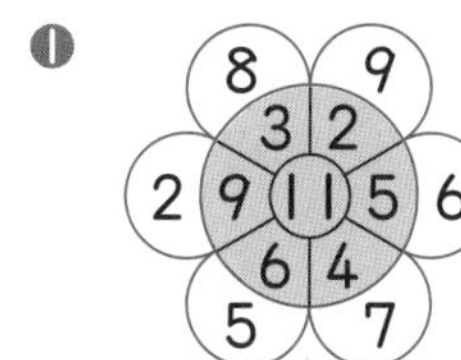

❷

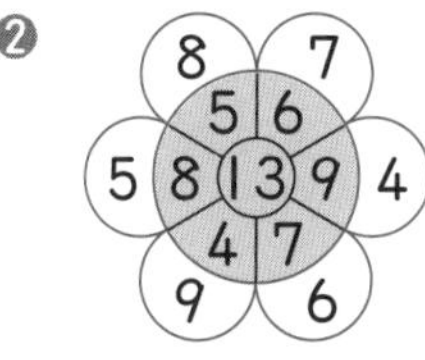

112ページ　まとめのテスト❸

1 しき 30+9=39　　こたえ 39かい

てびき 30−9=21と答える間違いが多く見られます。文章を正しく読み取り、お兄さんの方があおいさんよりも多くとんだのだから、式は30+9になることを確認しましょう。

2 しき 100−70=30　　こたえ 30円

てびき 100円をためるのに、いま70円ためたから、あといくらためればよいかは、
100−70で求められます。
100−70=30
あと30円ためれば、70+30=100で、
100円になります。

3 しき 25−4=21　　こたえ 21まい

てびき 問題を読んだらすぐ式をつくるのではなく、絵をかいて場面を確認しましょう。低学年のときから、問題をしっかり読み取り、図や絵にかく習慣を身につけておくと、高学年になってからもスムーズに文章題に取り組めるでしょう。

25まい
ももか ●●●●●●●●●●●●●●●●●●●●●●●●●
りく ○○○○○○○○○○○○○○○○○○○○○ 4まい すくない

4まい少ないから、式は25−4になります。

実力はんていテスト　こたえとてびき

夏休みのテスト①

1 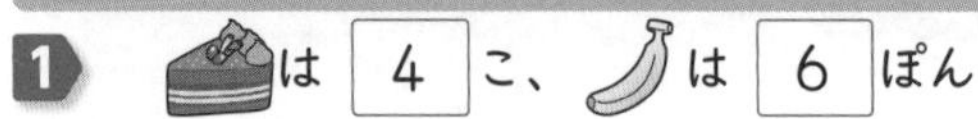

2 ❶ 1－2－3－4－5－6

❷ 10－9－8－7－6－5

てびき　❶は１ずつ増えていて、❷は１ずつ減っています。❶ができて❷につまずいているときは、何も見ないで「10、9、8、7、……」のように、逆に言う練習をしてみましょう。

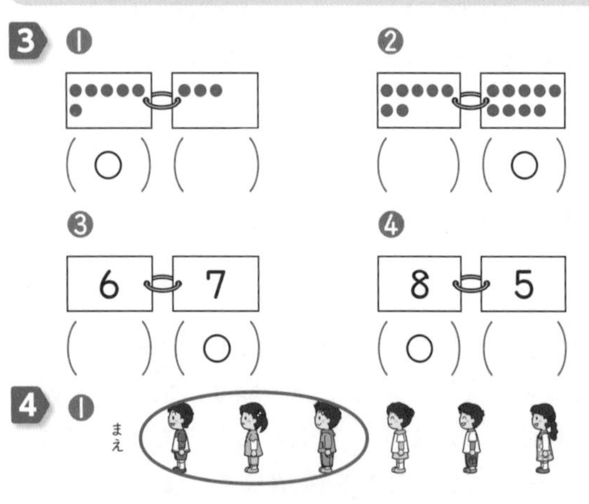

3 ❶ (○)( )　❷ ( )(○)
❸ ( )(○)　❹ (○)( )

4
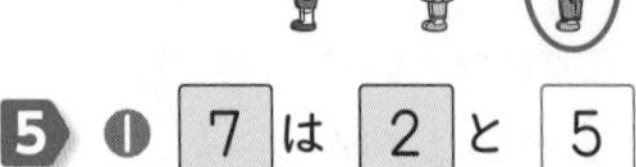

5 ❶ 7は2と5
❷ 6は2と4
❸ 2と6で8
❹ 3と7で10
❺ 9は3と6
❻ 10は4と6
❼ 4と5で9
❽ 3と5で8

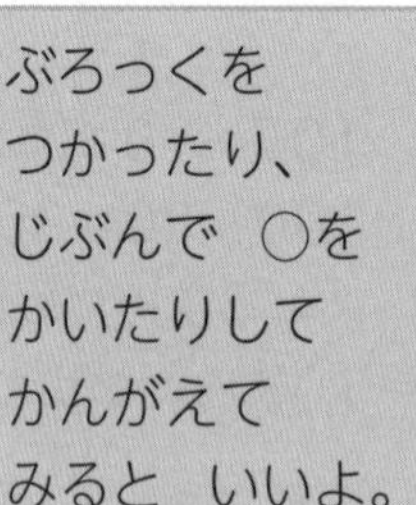

てびき　10までの数の合成・分解は、たし算・ひき算のもととなる大切な考え方です。つまずきが見られたら、確実にできるように声に出して練習しておきましょう。

夏休みのテスト②

1 ❶ 7　❷ 9　❸ 7
❹ 10　❺ 10　❻ 8

2 ❶ 4　❷ 7　❸ 1
❹ 7　❺ 4　❻ 6

3
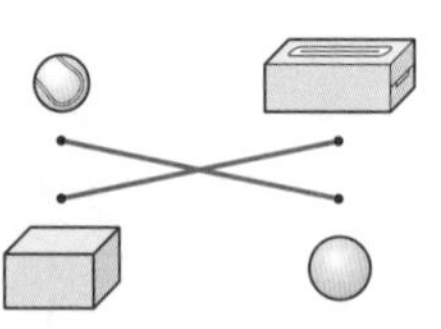

4 しき 3＋5＝8　こたえ 8ほん

5 しき 8－6＝2　こたえ 2まい

冬休みのテスト①

1
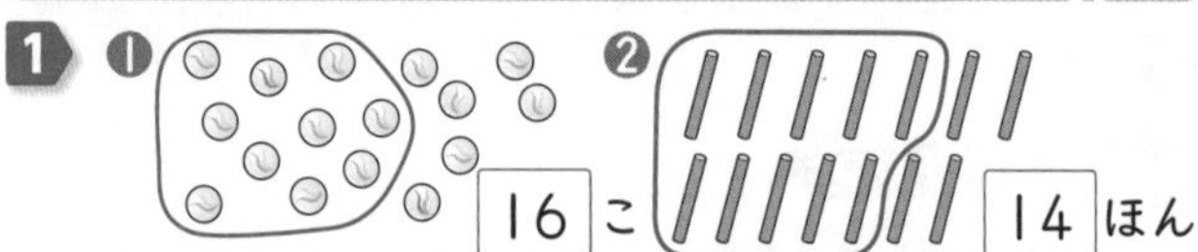

てびき　10のまとまりを線で囲んで、10のまとまりを意識して数えます。

2 ❶ 4じ　❷ 10じはん

てびき　❷のように短針が2つの数字の間にあるとき、11時半と間違えることがあります。このあと「何時何分」を学習しますが、その前に「何時半」を間違えずに言えるように練習しておきましょう。

3
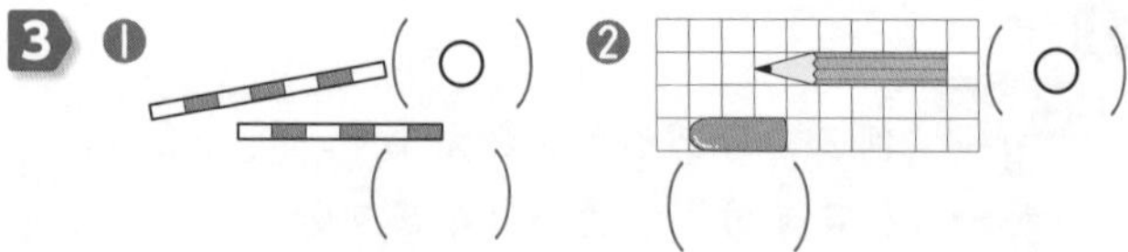

4
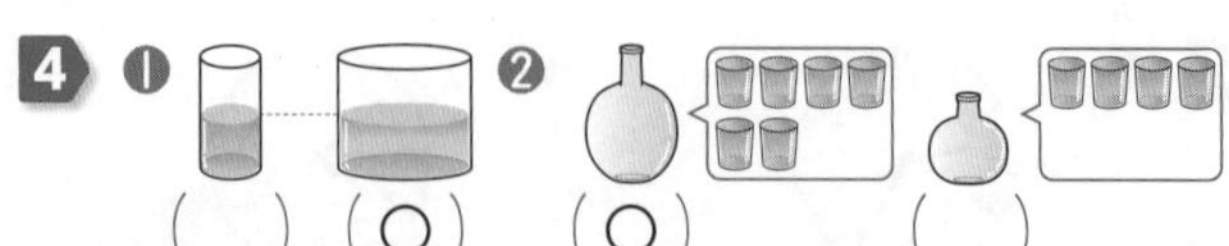

てびき　❶同じ水の高さですが、入れ物の大きさ(底の広さ)が異なるところに着目しましょう。高さが同じで、底は右の方が広いので、右の入れ物のほうが多く入っているといえます。❷同じ大きさのコップで何杯分かを数えて比べます。

5
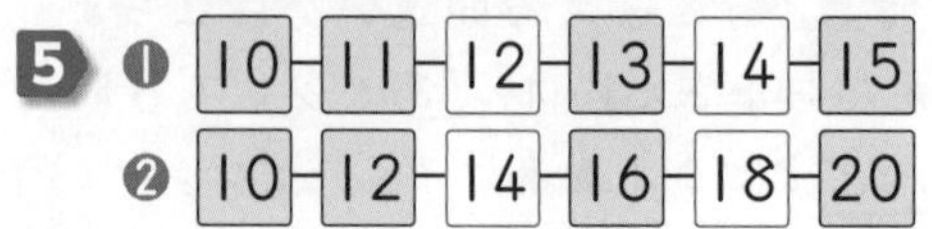
❶ 10－11－12－13－14－15
❷ 10－12－14－16－18－20

6 ❶ 15　❷ 13　❸ 18
❹ 7　❺ 10　❻ 10

冬休み（ふゆやす）のテスト（てすと）②

1 ❶ 16　❷ 17　❸ 17　❹ 11　❺ 11　❻ 9

2 ❶ 10　❷ 16　❸ 8　❹ 9　❺ 6　❻ 10

3 ❶ 8　❷ 5　❸ 7　❹ 5

てびき　3つの数の計算では、前から順に計算していけば良いことを伝えましょう。つまずいていたら、❶では「まず2+5だから、7だね。次は7に1をたしてみよう。」などのように、段階を分けて答えるように促すと、解きやすくなります。

4 しき　8+4=12　こたえ　12ひき

てびき　初めに8匹いて、あとから4匹もらった合計なので、たし算になります。

5 しき　15−7=8　こたえ　8まい

てびき　妹にあげた残りを求めるから、ひき算になります。
　くり上がり、くり下がりのある計算は、1年生でもっとも間違いが多い計算問題です。間違えた問題は、きちんとやり直しておきましょう。

学年末（がくねんまつ）のテスト①

1 ❶ 36こ　❷ 17こ

てびき　❶ 10個入りの箱が3箱と、ばらが6個で36個です。
❷ 1パック2個入りのプリンが8パックと、ばらが1個で17個です。2、4、6、…と数えます。

2 ❶

92-93-94-95-96-97

❷

60-70-80-90-100-110

てびき　❶ 1ずつ増えているところに目をつけます。
❷ 80、90と10増えていることから考えます。100の次に110を書けるかを確かめましょう。

3 ❶

（7じ25ふん）

❷

（2じ57ふん）

てびき　どちらも1年生で間違えやすい問題です。時計を読めないお子さんが増えています。毎日の生活の中で、できるだけ時計を読む習慣を身につけるようにしましょう。

4 ❶ 12まい　❷ 9まい

たしかめよう!

せんで　くぎって　かんがえましょう。〔れい〕

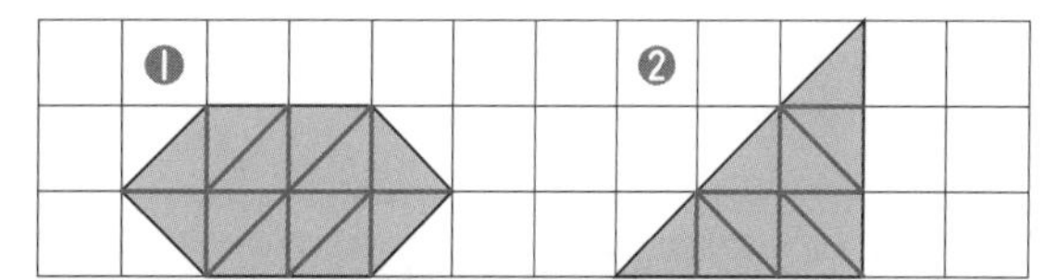

5 ❶ 十のくらいが　7、一のくらいが　4の　かずは　74

❷ 10が　4つと　1が　6つで　46

❸ 63は　10が　6つと　1が　3つ

❹ 10が　10こで　100

❺ 79より　1　大きい　かずは　80

❻ 95より　4　小さい　かずは　91

学年末のテスト②

1
❶ 4+2=6　❷ 8+7=15
❸ 17−8=9　❹ 13−7=6
❺ 9+6=15　❻ 20+5=25
❼ 0+0=0　❽ 11−8=3
❾ 13+3=16　❿ 30+60=90
⓫ 17−5=12　⓬ 68−8=60
⓭ 8−8=0　⓮ 5+6=11
⓯ 12−9=3　⓰ 90−60=30
⓱ 4+2+4=10　⓲ 10−2−5=3
⓳ 16−6+3=13　⓴ 12+5−4=13

てびき　1年生で学ぶたし算、ひき算をまとめています。くり上がり、くり下がりの意味を理解しているかどうかをチェックしてください。
❿ 30+60=90の計算は、10のまとまりで考えます。

10 10 10　10 10 10 10 10 10

⑯ 90－60＝30の計算も、10のまとまりで考えます。

10 10 10 ｜ 10 10 10 10 10 10

⑰～⑳3つの数の計算は、前から順に計算していけばよいことをおさえておきましょう。

2 ❶ しき 12＋7＝19　　こたえ 19人

❷ しき 12－7＝5

こたえ 子どもの　ほうが　5人　おおい。

3 しき 14－6＝8　　こたえ 8こ

4 しき 30＋40＝70　　こたえ 70まい

てびき 問題を正しく読み、式をつくることができるかどうかを確かめる問題です。

まるごと 文章題（ぶんしょうだい）テスト①

1

しき 4＋6＝10　　こたえ 10人

てびき 絵の人数を数え、(　)に数字を書き入れて考えます。

2 ❶ しき 14＋5＝19　　こたえ 19こ

❷ しき 14－5＝9

こたえ ケーキが　9こ　おおい。

てびき 問題文に出てくる14と5という数字だけで式を書くのではなく、図にかいて考える習慣を身につけたいものです。

❶

❷

ケーキ ○○○○○○○○○○○○○○

プリン ●●●●●　おおい

3

(5)人

子ども ▲▲▲▲▲　□だい

いちりんしゃ ●●●●●●●

(7)だい

しき 7－5＝2　　こたえ 2だい

4

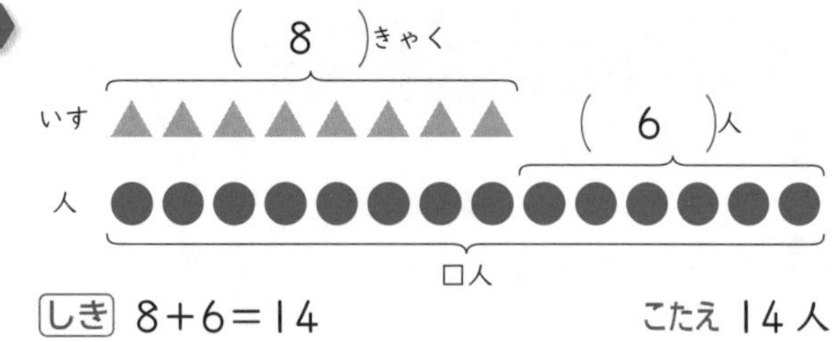

しき 8＋6＝14　　こたえ 14人

まるごと 文章題テスト②

1 しき 9＋5＝14　　こたえ 14本

てびき

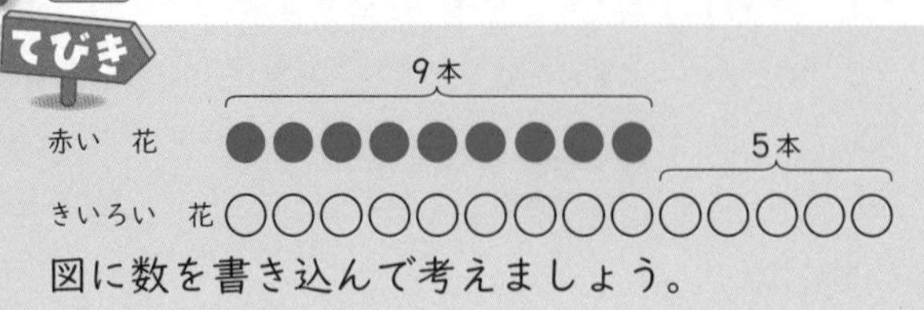

図に数を書き込んで考えましょう。

2 しき 12－9＝3　　こたえ 3こ

3 しき 4＋6－5＝5　　こたえ 5こ

（または、4＋6＝10、10－5＝5）

てびき

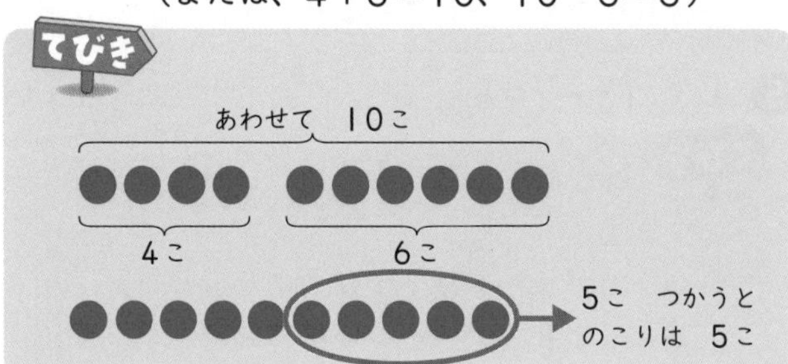

4 しき 15－7＝8　　こたえ 8こ

てびき 図に整理すると下のようになります。

15こ

赤ぐみ ●●●●●●●●●●●●●●●

白ぐみ ○○○○○○○○　7こ

5

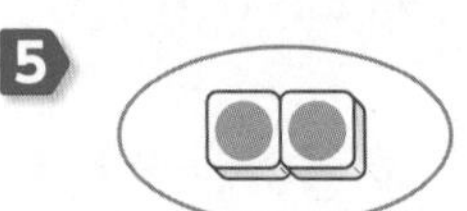
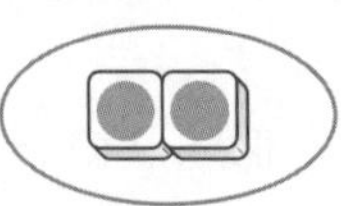
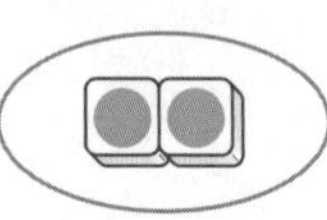

こたえ 3人

しき 2＋2＋2＝6

てびき 2年生のかけ算、3年生のわり算につながる内容です。かけ算やわり算のしかたを教えるのではなく、図で表すことで自然な理解を促すことをねらっています。

6 しき 25－4＝21　　こたえ 21まい

3 2 1 0 9 8 7 6 5 4
＊ ＊ D C B A